高等学校“十三五”规划教材

物理化学实验

■ 王亚珍　彭　荣　王七容　主编

第二版

WULI
HUAXUE

化学工业出版社

·北京·

《物理化学实验》（第二版）按绪论、基础性实验、综合设计性实验、研究性实验、常用仪器的使用、常用仪器操作训练项目及附录安排内容。在实验项目选择上，注意基础与提高相结合，由浅入深，循序渐进，达到培养学生独立完成和设计实验的目的。全书共30个基础实验、7个综合设计性实验、10个研究性实验，所选实验仪器与高校的实验条件相吻合，通用性强。书中对数据处理软件如Excel和Origin的介绍结合具体实验项目进行，以提高学生的计算机应用能力。

《物理化学实验》（第二版）可作为高等院校化学化工类专业本科生的教材，也可供相关科研人员参考。

图书在版编目（CIP）数据

物理化学实验/王亚珍，彭荣，王七容主编．—2版．—北京：化学工业出版社，2019.7（2024.2重印）
高等学校“十三五”规划教材
ISBN 978-7-122-34251-5

Ⅰ.①物… Ⅱ.①王… ②彭… ③王… Ⅲ.①物理化学-化学实验-高等学校-教材 Ⅳ.①O64-33

中国版本图书馆CIP数据核字（2019）第064044号

责任编辑：宋林青　　文字编辑：刘志茹
责任校对：刘　颖　　装帧设计：刘丽华

出版发行：化学工业出版社（北京市东城区青年湖南街13号　邮政编码100011）
印　　装：三河市延风印装有限公司
787mm×1092mm　1/16　印张13¼　字数318千字　2024年2月北京第2版第6次印刷

购书咨询：010-64518888　　售后服务：010-64518899
网　　址：http://www.cip.com.cn
凡购买本书，如有缺损质量问题，本社销售中心负责调换。

定　　价：29.80元

《物理化学实验》编写人员

主　　编　王亚珍（江汉大学）
彭　荣（湖北文理学院）
王七容（湖北工程学院）
副 主 编　徐俊晖（江汉大学）
曹春华（江汉大学）
编　　者　徐志花（江汉大学）
江　云（江汉大学）
李海峰（江汉大学）
陈少峰（江汉大学）
蒋旭东（江汉大学）

前 言

由江汉大学主编，其他两所兄弟院校共同编写的《物理化学实验》，自2013年由化学工业出版社出版以来，被国内很多高校采用。随着物理化学实验条件的改善，实验内容的调整，编写单位以及参编人员的变动等，为适应教学的需要和这些变化，有必要对《物理化学实验》教材进行修订。这次修订以第一版为基础，保留了原教材绪论、基础性实验、综合设计性实验、研究性实验、常用仪器的使用、常用仪器操作训练项目、附录七个部分的基本构架。

绪论中1.3节数据处理部分由于Excel、Origin等软件版本的升级，重新进行了编写，增加了“物理化学实验室安全常识”内容。

基础性实验由33个缩减到30个，考虑到仪器设备的智能化操作和实验技术的提升，删除了很少开设的四个实验，分别是“恒温槽装配与性能测试”“氨基甲酸铵分解平衡常数的测定”“氯离子选择电极的性能测定与应用”及“脉冲式微型催化反应器评价催化活性”；考虑到数字电位综合测试仪的普遍使用，仪器操作简化，实验用时太短，合并原实验“电池电动势的测定”和“电动势法测定化学反应的热力学函数变化值”为一个新的实验，名称仍为“电池电动势的测定”；新增了“氢超电势的测定”和“摩尔折射率的测定”两个实验。原实验“电导法测定弱电解质的电离平衡常数”采用的是交流电桥法，由于交流电桥的滑线变阻器定制困难，实验中改为电导率仪测定，实验名称不变。原实验“难溶盐溶解度的测定”，因实验“电导法测定弱电解质的电离平衡常数”已调整为电导率法，为避免重复，删除方法一部分，保留方法二电动势法的测定。除了上述变动外，对保留的其他实验内容也全部进行了修订，包括仪器的更新及对应实验操作部分的修改。

综合设计性实验部分，原实验“醋酸性质测试”因内容过多，实验时间过长，此次修订对实验内容进行了调整和拆分，调整后实验名称分别为“液体摩尔蒸发焓的测定”“醋酸极限摩尔电导率的测定”“表面活性物质分子截面积的测定”。综合设计性实验数量由5个增加到7个。

研究性实验部分，根据专业发展方向的调整，新增了三个实验，分别是“金属有机框架材料的合成及其电容性能测试”“磁性壳聚糖的制备及其吸附性能研究”“可见光催化剂g-C_3N_4的制备及分解水制氢性能的研究”，研究性实验数量增加到10个。同时对部分实验后面的参考文献进行了更新。

常用仪器的使用部分，由于仪器更新，相应内容进行了较大的改动和更新，同时在温度测量部分，因原实验“恒温槽装配与性能测试”的删除，新增了“恒温槽及温度控制”内容。

保留了原教材的特色内容“常用仪器操作训练项目”。

原教材的部分参编人员由于年龄原因已退休，或者工作有变动，因此重新调整了本教材修订的参编人员，主要有王亚珍、彭荣、王七容、徐俊晖、曹春华、徐志花、江云、李海峰、陈少峰、蒋旭东，其中王亚珍教授、彭荣教授和王七容老师任主编，徐俊晖博士和曹春华博士任副主编。王亚珍负责本次教材修订的全面工作，并参与修订了实验十二、十五、四

十一、四十二；王七容修订了实验三、四、五、七、八、二十四、二十六、二十七；彭荣修订了实验六、十八、二十；徐俊晖修订了绪论、实验十、十一、十四、十七、十九、三十二、三十四、三十六及第六部分；曹春华修订了实验十六、二十一、三十九、四十四；江云修订了第五部分常用仪器的使用；李海峰修订了实验二十三；陈少峰修订了实验一，蒋旭东修订了实验二。徐俊晖负责整理和校对全稿，王亚珍负责最后定稿。

本教材的出版和修订得到了江汉大学化学与环境工程学院、江汉大学教务处的大力支持和资助。江汉大学胡思前教授认真审阅了本教材，并提出了许多宝贵的修改意见和建议；化学工业出版社的编辑为本教材的修订和出版付出了许多心血，编者在此对他们谨致深深的谢意。

限于水平，书中疏漏或不妥之处在所难免，恳请读者不吝赐教。

编　者

2019 年 1 月

第一版前言

本教材是按照教育部高等学校化学类专业教学指导委员会对物理化学实验的要求，结合我们连续使用多年且不断改进的物理化学实验讲义，集编者多年来的物理化学实验教学改革经验和成果编写而成的。

随着高等学校物理化学教师队伍不断充实，实验教学仪器设备不断更新和改善，物理化学学科为适应社会发展需要，培养社会适应性人才，必须考查学生综合运用化学原理和实验方法及实验技术解决实际测量问题的能力，考查学生设计实验的思想和能力、正确处理实验数据的能力。本书一方面加强了对学生基本操作、基本技能和独立实验工作能力的培养，另一方面联系生活实际及结合教师科研开设了一些较高层次的综合设计性和研究性实验供学生选择，同时还增强了学生对物理化学实验常用仪器设备的操作训练。多年来的教学实践证明，物理化学实验课程的教学质量明显提高。本教材在编写上具有以下特点。

1.内容丰富

全书内容丰富，信息量大。基础性实验部分，选择了33个实验（含结构化学部分），同时有5个综合设计性实验，7个研究性实验，可供不同学校的教师及学生选择。对物理化学实验中用到的仪器设备进行了整合，并单独列为一章——第五部分，便于教师和学生快速浏览所需仪器设备的使用方法。为使学生掌握物理化学实验中常用仪器的使用，增加了物理化学实验常用仪器操作训练项目。为方便学生在不同实验项目中查阅和处理数据，编写了24个附录。

2.层次清晰

本教材以增加实验范围、扩展学生视野为基本出发点，将过去单一的基础性实验，扩展为基础性实验、综合设计性实验以及研究性实验三个教学层次，每个教学层次有不同的教学目的与要求，使传统实验内容与现代内容兼顾，基本实验技能与综合应用能力并存，由浅入深、循序渐进，最终达到培养学生独立完成实验与独立设计实验的能力，促进学生创新意识和创新能力的提高。此外，我们还按照物理化学理论课程体系对实验内容进行了归类。这种“多层次、开放性”的实验教学体系便于教师根据不同专业、不同学时的教学特点，灵活选择实验教学内容。

3.与时俱进

实验数据处理是物理化学实验教学的一项重要内容。过去，学生做完实验后，教师一般要求学生用坐标纸绘图和处理数据。随着计算机知识的普及以及计算机在物理化学实验中的应用，本教材增加了常用数据处理软件如Excel、Origin等对实验数据的处理方法，并对一些具有代表性的实验要求学生必须掌握利用软件处理实验数据的技术，如表面张力测定实验中要求学生学会用Origin软件对实验数据进行非线性拟合等。

本教材编写工作主要由王亚珍、彭荣、徐志花、徐俊晖、吴天奎、许江扬、林雨露等完成，王亚珍教授担任主编，彭荣副教授、徐志花副教授担任副主编。实验一、实验四～实验九、实验十二、实验十九、实验二十二、实验二十三、实验二十五、实验三十、实验三十九～实验四十二以及附录部分由王亚珍编写；实验十、实验十五～实验十八、实验二十、实验三

十一、实验四十三由彭荣编写；实验三十二、实验三十三、实验四十四、实验四十五及第五部分5.11 X射线粉末衍射仪简介由徐志花编写；第一部分绪论、实验十一、实验十三、实验十四、实验二十一、实验二十四、实验二十六及实验二十七由徐俊晖编写；实验二及第五部分5.1～5.10由吴天奎编写；实验三十四～实验三十八以及第六部分由许江扬编写；实验三、实验二十八、实验二十九由林雨露编写。徐俊晖对本教材进行了认真的审阅，江汉大学陈少峰、蒋旭东、曹春华等老师对本教材的编写提出了宝贵意见，王亚珍负责整理和最后定稿。

在本书编写中编者还参考了其他兄弟院校物理化学实验教材的相关内容；江汉大学化学与环境工程学院及教务处对该教材的出版给予了大力支持；化学工业出版社为本教材的出版费了许多心血，在此一并谨致谢意。

在编写此教材时，我们对自编的物理化学实验讲义所有内容进行了修改与修订，但限于编者的水平，不妥或疏漏之处在所难免，希望读者不吝指正。

编　者

2013年3月

目录

第一部分　绪　论

1.1　物理化学实验目的与要求

1.1.1　物理化学实验目的

物理化学实验是化学实验的重要分支，它以测量系统的物理量为基本内容，通过实验手段，研究系统的物理性质以及这些物理性质与化学反应之间的某些重要规律。物理化学实验的目的：

①通过物理化学实验，使学生掌握有关基本仪器的使用方法，掌握实验要领及技能，培养学生观察实验现象、正确记录和处理实验数据，以及分析问题和解决问题的能力；

②加深学生对物理化学基本理论和概念的理解并巩固所学习的知识；

③培养学生严肃认真、实事求是和一丝不苟的科学态度及工作作风。

1.1.2　物理化学实验要求

①实验前预习。为做好实验，实验前必须有充分的准备，认真仔细阅读实验内容，了解实验的目的要求，熟悉仪器装置及操作步骤，并写出预习报告（包括实验目的及原理、实验操作计划及要点、原始数据记录表格以及预习中遇到的疑难问题等），没有预习报告者不得进行实验。

②进入实验室后，教师应检查学生的预习情况，并对学生进行必要的提问和考查，不合格者不能进行实验。

③实验过程。首先检查测量仪器和试剂是否符合要求，并做好实验的各种准备工作。在实验过程中，要仔细观察实验现象，详细记录原始数据及条件，不要用铅笔或红笔记录，不要将数据写在纸片上。记录一系列数据时，宜采用三线表形式纵向记录数据而非横向记录。实验应严格按照所给条件进行，要做到一丝不苟、有条不紊、实事求是。要积极思考，善于发现和解释实验中出现的各种问题。实验完毕，应将原始数据记录交教师审查，合格后再拆卸实验装置。

④实验报告。实验完毕，应认真填写实验报告。实验报告应包括：实验目的、实验原理、实验步骤、数据记录、数据处理（含误差分析）、思考题与误差分析等几个部分。实验数据应尽可能采用表格形式展示，严格按照误差及数据处理的各项规定进行仔细的计算和作图，并正确写出实验的最终结果与相对误差。若误差超过了实验要求的一定范围，还应进行误差分析。数据处理和作图应尽量用计算机软件处理，若采用坐标纸绘图，必须用铅笔画图。下次实验时，交上次实验报告，未交者不能进行实验。教师应根据实验所用的仪器、试剂及具体操作条件，提出实验结果数据的要求范围，学生如达不到此要求，则须重做该实验。

1.1.3　物理化学实验注意事项

①实验前要按预习报告认真核对仪器与药品，若不齐全或破损，应向指导教师报告，及

时补充和更换。

②实验开始前要进行仪器的安装和电路连接，必须经教师检查后方能正式开始实验（电路连接后未经教师检查，不得接通电源）。

③仪器使用须按仪器的操作规程进行，以防损坏。未经指导教师同意不得擅自改变操作方法。

④实验时，除所用仪器外，不得动用其他仪器，以免影响其他实验的正常进行。

⑤在实验过程中，需注意节约药品，以免浪费；废弃物和废弃药品应按照要求分类放置到指定的位置。

⑥实验过程中如有仪器损坏，应立即报告教师，检查原因并登记损坏情况。

⑦实验时，要保持安静及台面的整洁，书包、衣服等物品不要放在实验台上。

⑧实验完毕后应在实验仪器的使用登记本和实验室情况登记本上如实做好登记。并将仪器、药品整理好放回原处，清洁所用仪器，打扫实验室卫生，关紧水龙头、关闭电源，教师检查合格后，方能离开实验室。

1.2 误差分析和数据处理

在科学研究和实验工作中，一方面要拟定实验的方案，选择一定精度的仪器和适当的方法进行测量；另一方面必须将所测得的数据加以整理归纳，科学地分析并寻求被研究变量间的规律。但由于仪器和感觉器官的限制，实验测得的数据只能达到一定程度的准确性。因此，在着手实验之前要了解测量所能达到的准确度，在实验以后合理地进行数据处理；必须具有正确的误差概念，在此基础上通过误差分析，选用最合适的仪器量程，寻找适当的实验方法，得出测量的有利条件。下面首先简要介绍有关误差的几个基本概念。

1.2.1 基本概念

1.2.1.1 误差

在任何一种测量中，无论所用仪器多么精密，方法多么完善，实验者多么细心，所得结果常常不能完全一致，总会有一定的误差或偏差。严格来说，误差是指观测值与真值之差，偏差是指观测值与平均值之差。但习惯上常将两者混用而不加以区别。

根据误差的种类、性质以及产生的原因，可将误差分为系统误差、偶然误差和过失误差三种。

（1）系统误差

系统误差是由于某种特殊原因所造成的恒定偏差，或者偏大或者偏小，其数值总可设法加以确定，因而一般来说，它们对测量结果的影响可用修正量来校正。导致系统误差的原因如下。

①仪器误差　这是由于仪器构造不够完善，示数部分的刻度划分得不够准确引起的，如天平零点的移动，气压表的真空度不高，温度计、移液管、滴定管的刻度不够准确等。

②测量方法本身的限制　如根据理想气体方程式测量某蒸气的分子量时，由于实际气体对理想气体有偏差，不用外推法求得的分子量总比实际的分子量大。

③个人习惯性误差　这是由观测者自己的习惯和特点所引起，如记录某一信号的时间总是滞后、有人对颜色的感觉不灵敏、滴定等当点总是偏高等。

系统误差决定测量结果的准确度。它恒偏于一方，偏正或偏负，测量次数的增加并不能使之消除。通常是用几种不同的实验技术或不同的实验方法或改变实验条件、调换仪器等，以确定有无系统误差存在，并确定其性质，设法消除或使之减少，以提高准确度。

（2）偶然误差

实验时即使采用了完善的仪器，选择了恰当的方法，经过了精细的观测，仍会有一定的误差存在。这是由于实验者感官的灵敏度有限或技巧不够熟练、仪器的准确度限制以及许多不能预料的其他因素对测量的影响所引起的，这类误差称为偶然误差。它在实验中总是存在的，无法完全避免，但它服从概率分布。偶然误差是可变的，有时大，有时小，有时正，有时负。但如果多次测量，便会发现数据的分布符合一般统计规律。这种规律可用图 1-1 中的典型曲线表示，此曲线称为误差正态分布曲线，此曲线的函数形式为：

$$y=\frac{1}{\sqrt{2\pi}\sigma}e^{-\frac{x^2}{2\sigma^2}} \quad 或 \quad y=\frac{h}{\sqrt{\pi}}e^{-h^2x^2}$$

式中，h 为精确度指数；σ 为标准误差。h 与 σ 的关系为：

$$h=\frac{1}{\sigma\sqrt{2}}$$

由图 1-1 中的曲线可以看出以下几点。

①误差小的比误差大的出现机会多，故误差的概率与误差的大小有关。个别特别大的误差出现的次数极少。

②由于正态分布曲线与 y 轴对称，因此数值大小相同，符号相反的正、负误差出现的概率近于相等。如以 m 代表无限多次测量结果的平均值，在没有系统误差的情况下，它可以代表真值，σ 为无限多次测量所得标准误差。由数理统计方法分析可以得出，误差在 $\pm\sigma$ 内出现的概率是 68.3%，在 $\pm 2\sigma$ 内出现的概率是 95.5%，在 $\pm 3\sigma$ 内出现的概率是 99.7%，可见误差超过 $\pm 3\sigma$ 的出现概率只有 0.3%。因此如果多次重复测量中个别数据的误差之绝对值大于 3σ，则这个极端值可以舍去。

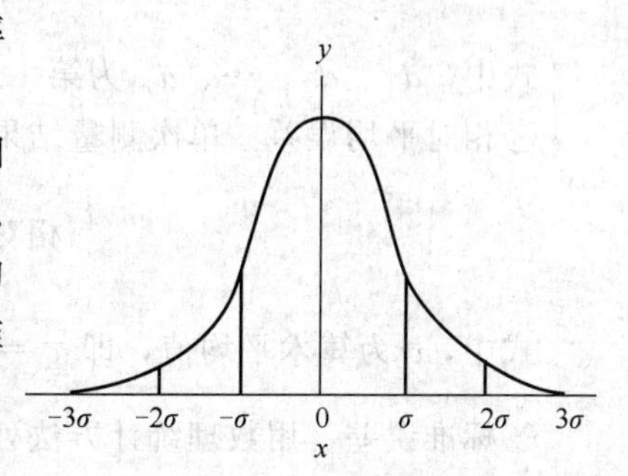

图 1-1　误差正态分布曲线

偶然误差虽不能完全消除，但基于误差理论对多次测量结果进行统计处理，可以获得被测定的最佳代表值及对测量精密度作出正确的评价。在基础物理化学实验中的测量次数有限，若要采用这种统计处理方法进行严格计算可查阅有关参考书。

（3）过失误差

这是由于实验过程中犯了某种不应有的错误所引起的，如标度看错、记录写错、计算弄错等。此类误差无规律可循，只要多方警惕，细心操作，过失误差是完全可以避免的。

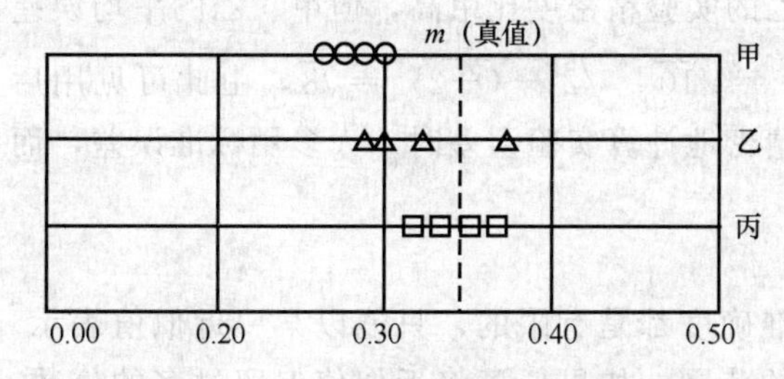

图 1-2　甲、乙、丙三人的观测结果示意图

1.2.1.2　准确度和精密度

准确度是表示观测值与真值接近程度；精密度是表示各观测值相互接近的程度。精密度高又称再现性好。在一组测量中，尽管精密度很高，但准确度不一定很好；相反，若准确度好，则精密度一定高。准确度与精密度的区别，可用图 1-2 加以说明。

例如，甲、乙、丙三人同时测定某一物

理量，各分析四次，从图 1-2 可见，甲的测定结果的精密度很高，但平均值与真值相差较大，说明其准确度低。乙的测定结果的精密度不高，准确度也低。只有丙的测定结果的精密度和准确度均高。必须指出的是在科学测量中，只有设想的真值，通常是以运用正确测量方法并用校正过的仪器多次测量所得的算术平均值或载之文献手册的公认值来代替的。

1.2.1.3 绝对误差与相对误差

绝对误差是观测值与真值之差。相对误差是指绝对误差在真值中所占百分数。它们分别可用下列两式表示：

$$绝对误差=观测值-真值$$

$$相对误差=绝对误差\div真值\times100\%$$

绝对误差的表示单位与被测者是相同的，而相对误差是无量纲的。因此不同物理量的相对误差可以相互比较。这样，无论是比较各种测量的精密度或是评定测量结果的准确度，采用相对误差更为方便。

1.2.1.4 平均误差和标准误差

①平均误差 为了说明测量结果的精密度，一般以单次测量结果的平均误差表示，即：

$$\bar{d}=\frac{|d_1|+|d_2|+\cdots+|d_n|}{n}$$

式中，d_1、d_2、…、d_n 为第 1、2、…、n 次测量结果的绝对误差。

②相对平均误差 单次测量结果的相对平均误差为：

$$相对平均误差=\frac{\bar{d}}{\bar{x}}\times100\%$$

式中，$\bar{x}$ 为算术平均值，即 $\bar{x}=\dfrac{x_1+x_2+\cdots+x_n}{n}$。

③标准误差 用数理统计方法处理实验数据时，常用标准误差来衡量精密度。标准误差又称为均方根误差，其定义为：$\sigma=\sqrt{\dfrac{\sum d_i^{\,2}}{n}}$ $(i=1,2,3,\cdots)$。当测量次数不多时，标准误差 σ 可按下式计算：

$$\sigma=\sqrt{\frac{d_1^2+d_2^2+\cdots+d_n^2}{n-1}}=\sqrt{\frac{\sum d_i^2}{n-1}}$$

式中，$d_i=x_i-\bar{x}$，一般实验 n 是有限的测定次数。

用标准误差表示精密度要比用平均误差好，因为单次测量的误差平方之后，较大的误差更显著地反映出来，这就更能说明数据的分散程度。例如甲、乙两人进行某实验，甲的两次测量误差为+1、−3，而乙为+2、−2。显然乙的实验精密度比甲高，但甲、乙的平均误差均为 2，而其标准误差甲和乙各为 $\sqrt{1^2+(-3)^2}=\sqrt{10}$、$\sqrt{2^2+(-2)^2}=\sqrt{8}$，由此可见用后者来反映误差比前者优越。因此化学工作者在精密地计算实验误差时，大多用标准误差，而不用以百分数表示的算术平均误差。

1.2.1.5 有效数字与运算法则

在实验工作中，对任一物理量的测定，其准确度都是有限的，只能以某一近似值表示。因此测量数据的准确度就不能超过测量所允许的范围。如果任意将近似值保留过多的位数，反而歪曲测量结果的真实性。实际上有效数字的位数就指明了测量准确度。现将有关有效数字和运算法则简述如下。

①记录测量数据时，一般只保留一位可疑数字。有效数字是指该数字在一个数量中所代表的大小。例如，一滴定管的读数为 32.47，其意义为十位数为 3，个位数为 2，十分位上为 4，百分位上为 7。从滴定管上的刻度来看，都知道要读到千分位是不可能的，因为刻度只刻到十分之一，百分之一已为估计值。故在末位上，上下可能有正负一个单位出入。这末一位数可认为不准确的或可疑的，而其前边各数所代表的数值，则均为准确测量的。通常测量时，一般均可估计到最小刻度的十分位，故在记录一数量时，只应保留一位不准确数字，其余数为准确数字，此时所记的数字均为有效数字。

在确定有效数字时，要注意“0”这个数字。紧接小数点后的 0 仅用来确定小数点的位置，并不作为有效数字。例如 0.00015g 中小数点后三个 0 都不是有效数字。而 0.150g 中的小数点后的 0 是有效数字。至于 350mm 中的 0 就很难说是不是有效数字，最好用指数来表示，以 10 的方次前面的数字表示，如写成 3.5×10^2mm，则表示有效数字为两位；写成 3.50×10^2mm，则有效数字为三位；其余类推。

②在运算中舍去多余数字时采用四舍五入法。凡末位有效数字后面的第一位数大于 5，则在其前一位上增加 1，小于 5 则舍去。等于 5 时，如前一位为奇数，则增加 1；如前一位为偶数则舍去。即所谓四舍六入五留双。例如，对 27.0235 取四位有效数字时，结果为 27.02；取五位有效数字时，结果为 27.024。但将 27.015 与 27.025 取为四位有效数字时，则都为 27.02。

③加减运算时，计算结果有效数字的末位的位置应与各项中绝对误差最大的那项相同。或者说保留各小数点后的数字位数应与最小者相同。例如 13.75、0.0084、1.642 三个数据相加，若各数末位都有±1 个单位的误差，则 13.75 的绝对误差±0.01 为最大的，也就是小数点后位数最少的是 13.75 这个数，所以计算结果的有效数字的末位应在小数点后第二位。

$$\begin{array}{r}13.75\\0.0084\\+)1.642\\\hline\end{array}\xrightarrow{\text{舍去多余数后得}}\begin{array}{r}13.75\\0.01\\+)\ 1.64\\\hline15.40\end{array}$$

④若第一位有效数字等于 8 或大于 8，则有效数字位数可多计 1 位。例如 9.12 实际上虽然只有三位，但在计算有效数字时，可作四位计算。

⑤乘除运算时，所得的积或商的有效数字，应以各值中有效数字最低者为标准。

例如：$2.3\times0.524=1.3$。又如 $1.751\times0.0191\div91$，其中 91 的有效数字最低，但由于首位是 9，故把它看成三位有效数字，其余各数都保留到三位，因此上式计算结果为 3.64×10^{-4}，保留三位有效数字。

在比较复杂的计算中，要按先加减后乘除的方法。计算中间各步可保留各数值位数较以上规则多一位，以免由于多次四舍五入引起误差的积累，对计算结果带来较大影响。但最后结果仍只保留其应有的位数。

例如 $$\left[\frac{0.663\times(78.24+5.5)}{881-851}\right]^2=\left[\frac{0.663\times83.7}{30}\right]^2=3.4$$

⑥在所有计算式中，常数 π、e 及乘子（如 $\sqrt{2}$ ）和一些取自手册的常数，可无限制的按需要取有效数字的位数。例如当计算式中有效数字最低者二位，则上述常数可取二位或三位。

⑦在对数计算中，所取对数位数（对数首数除外）应与真数的有效数字相同。

a. 真数有几个有效数字，则其对数的尾数也应有几个有效数字。如：

$$\lg 317.2=2.5013;\ \lg(7.1\times 10^{28})=28.85$$

b. 对数的尾数有几个有效数字，则其反对数也应有几个有效数字。如：

$$-1.3030=\lg 0.2000;\quad 0.652=\lg 4.49$$

⑧在整理最后结果时，要按测量的误差进行化整，表示误差的有效数字一般只取一位，至多也不超过两位，例如 1.45±0.010 当误差第一位数为 8 或 9 时，只需保留一位。

任何一个物理量的数据，其有效数字的最后一位，在位数上应与误差的最后一位相对应。例如，测量结果为 1223.78±0.054，化整记为 1223.78±0.050。又如，测量结果为 14356±86，化整记为 $(1.436\pm 0.009)\times 10^4$。

⑨计算平均值时，若为四个数或超过四个数相平均，则平均值的有效数字位数可增加一位。

1.2.2 间接测量结果的误差分析

在物理化学实验数据的测定工作中，绝大多数是要对几个物理量进行测量，代入某种函数关系式，然后加以运算，才能得到所需要的结果，这称为间接测量。在间接测量中每个直接测量值的准确度都会影响最后结果的准确性。例如在气体温度测量实验中，用理想气体方程式 $T=\dfrac{pV}{nR}$ 测定温度 T。因此 T 是各直接测量量 p、V 和 n 的函数。

通过误差分析可以查明直接测量的误差对函数误差的影响情况，从而找出影响函数误差的主要来源，以便选择适当的实验方法，合理配置仪器，以寻求测量的有利条件，因此误差分析是鉴定实验质量的重要依据。

误差分析限于对结果的最大可能误差而估计，因此对各直接测量的量只要预先知道其最大误差范围就够了。当系统误差已经校正，而操作控制又足够精密时，通常可用仪器读数精密度来表示测量误差范围。如 50mL 滴定管为±0.02mL，分析天平为 0.0002g，1/10 刻度的温度计为±0.02℃，贝克曼温度计为±0.002℃等。

究竟如何具体分析每一步骤的测量误差对结果准确度的影响呢？下面介绍几种经常遇到的情况，见表 1-1。

表 1-1 几种常见公式的误差计算式

类型	绝对误差	相对误差
$y=a+b$	$\pm(\mathrm{d}a+\mathrm{d}b)$	$\pm\left(\dfrac{\mathrm{d}a+\mathrm{d}b}{a+b}\right)$
$y=a-b$	$\pm(\mathrm{d}a+\mathrm{d}b)$	$\pm\left(\dfrac{\mathrm{d}a+\mathrm{d}b}{a-b}\right)$
$y=ab$	$\pm(a\,\mathrm{d}b+b\,\mathrm{d}a)$	$\pm\left(\dfrac{\mathrm{d}a}{a}+\dfrac{\mathrm{d}b}{b}\right)$
$y=a/b$	$\pm\left(\dfrac{b\,\mathrm{d}a+a\,\mathrm{d}b}{b^2}\right)$	$\pm\left(\dfrac{\mathrm{d}a}{a}+\dfrac{\mathrm{d}b}{b}\right)$
$y=a^n$	$\pm(na^{n-1}\mathrm{d}a)$	$\pm\left(n\dfrac{\mathrm{d}a}{a}\right)$
$y=\ln a$	$\pm\dfrac{\mathrm{d}a}{a}$	$\pm\left(\dfrac{\mathrm{d}a}{a\ln a}\right)$

当已知各直接测量值可能发生的误差范围后，应用以上计算公式可以估计出间接测量结果的最大误差。计算时，$\mathrm{d}a$ 及 $\mathrm{d}b$ 均取绝对值。

现以凝固点降低法测分子量（或摩尔质量）的实验为例来说明。

在稀溶液的条件下，利用凝固点降低法测溶质摩尔质量的公式为：

$$M_B=\frac{K_f \cdot m_B}{\Delta T_f \cdot m_A}$$

式中，m_A 为溶剂的质量；m_B 为溶质的质量；M_B 为溶质的摩尔质量；ΔT_f 为凝固点下降值。

依据表 1-1 中相对误差公式，则：

$$\frac{\Delta M_B}{M_B}=\frac{\Delta m_A}{m_A}+\frac{\Delta m_B}{m_B}+\frac{\Delta(\Delta T_f)}{\Delta T_f}$$

即溶质的摩尔质量的相对误差等于各直接所测量相对误差之和。设溶质的质量 m_B 约为 0.12g，在分析天平上称它的质量，误差为 0.0002g。溶剂的质量 m_A 为 20g，在工业天平上称它的质量，误差为 0.05g。ΔT_f 通常在 0.2K 左右，用贝克曼温度计测量温度准确度可达 0.002K。由于 ΔT_f 是两次读数来决定的，所以它的绝对误差为 $0.002\times2=0.004$。所以诸量的相对误差如下：

$$\Delta m_A/m_A=0.05/20=2.5\times10^{-3}$$

$$\Delta m_B/m_B=0.0002/0.12=1.7\times10^{-3}$$

$$\Delta(\Delta T_f)/\Delta T_f=0.004/0.2=2.0\times10^{-3}$$

从上列数据可以看出，溶质的摩尔质量的误差主要决定于 ΔT_f 的误差。要增加测量的准确度只有提高温度计的精密度。在上列实验条件下，如果改用分析天平称量溶剂的质量，实际上并不能使摩尔质量的测定更准确些，只会白白浪费时间。如果增加溶质的质量，的确可以加大 ΔT_f，这样似乎可以增加测量的准确度，但应注意所使用的公式只适用于稀溶液，增加溶液浓度，反倒会增加测定的误差。由此可见，事先了解各个所测之量的误差及其影响，就能指导人们选择正确的实验方法，选用精密度相当的仪器，抓住测量的关键，以期得到较好的结果。

1.2.3　实验数据处理

物理化学实验数据经初步处理后，为了表示由实验结果所获得的规律，通常采用列表法、作图法和方程式法三种。以下分别简要介绍这三种表示方法的应用，由于在基础物理化学实验数据处理中大多运用图形表示法，因此以下重点讨论作图法。

1.2.3.1　列表法

利用列表法表达实验数据和计算结果时，通常将自变量 x 和因变量 y 一一对应排列起来，数值按大小次序编排。作表格时，应注意以下几点。

①表格名称　每一表格均应有一完全而又简明的名称。

②列名与量纲　由于在表中列出的常常是一些纯数（数值），根据物理量＝数值×单位这一关系，因此在置于这些纯数之前或之首的表示式也应该是一纯数，即量的符号除以量的单位，如 t/℃、p/Pa；或是表示这些纯数的数学函数如 $\ln(p/\mathrm{Pa})$ 等。这样将表格分成若干列，每一变量应占表格中一列，每一列的首行应详细写上该列变量的名称、量纲。

③有效数字　每一列所记数据，应注意其有效数字位数，并将小数点对齐。为简便起见，可将表示数据中小数点位置的指数放在列名旁，但须注意此时指数上的正负号应相应易号。例如醋酸的电离常数 $K_a=1.76\times10^{-5}$，则该列列名可写成：$K_a\times10^5$。

④自变量的选择　自变量的选择有时有一定的伸缩性，通常选择较简单的如温度、时间、距离等。自变量最好是均匀等间隔地增加，若实际测定情况不是这样，可先将直接测定

数据作图，由图上读出自变量是均匀等间隔地增加的一套新数据，再作表。

列表法虽然简单，但却不能表示出各数值间连续变化的规律及取得实验数据范围内任意的自变量和因变量的对应值，故常采用作图法。

1.2.3.2　作图法

利用实验数据作图，可使各数据间的相互关系表现得更好，更直观。常可用来求实验内插值、外推值、曲线某点切线斜率、极值点、拐点及直线的斜率、截距等。为使所作图线准确，作图时需注意以下各点。

(1) 坐标纸及比例尺的选择

坐标纸有直角坐标纸、对数坐标纸、半对数坐标纸、三角坐标纸和极坐标纸。最常用的是直角坐标纸。作图时以横轴表示自变量，纵轴表示因变量。比例尺的选择非常重要，需遵守以下原则。

①坐标刻度要能表示出全部有效数字。使从图中得出的精密度与测量的精密度相当。

②图纸中每小格所对应的数值应便于读数。通常应使单位坐标所代表的变量为简单整数。一般采用 1、2、5 倍数，不宜选 3、7、9 的倍数。

③充分利用图纸全部面积，使全图分布均匀、合理。若图形为直线，应使直线与横轴的夹角接近 45°。纵、横轴不一定由“0”开始，可从略小于最小测量值的整数开始。

④若作曲线求特殊点，则比例尺的选择应以特殊点反映明显为度。

(2) 坐标轴

选定比例尺，画上坐标轴，在轴旁注明该轴所代表变量的名称及单位。应注意：与列表法道理相同，曲线图坐标上的标注也应是一纯数的式子，如 $\ln(p/\mathrm{Pa})$、T/K，不应写成“$\ln p$，Pa”或“$\ln p(\mathrm{Pa})$”，“T，K”或“$T(\mathrm{K})$”。与上文列表法中提到的类似，醋酸的电离常数相应的标注可写成：$K_a \times 10^5$。在纵轴的左边及横轴的下面每隔一定距离写出该处变量应有的值，以便作图及读数，但不应将实验值写于坐标轴旁或代表点旁。读数横轴自左至右，纵横自下而上。

(3) 代表点

代表点是指测得的各数据在图上的点。将相当于测得数值的各点绘于图上，在点的周围画圆圈、方块、三角或其他符号标记。若同一图纸上有数组不同的测量值时，各组测量值的代表点应用不同的符号表示，以便区别，并在图上予以说明。

(4) 连曲线

将点描好后，用曲线板或曲线尺作出尽可能接近于各实验点的曲线，曲线应平滑均匀、细而清晰，曲线不必通过所有点，但各点应分布在曲线两旁，在数量上应近似相等。点和曲线间的距离表示测量误差，要求曲线与各点间的距离尽可能小，且曲线两侧各点与曲线间距离之和亦应近似相等。

(5) 曲线上作切线

欲在曲线的 E 点作切线，可应用镜面法。先作该点法线 AB，再作切线。方法是取一面平而薄的小方镜子，将其一边 AB 垂直放在曲线的横断面上，然后绕 E 点转动，直到镜外曲线与镜像中曲线连成一条光滑曲线时，沿 AB 边画出的直线就是法线。通过 E 点作 AB 的垂线就是切线，如图 1-3 所示。

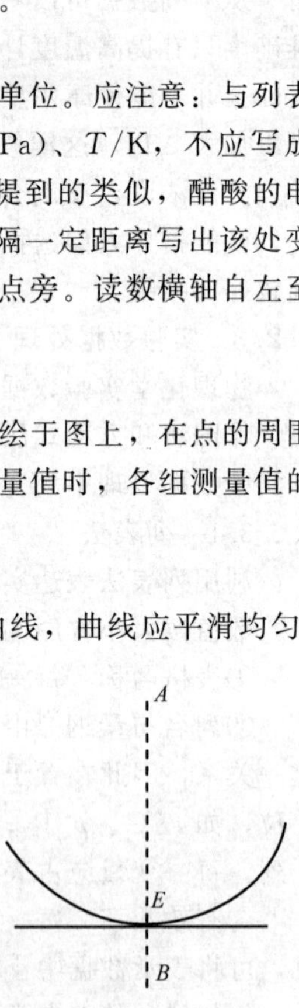

A
E
B

图 1-3　作切线的方法

(6) 写图名

曲线作好后，最后还应在图上写出清楚完备的图名及坐标轴的比例尺。

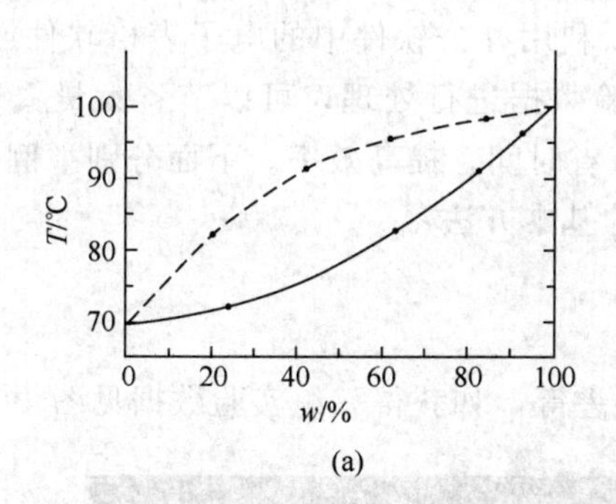

(a)

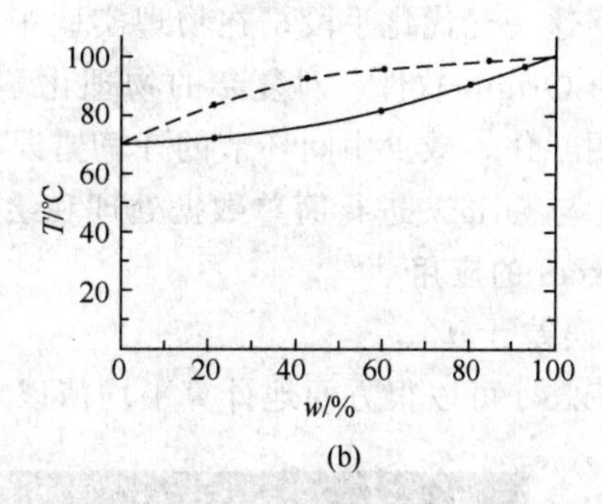

(b)

图 1-4 蒸馏曲线

图上除图名、比例尺、曲线、坐标轴及读数外，一般不再写其他的内容及作其他辅助线。以免影响主要部分，数据亦不要写在图上，但在实验报告上应有相应的完整的数据。

初学者作图时，常犯图 1-4（b）的错误：纵轴变量单位表示不正确；纵坐标比例选择不当。(b) 中纵坐标不应从“0”开始，且比例尺应放大些。图 1-4（a）正确，能较清楚地反映蒸馏曲线。

1.2.3.3 方程式法

方程式法就是将实验中各变量的相互关系用数学方程式（经验方程式）的形式表达出来。此法表达方式简单，记录方便，也便于求微分、积分和内插值等。建立经验方程式的基本步骤如下。

①将实验测定的数据加以整理和校正。

②选出自变量和因变量并绘成曲线。

③由曲线的形状，根据解析几何知识，判断曲线类型。

④确定公式的形式，将曲线转换成直线关系（见表 1-2)。

⑤确定直线方程的常数。

⑥若曲线不能转换成直线形式，可将原函数表示成多项式，多项式项数的多少以结果能表示的精密度在实验误差范围之内为准。

表 1-2 一些较简单的函数用直线方程式表达及转换方法

原方程式	变换方式		直线化后得到的方程式
	$Y=$	$X=$	$Y=mX+B$
$y=ae^{bx}$	$\ln y$	x	$Y=\ln a+bX$
$y=ax^{b}$	$\lg y$	$\lg x$	$Y=\lg a+bX$
$y=\dfrac{1}{a+bx}$	$\dfrac{1}{y}$	x	$Y=a+bX$
$y=\dfrac{x}{a+bx}$	$\dfrac{x}{y}$	x	$Y=a+bX$

1.3 实验数据的计算机处理——Excel 与 Origin 的应用

前面所叙述的处理物理化学实验数据的方法，包括列表法、作图法、方程式法等。其中方程式法较作图法准确、客观、无主观随意性，虽然它的计算较为繁琐，但是目前可以借助计算机很方便地对数据进行处理（如进行线性拟合、曲线拟合等）。引入计算机处理物理化学实验数据这一现代化手段，在物理实验中可以利用办公软件中的电子表格软件或 OriginLab 公司的 Origin 软件，对复杂的物理化学实验数据进行处理，可以节省大量繁琐的人工计算和绘图工作，减少中间环节的计算错误，节省时间，提高效率。下面分别举例简要介绍利用 Excel 与 Origin 进行简单数据处理和绘图的基本方法。

1.3.1 Excel 的应用

1.3.1.1 误差计算

利用 Excel 可以很方便地计算平均值以及误差等，如获得一组实验数据见图 1-5。

文件　开始　插入　页面布局　公式　数据　审阅　视图　帮助

I7

	A	B	C	D	E	F	G
1	1	2	3	4	5		
2	91.5	91.47	91.44	91.42	91.45		
3							
4							
5							

图 1-5　Excel 表格示意

（1）算术平均值

方法一：在 F2 单元格中输入平均值函数“＝AVERAGE（A2：E2）”，回车即可（图 1-6）。该函数括弧内符号表示所选定数值区域为 A 列第二行至 E 列第二行的所有单元格。

文件　开始　插入　页面布局　公式　数据　审阅　视图　帮助　告诉我你想要做

F2　=AVERAGE(A2:E2)

	A	B	C	D	E	F	G	H
1	1	2	3	4	5	平均值		
2	91.5	91.47	91.44	91.42	91.45	91.456		

图 1-6　算术平均值求算方法一示意

方法二：用鼠标选定单元格 F2，选择图中圈示的“f_x”命令，在弹出窗口中选择第一项“AVERAGE”并确定，将弹出如图 1-7 所示窗口，默认数据范围为第二行 A-E 列所有数据，确定即可。

方法三：用鼠标选定单元格 A2 至 E2，选择主菜单中“公式”标签下“自动求和”按钮下拉菜单中的“平均值”命令（图 1-8）。

（2）绝对误差

$$\Delta N = |N - \overline{N}|$$

如要求第 5 个数据（E2）的绝对误差：在 G2 单元格中直接输入“＝ABS（E2－F2）”后回车即可（图 1-9）。或者点击“f_x”命令，在弹出窗口的选择类别中调用“数学与三角函数”类下的“ABS”命令，在 Number1 窗口输入“E2－F2”即可。“ABS”命令也可在“公式”标签下调出。

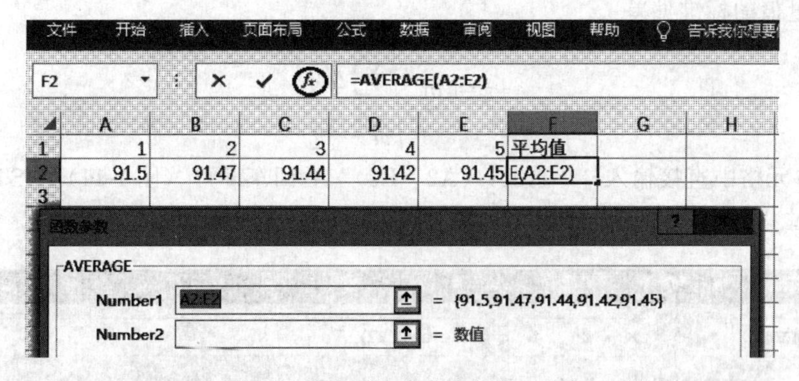

图 1-7 算术平均值求算方法二示意

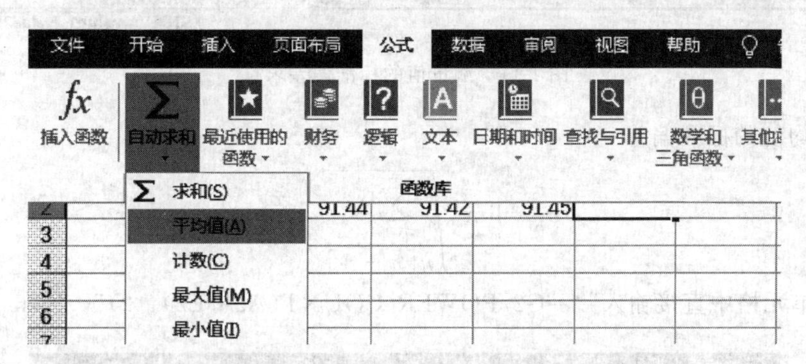

图 1-8 算术平均值求算方法三示意

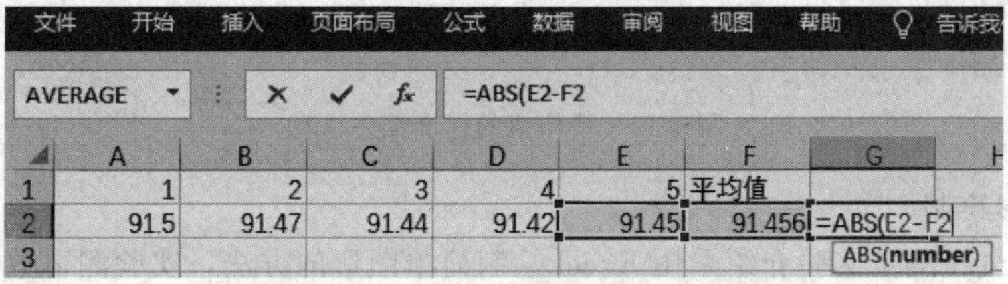

	A	B	C	D	E	F	G
1	1	2	3	4	5	平均值	
2	91.5	91.47	91.44	91.42	91.45	91.456	=ABS(E2-F2

图 1-9 绝对误差求算

（3）相对误差

$$E_N = \Delta N / \overline{N}$$

如要求第 5 个数据（E2）的相对误差：在 H2 单元格中直接输入“＝G2/F2”后回车（图 1-10）。

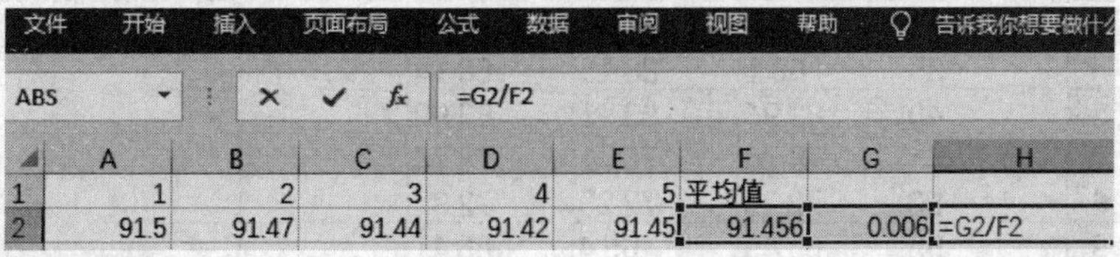

	A	B	C	D	E	F	G	H
1	1	2	3	4	5	平均值		
2	91.5	91.47	91.44	91.42	91.45	91.456	0.006	=G2/F2

图 1-10 相对误差求算

(4) 测量值的标准偏差

$$\sigma = \lim_{n \to \infty} \sqrt{\frac{\sum_{i=1}^{n} \Delta_i^2}{n-1}}$$

在 G2 单元格中直接输入“＝stdeva(A2：E2)”后回车即可（图 1-11）。“STDEVA”命令也可以通过“f_x”命令或“公式”标签下“统计”子命令调出。

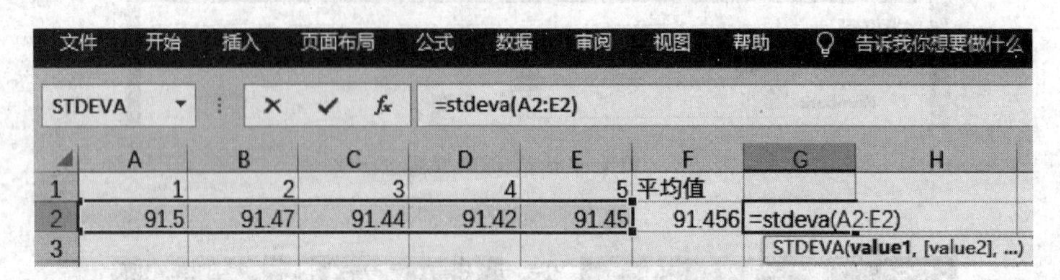

文件 开始 插入 页面布局 公式 数据 审阅 视图 帮助 告诉我你想要做什么

STDEVA | =stdeva(A2:E2)

	A	B	C	D	E	F	G	H
1	1	2	3	4	5	平均值		
2	91.5	91.47	91.44	91.42	91.45	91.456	=stdeva(A2:E2)	
3							STDEVA(value1, [value2], ...)	

图 1-11 测量值的标准偏差求算

(5) 平均值的标准偏差

$$\sigma_{\overline{N}} = \lim_{n \to \infty} \sqrt{\frac{\sum_{i=1}^{n} \Delta_i^2}{n[n-1]}} = \frac{\sigma}{\sqrt{n}}$$

在 H2 单元格中直接输入“＝G2/POWER(COUNT(A2：E2)，2)”，回车（图 1-12）。

文件 开始 插入 页面布局 公式 数据 审阅 视图 帮助 告诉我你想要做什么

STDEVA | =G2/POWER(COUNT(A2:E2),2)

	A	B	C	D	E	F	G	H	I
1	1	2	3	4	5	平均值			
2	91.5	91.47	91.44	91.42	91.45	91.456	0.030496	=G2/POWER(COUNT(A2:E2),2)	
3								POWER(number, power)	

图 1-12 平均值的标准偏差求算

1.3.1.2 图形绘制

以饱和蒸气压测定实验介绍采用 Excel 绘制简单图形的方法，实验测得数据见图 1-13。

文件 开始 插入 页面布局 公式 数据 审阅 视图 帮助

E10

	A	B	C	D	E	F
1			液体饱和蒸气压的测定			
2						p0=102.29kPa
3	t (C°)		p表 (kPa)			
4	30	91.5	91.47	91.44		
5	35	88.1	88.15	88.14		
6	40	83.94	83.91	83.99		
7	45	78.76	78.71	78.74		
8	50	72.29	72.25	72.32		
9	55	65.45	65.4	65.41		
10	60	54.55	54.62	54.67		

图 1-13 图形绘制步骤一

由于是采用蒸气压对数对温度倒数作图，因此首先需要进行数据处理。在 B 列前增加一列用于求温度的倒数，在新的 B4 单元空格中输入“＝1000/(A4＋273.15)”(图 1-14)，回车，将鼠标移到该单元格右下角，鼠标变为十字形时，按住左键下拉至第 10 行，可以得到全部的温度倒数。

文件　开始　插入　页面布局　公式　数据　审阅　视图　帮助　告诉我

STDEVA　=1000/(A4+273.15)

	A	B	C	D	E	F	G
1				液体饱和蒸气压的测定			
2							p0=102.29kPa
3	t (C°)			p表 (kPa)			
4	30	=1000/(A4+273.15)		91.47	91.44		
5	35		88.1	88.15	88.14		
6	40		83.94	83.91	83.99		
7	45		78.76	78.71	78.74		
8	50		72.29	72.25	72.32		
9	55		65.45	65.4	65.41		
10	60		54.55	54.62	54.67		

图 1-14　图形绘制步骤二

计算蒸气压的对数。在 G4 单元格中输入“＝LOG10(102.29-AVERAGE（C4：E4))”[式中 LOG10 表示以 10 为底的对数，102.29 为 p0/kPa，AVERAGE（C4：E4）为所测表压的平均值]，回车，将鼠标移到该单元格右下角，鼠标变为十字形时，按住左键下拉至第 11 行，可以得到全部的蒸气压的常用对数（图 1-15）。

文件　开始　插入　页面布局　公式　数据　审阅　视图　帮助　告诉我你想要做什么

STDEVA　=LOG10(102.29-AVERAGE(C4:E4))

	A	B	C	D	E	F	G	H	I
1				液体饱和蒸气压的测定					
2							p0=102.29kPa		
3	t (C°)			p表 (kPa)					
4	30	3.298697	91.5	91.47	91.44		=LOG10(102.29-AVERAGE(C4:E4))		
5	35	3.245173	88.1	88.15	88.14				
6	40	3.193358	83.94	83.91	83.99				
7	45	3.143171	78.76	78.71	78.74				
8	50	3.094538	72.29	72.25	72.32				
9	55	3.047387	65.45	65.4	65.41				
10	60	3.001651	54.55	54.62	54.67				

图 1-15　图形绘制步骤三

数据处理完毕，开始绘图。用鼠标选定 B4 到 B10 单元格，按住 Ctrl 键，用鼠标选定 G4 到 G10 单元格；选择“插入”标签栏下“图表”栏中代表插入散点图的图标（图 1-16），选择弹出窗口中显示的第一种类型绘图；点击图表右上端的“＋”按钮，可以添加“坐标轴标题”等图表元素（图 1-17）。

拟合直线。单击图表中的数据点选中所有数据，单击鼠标右键，在弹出菜单中选中添加趋势线，在右侧弹框中选择线性趋势线，还可根据需要对趋势线格式的其他方面进行修改；选中“显示公式”和“显示 R 平方值”可以显示拟合直线的回归方程和相关系数信息（图 1-18）。

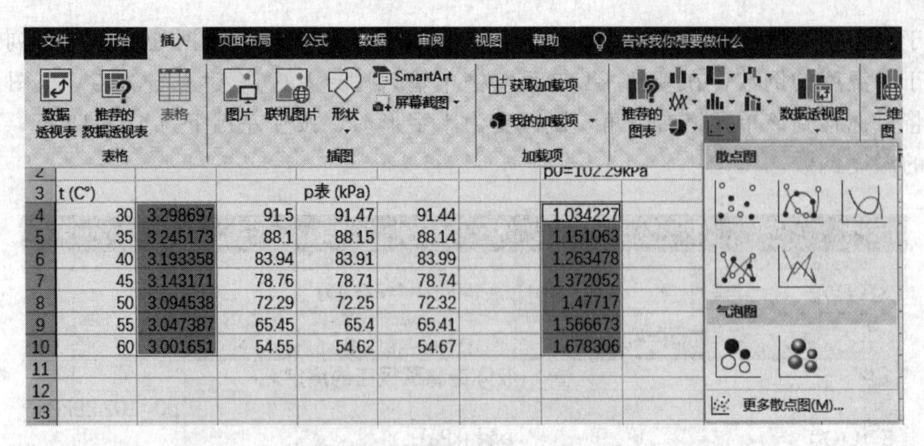

图 1-16　绘制散点图的菜单界面

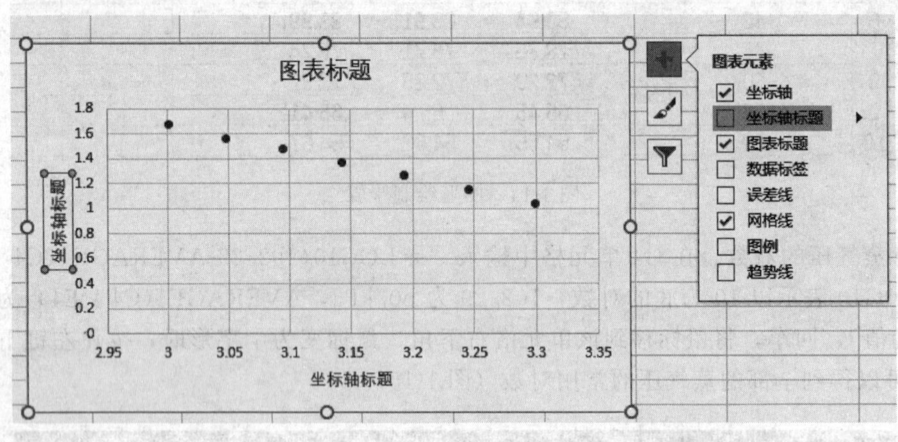

图 1-17　图形绘制步骤四

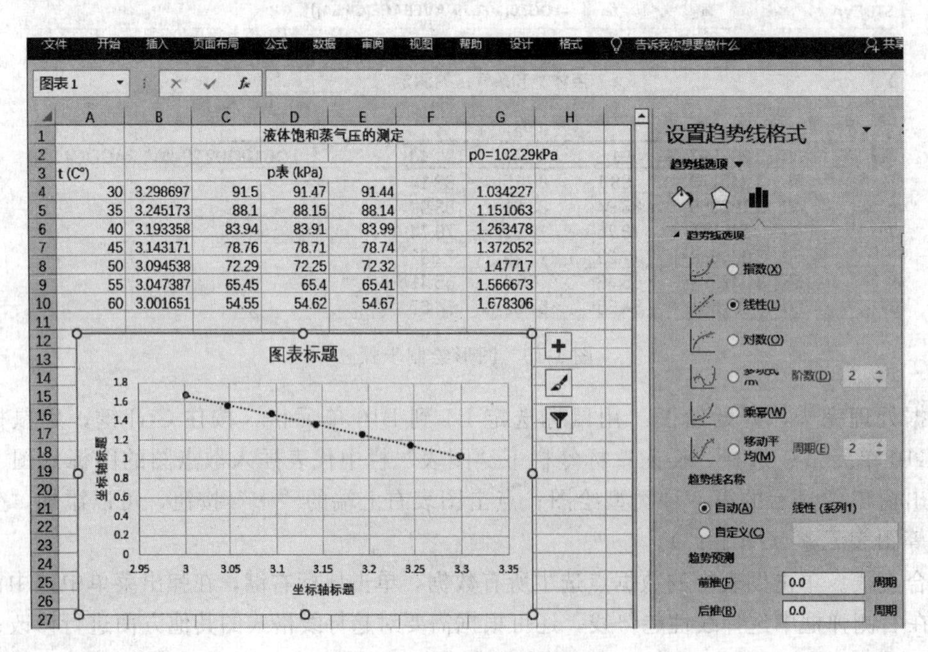

图 1-18　图形绘制步骤五

图表的格式化。单击图表中的各项元素，可以对绘图区格式、网格线格式、图标标题、坐标轴标题、坐标轴（包括数值边界和单位、横坐标轴交叉、是否显示单位、刻度线和标签位置等）等进行修改，最终可得到图 1-19。图中“$y=-2.1488x+8.1241$”即为对数据点进行线性拟合的回归方程，R 为相关系数。

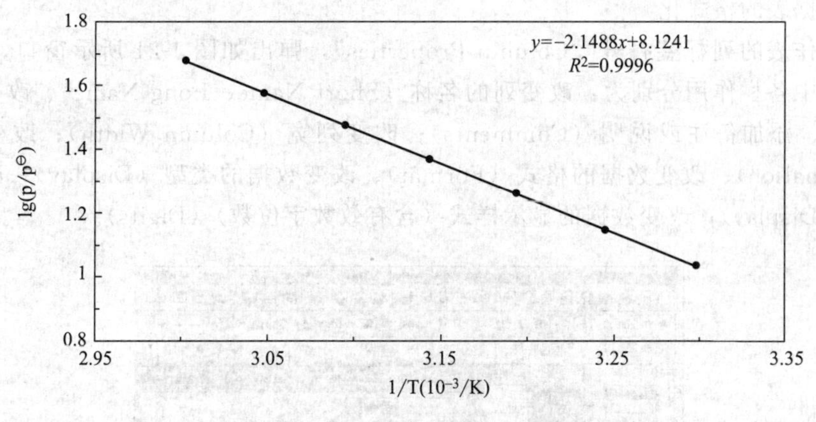

图 1-19 图形绘制步骤六

1.3.2 Origin 的应用

Origin 是专业的数据处理、绘图软件，其功能远比 Excel 强大，仍以饱和蒸气压的数据处理及绘图为例，简要介绍 Origin 8.0 的使用方法。

1.3.2.1 基本操作

（1）数据的输入

少量的数据，采用键盘直接输入。

以文件形式存储的数据的输入方式如图 1-20 所示。红外分析、紫外分析、色谱分析、电化学分析等与计算机联用仪器所得实验数据，转换成单个 txt 或 dat 文档后，可以用

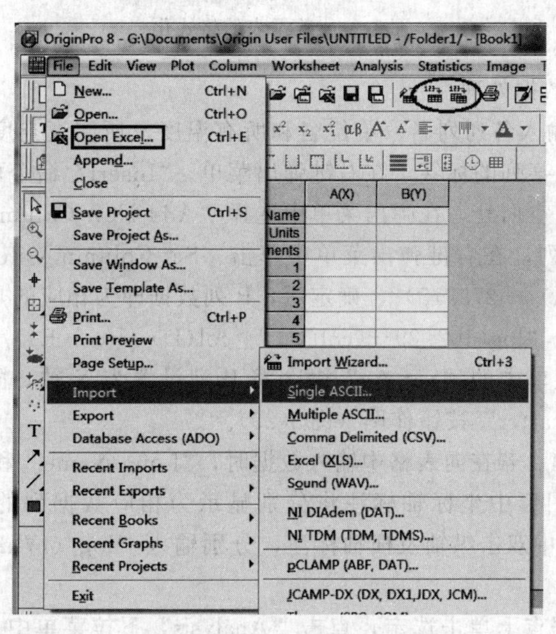

图 1-20 数据输入

“File”下拉菜单中“Import”的次级命令“Single ASCII”导入该文档；若需要一次导入多个文档，则选择“Multiple ASCII”命令，也可在点击工具栏中圈示的相应图标按钮调出该命令。若仪器输出的数据文件为csv、xls、wav等格式，则可选择“Import”的相应次级命令直接导入数据。Excel文件保存的数据，也可用“File”下拉菜单中“Open Excel”命令直接打开。

（2）数据表的格式化

双击工作表的列标签打开“Column Properties”，弹出如图1-21所示窗口，Properties标签下窗口中各栏作用分别为：改变列的名称（Short Name、Long Name）、改变数据的单位（Units）、添加备注或说明（Comments）；改变列宽（Column Width）；改变列的标识（Plot Designation）、改变数据的格式（Format）、改变数据的类型（Display）；改变数据的计数格式（Display）；改变数据的显示样式（含有效数字位数）（Digits）。

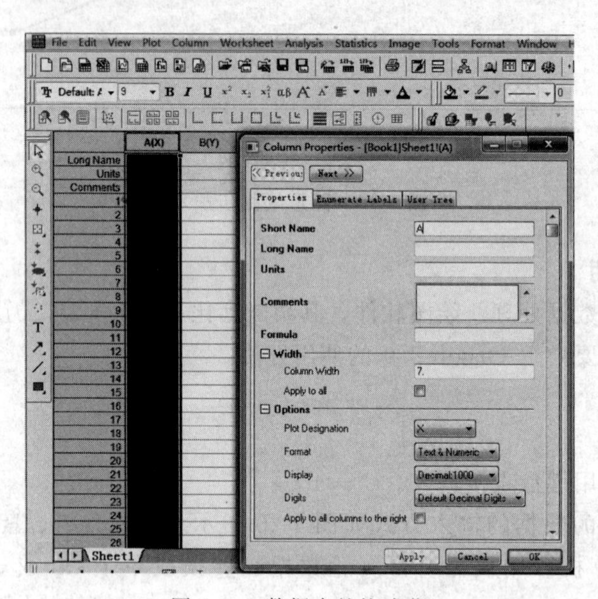

图1-21　数据表的格式化

1.3.2.2　图形绘制及数据处理

如图1-22所示，输入各列列名、单位名和所有温度及所测真空度数据后（数据表格默认为两列，单击工作表某列的标签，在右键弹出菜单，“Insert”命令可以在该列左侧插入一列；右键单击表格右边空白处，在弹出菜单中选择“Add New Column”命令可在最右侧增加一列），左键选中B列，在右键弹出菜单中单击“Set Column Values”，在弹出窗口下方空白处输入“1/(col(A) +273.15)”，确定后，B列数据即为相应的热力学温度倒数；选择列，按类似的方法输入“log(102.29－(col(C) +col(D) +col(E))/3)”，以求得蒸气压的对数。利用右键弹出菜单中的“Set As”命令将B列设置为X轴，同时选取B列和F列，单击左下角圈示的“Scatter”按钮作图（图1-23）。

作图结果如图1-24。若在向表格中输入数据时，“Long Name”和“Units”行中没有输入相应内容，则所得图形中坐标轴标注将分别显示为相应数据列的代号（本例中分别为“B”和“F”），可在图中双击纵轴及横轴标注，分别输入“log（p/kPa)”和“1/T（1/K)”进行更改。

鼠标移到任一数据点上单击选定，点击“Analysis”下拉菜单中“Fitting”的次级菜单

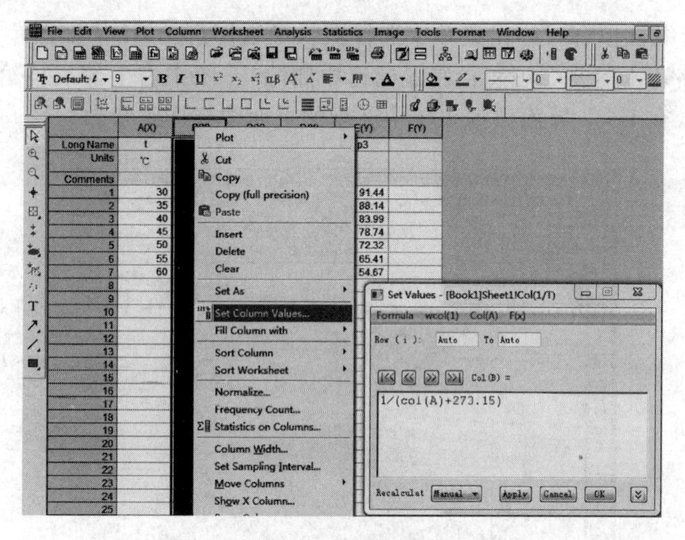

图 1-22　数据设置

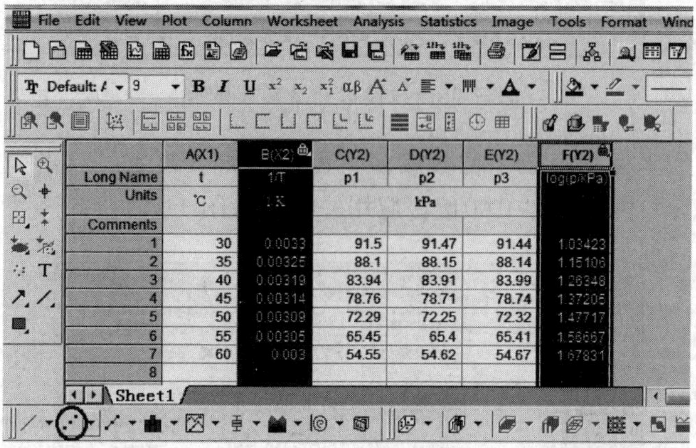

	A(X1)	B(X2)	C(Y2)	D(Y2)	E(Y2)	F(Y2)
Long Name	t	1/T	p1	p2	p3	log(p/kPa)
Units	℃	1/K		kPa		
Comments						
1	30	0.0033	91.5	91.47	91.44	1.03423
2	35	0.00325	88.1	88.15	88.14	1.15106
3	40	0.00319	83.94	83.91	83.99	1.26348
4	45	0.00314	78.76	78.71	78.74	1.37205
5	50	0.00309	72.29	72.25	72.32	1.47717
6	55	0.00305	65.45	65.4	65.41	1.56667
7	60	0.003	54.55	54.62	54.67	1.67831

图 1-23　数据绘图操作

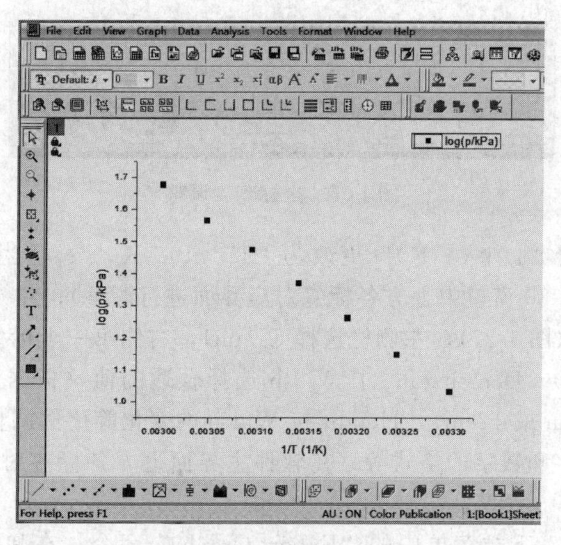

图 1-24　绘图结果显示

“Fit Linear”进行线性拟合（弹出菜单中选择默认参数即可），结果如图 1-25 所示（图中右上侧两个嵌入表格若不需要，可直接用鼠标选中删除）。图中右上侧表格给出了该直线回归方程的部分参数，在 Book 界面数据表单中新增的页面中有详细参数。

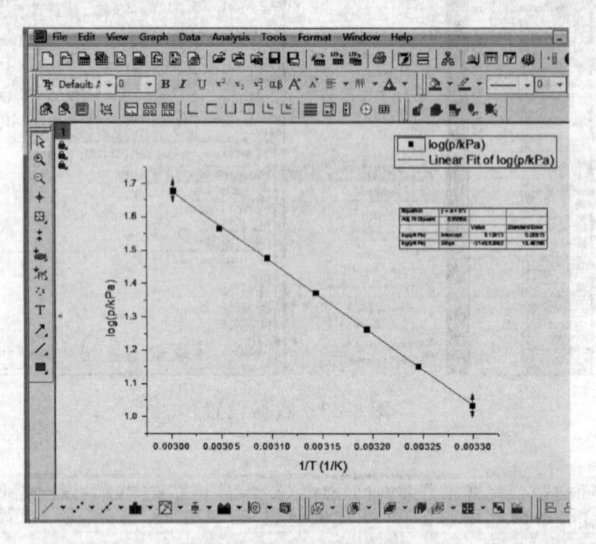

图 1-25 线性拟合及参数显示

在图 1-25 中，横坐标刻度数字位数较多，可以做如下改变：双击横坐标刻度，在弹出窗口中的“Divide By”栏输入“0.001”，应用并确定（图 1-26）。

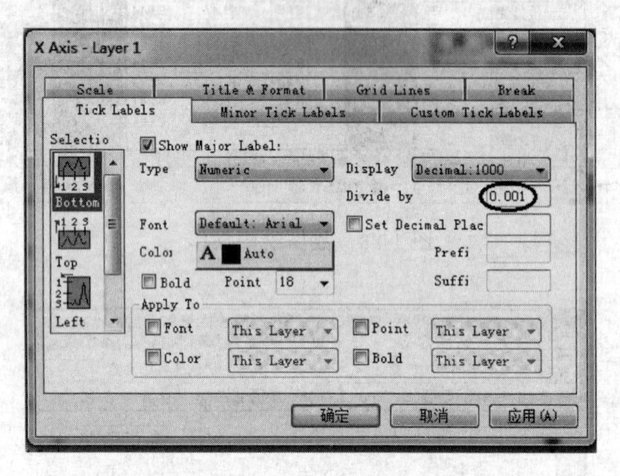

图 1-26 坐标刻度调整

双击横轴标注，将“1/T (1/K)”更改为“$T^{-1}/10^{-3}K^{-1}$”；适当更改纵横轴比例尺标注、坐标刻度（在图 1-26 窗口中上方各标签对应界面进行调整）；左键双击 Graph 界面画图区域，在弹出窗口中（图 1-27），左侧栏选择 Graph1，右侧第一个标签窗口中 Units 选择合适的单位（建议用 cm），Demensions 中 Width 选择合适的值（根据图形使用或演示需要，宽度多选择 8cm、16cm 或 12cm），Height 按 Width 的变化等比例调整，点击 OK 确定，并适当调整所得图中文字和数字的格式等（在软件主界面上方各标签对应项目进行调整），可得图 1-28。

最后，选择“File”下拉菜单中的“Export Graphs”命令，在弹出窗口（图 1-29）中，

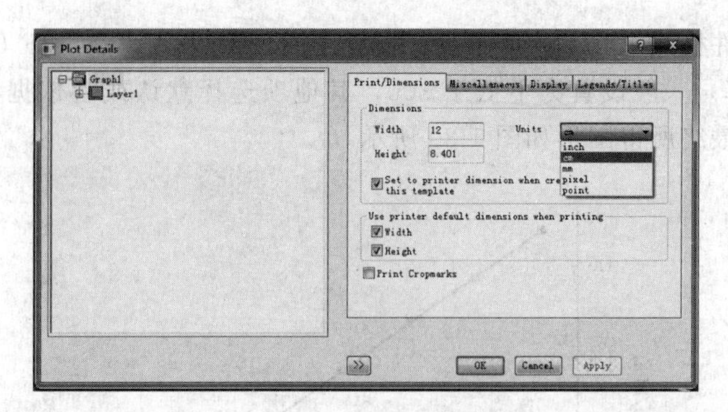

图 1-27　比例尺更改

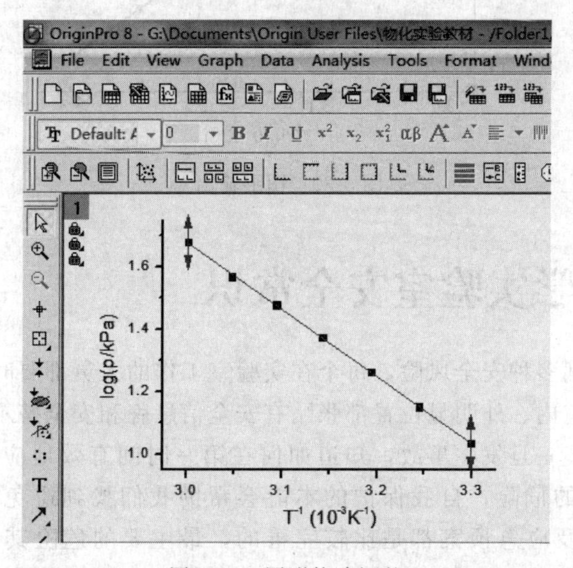

图 1-28　图形格式调整

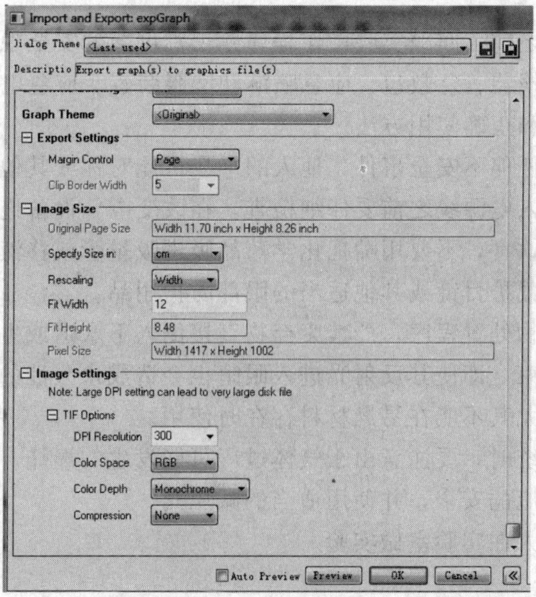

图 1-29　输出格式调整

选择合适的图片文件格式（Image Type），一般选择 TIF 格式，在 TIF Options 栏中，DPI Resolution（分辨率）一般设置为不低于 300，其他项选择默认或者依据实际需要更改，连续确定保存即可，最终所得图形如图 1-30 所示。

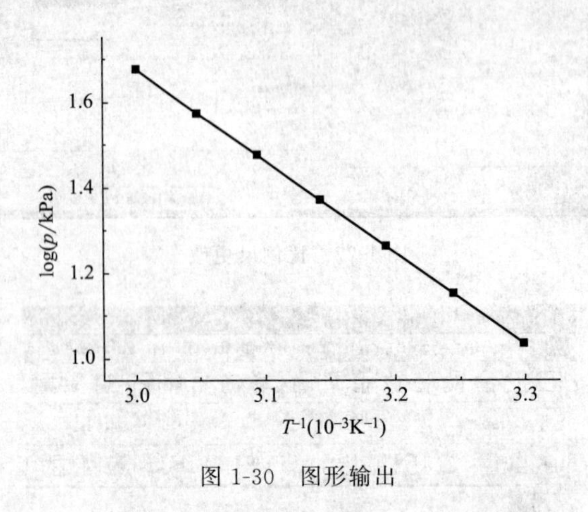

图 1-30　图形输出

1.4　物理化学实验室安全常识

实验工作可能遇到多种安全风险，每个在实验室工作的人员都要时刻警惕可能出现的安全问题。一般在实验室内、外明显位置都张贴有安全信息牌和安全警示标识，在开始实验工作之前都应仔细阅读。一旦发生事故，知道如何在第一时间有效地应对非常重要；如果意识到实验过程中潜在的危险，自我保护的本能会帮助我们找到避免的方法。现在绝大多数实验室的安全措施及应急预案都是比较完善的，最主要的危险其实是对潜在危险的忽视。这里列出物理化学实验室的基本安全原则，并简要介绍可能发生的特殊危险及注意事项。

①在开始实验工作之前，回顾实验操作程序并识别可能的安全隐患。

②了解灭火器、警报器、急救包、应急喷淋和洗眼装置、应急电话号码、紧急出口等各种安全应急设施的位置和正确使用方法。

③注意所观察到的任何不安全事件，他人的事故可能对你或其他人也是危险的。

④在将电气设备插入电源线之前要仔细检查，在改变电气设备连接之前应拔掉插头。

⑤不要在实验室内饮食，不要用嘴把化学药品吸进吸量管或移液管。

⑥穿好实验服，佩戴护目镜或其他适当的眼部防护用品。

⑦遵守实验室废弃物处置程序，严禁废弃物直接倒入下水道或生活垃圾桶。

⑧不要直接看激光束，即使其反射光进入眼睛也会造成永久性的损伤。

⑨禁止使用明火，尤其不能在易燃材料存在时使用。

⑩使用玻璃真空系统时，要注意由于气体过压可能发生的爆炸。

⑪确保所有高压气瓶的安全，并使用适当的减压阀。

⑫尽量不要独自一人在实验室做实验。

1.4.1　安全用电

物理化学实验室有大量的电气仪表和设备，几乎都使用 220V 交流电源，而且有部分使用暴露的金属为带电工作部件。水管外壳和所有电气设备的金属外壳都应接地。所有电气设备都应有一个位置方便的开关，以便在紧急情况下能迅速断开电源，高压电源应有专门的防护措施。在更换电路之前关掉所有电器，并断开电源。如果需要打开电器检查或调整，应使用适当的绝缘测试探头，用一只手操作，另一只手放在口袋里或背后。绝不能用试电笔探头去接触高压电。如果怀疑电气设备可能存在安全问题，在确认排除隐患之前千万不要进行任何电气工作。

1.4.2 化学危害的预防

化学危害是多种多样的。除非已经证实无害，否则可以认为经口、皮肤或经呼吸摄入的任何化学物质都是有毒的。不能吮吸、舔尝任何化学试剂以及可能与化学试剂接触的实验室用品。产生有毒烟雾或蒸汽的反应应在通风橱中进行；出于清洁和洗涤目的使用有机溶剂时，应合理控制用量、避免溢出且尽量在通风橱中进行。在化学实验室，零接触风险在实践中是不可能的。实验人员必须了解和掌握所使用化学品的毒性和化学反应性质，了解保管、预防和急救措施的相关知识，掌握正确的操作方法并采取必要的防护措施，将化学危害风险降到最低。

(1) 汞的安全使用

汞和含汞化合物都有毒。现在，涉及汞或含汞化合物作为化学试剂的物理化学实验项目基本上都已被淘汰，液态汞基本上都以密封的形式存在于仪器内部，因此摄入液态汞的可能性很小。在物理化学实验室，含汞或汞盐的装置主要有温度计、压力计以及甘汞电极，汞的最大危险来自这些仪器破损后汞泄漏产生的汞蒸气，长期吸入汞蒸气会破坏黏膜和呼吸道并导致慢性中毒。一旦发现仪器盛装汞的部件有破损，必须立即停止使用并由实验室工作人员进行处理。如果有汞泄漏，必须清除溢出的汞，在地板裂缝和难以触及的地方，应覆盖一层粉末状硫黄。回收的汞应放置在厚的高密度聚乙烯瓶中。

(2) 废弃试剂的处理

废弃试剂处理的一般原则是，只有稀释的无毒无机试剂溶液和一些基本无毒的有机试剂，如酒精和乙酸等，才能直接排放至下水道。其他有机溶剂、浓酸和碱或有毒化学品（氰化物、砷、铅和重金属化合物）等试剂必须放入适当的废弃物容器中，盖好盖子并贴上标签，由相关部门处理。

(3) 化学烧伤

强酸（特别是氧化性酸，如铬酸清洗液）和碱可能会导致皮肤严重烧伤；如果进入眼睛，能在几秒内永久破坏角膜。因此处理此类材料时必须戴橡胶手套。如果皮肤接触，用水大量冲洗。如果暴露在强酸中，用非常稀的弱碱（氨水）清洗；对于强碱，使用非常稀的弱酸（醋酸）。应特别注意眼睛保护，必须始终戴安全眼镜、护目镜或面罩。如果有化学物质进入眼睛，必须迅速利用洗眼器或其他水源（但压力较低）彻底清洗眼球并立即就医；冲洗时应将眼睑抬离眼球，以便于有效冲洗。在某些物理化学实验中，液氮通常用于真空冷阱以及一般的低温浴液。氮气明显无毒，非常安全，液氮的唯一危害是皮肤由于低温而“烧伤”。应避免液氮与手或其他暴露的皮肤直接接触，在处理输送液氮的冷传输管时，应戴上绝热手套。将液氮从储存杜瓦瓶倒入较小的杜瓦瓶、将样品或冷阱插入液氮杜瓦瓶时，都应缓慢操作，以减少或避免液氮局部沸腾甚至溅出。

(4) 着火和爆炸

任何易燃物质都有潜在的危险。在使用氢气或其他易燃气体的实验中，在附近点火或有电火花都可能引发爆炸。大量使用易燃气体时，必须在通风良好的场所进行且残气必须直排到室外。蒸馏易燃液体时，不能使用明火加热；使用电炉加热时，电阻丝不能裸露在外，必须使用电加热套或封闭式电炉。进行易发生爆炸的实验，必须有充足的防爆措施。在可能发生火灾或爆炸的所有情况下，都需要佩戴护目镜。实验室一旦发生火灾，应根据具体情况选择相应的灭火器进行灭火。

1.4.3 特殊设备的安全使用

（1）真空设备

所有金属真空系统基本上没有内爆或爆炸的危险，玻璃真空系统也相当安全。但是，玻璃真空装置的内爆能产生大量小而尖锐的玻璃碎片，可能会造成人身伤害，因此在使用玻璃系统时应采取适当的预防措施。平底玻璃容器以及体积超过 1L 的球形玻璃容器应该用金属丝网或塑料电工胶带包覆。另外，若低温下大量气体被液化或吸附在吸附剂上，将其置于真空系统内预热时，可能会导致超压；从高压气瓶向真空系统中添加气体时，如果气瓶没有合适的减压阀，也可能会导致超压。过高的内部超压可能导致系统爆裂，在真空系统中安装安全阀，可以防止超压，消除爆炸危险。

（2）高压装置

在物理化学实验中用到的高压装置主要是气体钢瓶。常用的气体有氧气、氮气、氢气等，它们一般储存在专用的高压气体钢瓶中。使用气体钢瓶的主要危险是可能爆炸和漏气。气体钢瓶受热会引起内部气压增大，若压强超过最大负荷就可能爆炸；若瓶体的金属材料老化或被腐蚀，气体钢瓶一旦坠地或被硬物撞击时，也可能爆炸；若可燃性气体泄漏，也极易引发爆炸。另外，若钢瓶瓶颈螺纹受损，内部气压大时可能会冲瓶脱颈，导致气体高速喷出而瓶体高速反向飞行。因此，气体钢瓶是存在危险的，使用时需特别注意：①必须按时检验，不合格的钢瓶必须报废或降级使用；②气体钢瓶应存放在阴凉、干燥、远离热源的房间内，固定在安全柜中，搬运气体钢瓶时要轻而稳；③使用专用的减压器，不能将油、其他易燃有机物或纺织沾染或包裹到瓶体上（尤其是出口和减压器）；④开启气门时，钢瓶阀门和减压器不能对着人，以防阀门或减压阀冲出伤人；⑤不可把钢瓶内气体用尽，气压下降至规定值时应及时重新灌气。

（3）辐射源的安全使用

紫外线、红外线、激光会对眼睛造成严重伤害。紫外线能引起角膜炎和结膜炎；短波红外线可透过眼球到达视网膜，导致视网膜灼伤；激光对眼睛的伤害尤其严重，会引起角膜、虹膜和视网膜的烧伤，甚至因晶体混浊而发展为白内障。防护光辐射的有效办法是依据不同类型的光源佩戴相应的防护眼镜，切忌用肉眼直视光源。对于激光，还应避免用肉眼观察有反射镜面的物体，以防止激光反射光的危害。皮肤长期暴露在紫外线下会产生严重的“晒伤”，长期暴露在红外线下会导致灼伤，因此要避免皮肤被长时间照射。高频电磁波和微波在特殊情况下可以作为加热的热源，由于这些辐射能以感应方式对金属、非金属进行加热，因此也会对人体组织或器官造成损害。防护高频电磁波和微波辐射的最根本措施是减少辐射源的泄漏，使辐射局限在特定范围内；若辐射的泄漏无法避免，实验操作人员应穿戴特制的防护服和护目镜。在处理 X 射线和放射性物质的实验中，必须小心防范 X 射线和放射性物质的辐射。晶体衍射分析仪所用的 X 射线辐射，轻则造成局部组织灼伤，重则造成白细胞下降、毛发脱落等严重的射线病。放射性辐射的主要防护措施有屏蔽辐射源、缩短使用时间和远离辐射源等。操作时要穿戴好防护用具（防护服、铅玻璃眼镜、防护手套和口罩等）；

X 射线管口附近要用厚铅板挡好，暂时不工作时应关好窗口，且人员应尽量离开实验室；涉及放射性物质的操作应尽量在密闭容器内进行，防止放射性物质溅出污染空气，操作结束后必须全身淋浴；应加强室内通风换气，以减少弥散的放射性物质或因 X 射线电离作用产生的有害气体的影响。

1.5 实验预习报告与实验报告的书写规范

1.5.1 实验预习报告的书写要求

为了加深对实验内容的认识，尽快熟悉实验仪器，保证实验教学效果，每次实验之前应先做好实验预习，写出符合要求的实验预习报告。

实验预习报告是为实验做准备的，与总结报告要求明显不同，具体要求的格式如下：

实验名称

一、实验目的

1…

2…

…

二、实验基本原理

（简要说明实验依据的原理及主要公式，一般应画出仪器装置示意图。）

三、仪器和试剂

1… 2…

……（仪器或试剂名称及数量。仪器型号可暂不写，留待实验时再根据实际情况填写。一般要求两种仪器或试剂占一行！）

四、实验步骤

1…（书写内容要全面准确，但具体语句应适当精练。）

2…

…

五、原始数据记录

……（与具体实验有关的测定数据。当实验数据较多时，最好以纵向格式记录。）

注意：

1. 记录的实验数据一定要整洁，不得修改、插入、删除数据，不得用铅笔记录数据。
2. 当实际使用的仪器和试剂与教材不一致时，一定要完整记录实际使用的仪器型号、具体名称，所用试剂纯度或浓度以及浓度的有效数字位数等。
3. 不同内容之间应注意分段。

1.5.2 实验报告的书写要求

实验报告是学生对所做实验内容的总结和再学习，通过总结，学会分析问题和解决问题的方法，为今后书写研究报告打下一定的基础。

实验报告与预习报告的侧重点不同，实验报告强调对数据的处理和对问题的讨论，实验报告要求用统一的实验报告纸书写，具体格式要求如下：

(实验名称)

(表头内容填写一定要完整，除成绩一项外，其他各部分都必须填写清楚。)

一、实验目的

1…

2…

…

二、实验基本原理

(实验依据的原理及公式，应对实验教材中内容进行适当的删减。)

三、仪器与试剂

1… 2…

(仪器型号、仪器名称及数量，一般两种或一种仪器或试剂占一行。)

四、实验步骤

1…

2…

(内容要完整，书写要精练，能理解实验步骤的完整过程。)

五、数据处理与结果讨论（重点部分）

(设计好数据处理表格，在表格中应列出所有实验原始数据及处理后的数据，处理的数据需要用到计算公式的，要在表格下面注明处理该列数据所使用的公式编号或具体公式形式。表格应有名称，不易取名时，可只用“表1”“表2”等作表名。在列用表格之前，应有适当的文字表述表中数据的来源和要进行的工作。表后要绘制图形的，应使用最小刻度为毫米的坐标纸；图要有图名，若图命名困难，也可仅用诸如“图1”“图2”等，一定要标明图中各坐标轴对应物理量的名称和量纲，必须注明单位刻度，且标度要合理。需要使用图中数据的，一定要说明获取数据的方式，如由 $E_x=0.2583\text{V}$ 从图2知 $\lg c_x=-1.825$，所以 $c_x=0.0150\text{mol}\cdot\text{L}^{-1}$。除用表格处理数据的以外，其他数据处理方式的每一步都一定要有说明性文字。最后所得结论应与文献值进行比较，求出相对测量误差，讨论结果的可靠性。对误差较大的，应对结果进行分析讨论，找出可能的原因。)

六、思考讨论题

1…

2…

(思考题一般是针对实验基本原理、主要操作步骤以及实验中容易出现的问题设计的，是实验报告的重要组成部分，应在充分理解理论课教材和实验讲义的基础上认真回答。)

第二部分　基础性实验

热力学部分

燃烧热的测定

一、实验目的

1. 通过萘的燃烧热测定，了解燃烧热实验装置各主要部件的作用，掌握燃烧热的测定技术。

2. 明确燃烧热的定义，了解恒压燃烧热与恒容燃烧热的差别及相互关系。

3. 掌握氧弹式量热计的实验技术，学会用数据处理专用软件及雷诺图解法校正温度改变值。

二、实验基本原理

根据热化学的定义：可燃物质B的标准摩尔燃烧热是指在一定温度及标准压力下，1mol B物质完全氧化为同温度下指定产物时的热效应，称为物质B的标准摩尔燃烧热。指定产物是指该化合物中的C变为CO_2(g)，H变为H_2O(l)，S变为SO_2(g)，N变为N_2(g)，Cl变为HCl(水溶液)等。由热力学第一定律可知，燃烧时系统状态发生变化，系统内能改变。若燃烧在恒容条件下进行，系统对外不做非体积功，此时测得的燃烧热称为恒容燃烧热（Q_V），恒容燃烧热等于这个过程的内能变化（ΔU）。同样，若燃烧在恒压条件下进行，同时对外不做非体积功，测得的燃烧热称为恒压燃烧热（Q_p），恒压燃烧热等于这个过程的焓变化（ΔH）。若把参加反应的气体和反应生成的气体作为理想气体处理，则有下列关系式：

$$Q_p = Q_V + \Delta nRT \tag{1}$$

或

$$\Delta_r H_m - \Delta_r U_m = \sum \nu_{B(g)} RT \tag{2}$$

式中，Δn为产物与反应物中气体物质的量之差；R为气体常数；T为反应的热力学温度。

若测得某物质恒容燃烧热或恒压燃烧热中的任何一个，就可根据式（1）或式（2）计算另一个数据。必须指出，化学反应的热效应（包括燃烧热）通常是用恒压热效应（Q_p）来表示的。

测量化学反应热的仪器称为量热计。本实验采用氧弹式量热计测量萘的燃烧热，氧弹式量热计的示意图如图1所示。由于用氧弹式量热计测定物质的燃烧热是在恒容条件下进行的，所以测得的为恒容燃烧热（Q_V）。测量的基本原理是将一定量待测物质样品在氧弹中完全燃烧，燃烧时放出的热量使量热计本身及氧弹周围介质（本实验用水）的温度升高。通过

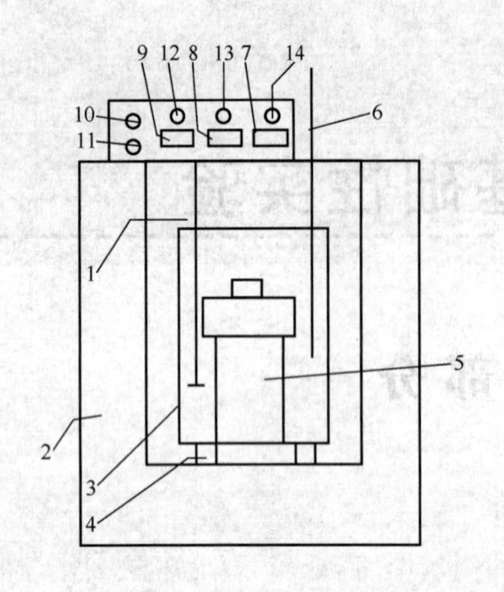

图1 氧弹式量热计

1—搅拌棒；2—外筒；3—内筒；4—垫脚；5—氧弹；6—传感器；7—点火按键；8—电源开关；9—搅拌开关；10—点火输出负极；11—点火输出正极；12—搅拌指示灯；13—电源指示灯；14—点火指示灯

测定燃烧前后量热计（包括氧弹周围介质）温度的变化值，就可以求算出该样品的燃烧热。其关系式如下：

$$\frac{m}{M}Q_V = W_{卡}\ \Delta T - Q_{点火丝} m_{点火丝} \tag{3}$$

式中，m 为待测物质的质量；M 为待测物质的摩尔质量；Q_V 为待测物质的恒容燃烧热；$Q_{点火丝}$ 为点火丝的燃烧热（如果点火丝用镍丝，则 $Q_{点火丝} = 3.245\text{kJ} \cdot \text{g}^{-1}$）；$m_{点火丝}$ 为燃烧掉的点火丝的质量，即原丝质量减去燃烧剩余的质量；ΔT 为样品燃烧前后量热计温度的变化值；$W_{卡}$ 为量热计（包括量热计中的水）的水当量，它表示量热计（包括介质）每升高一度所需要吸收的热量，量热计的水当量可以通过已知燃烧热的标准物（如苯甲酸，它的恒容燃烧热 $Q_V = 26.460\text{kJ} \cdot \text{g}^{-1}$）来标定。

已知量热计的水当量以后，就可以利用式（3）通过实验测定其他物质的燃烧热。

氧弹是一个特制的不锈钢容器，如图 2 所示。为了保证样品在其中迅速而完全地燃烧，氧弹中应充以高压氧气或者其他氧化剂，因此，要求氧弹密封、耐高压、抗腐蚀。测定粉末样品时必须将样品压成片状，以免充气时冲散样品或者在燃烧时飞散开来，造成实验误差。本实验成功的首要关键是样品必须完全燃烧。其次，还必须使燃烧后放出的热量尽可能全部传递给量热计本身和其中盛放的水，而几乎不与周围环境发生热交换。为了做到这一点，量热计在设计制造上采取了几项措施，例如在量热计外面设置一个套壳，此套壳有些是恒温的，有些是绝热的，因此量热计又可分为外壳恒温量热计和绝热量热计两种。本实验采用外壳恒温量热计。另外，量热计壁高度抛光，是为了减少热辐射。量热计和套壳间设置一层挡屏，以减少空气的对流。但是，热量的散失仍然无法完全避免，这可以是由于环境向量热计辐射进热量而使其温度升高，也可以是由于量热计向环境辐射出热量而使量热计的温度降低。因此燃烧前后温度的变化值不能直接准确测量，而必须经过作图法进行校正，校正的方法如下。

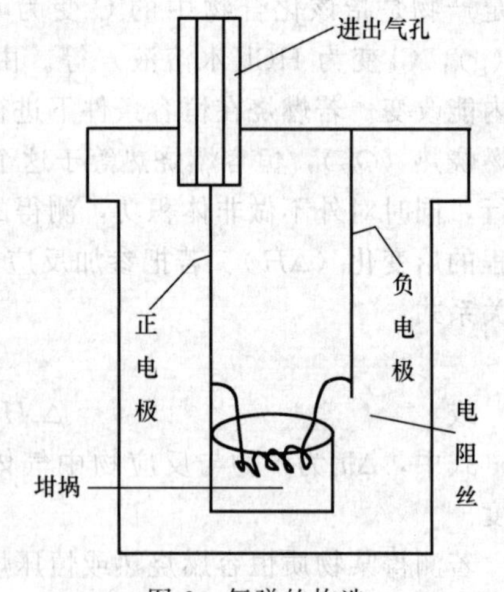

图2 氧弹的构造

当适量待测物质燃烧后使量热计中的水温升高 1.5～2.0℃。将燃烧前后历次观测到的水温记录下来，并作图，连成 $abcd$ 线（图3）。图 3 中 b 点相当于开始燃烧之点，c 点为观测到的最高温度读数点。由于量热计和外界的热量交换，曲线 ab 及 cd 常发生倾斜。取 b 点

所对应的温度 T_1，c 点所对应的温度 T_2，其平均温度 $(T_1+T_2)/2$ 为 T，经过 T 点作横坐标的平行线 TO，与折线 $abcd$ 相交于 O 点，然后过 O 点作垂直线 AB，此线与 ab 线和 cd 线的延长线交于 E、F 两点，则 E 点和 F 点所表示的温度差即为欲求温度的升高值 ΔT。如图 3 所示，EE' 表示环境辐射进来的热量所造成量热计温度的升高，这部分是必须扣除的；而 FF' 表示量热计向环境辐射出热量而造成量热计温度的降低，因此这部分是必须加入的。经过这样校正后的温度差表示了由于样品燃烧使量热计温度升高的数值。

有时量热计的绝热情况良好，热量散失少，而搅拌器的功率又比较大，这样往往不断引进少量热量，使得燃烧后的温度最高点不明显出现，这种情况下 ΔT 仍然可以按照同法进行校正（图 4）。

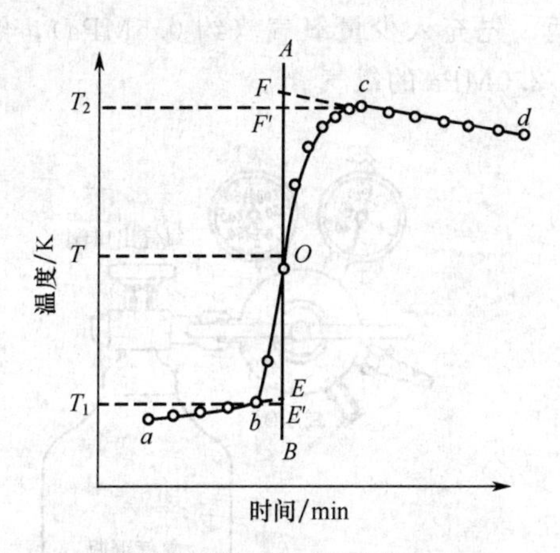

图 3　绝热较差时温度校正图

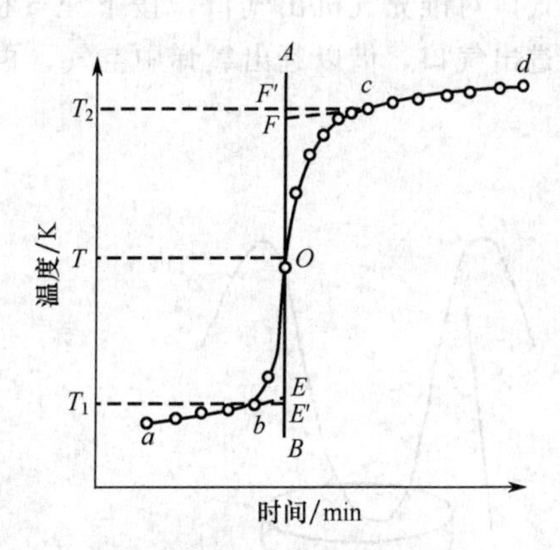

图 4　绝热良好时温度校正图

必须注意，应用这种作图法进行校正时量热计的温度和外界环境的温度不宜相差太大（最好不超过 2～3℃），否则会引进误差。

当然，在测量燃烧热过程中，对量热计温度测量的准确性直接影响到燃烧热测定的结果，所以本实验采用 SWC-Ⅱ$_D$ 精密数字温差仪来测量量热计的温度变化值。SWC-Ⅱ$_D$ 精密数字温差仪分辨率高、稳定性好、操作简单、显示清晰、读数准确。具体操作如下：将测温探头插入被测物中（插入深度应大于 50mm），接通电源，按下电源开关，此时显示仪表初始状态（实时温度），在适当温度时按“采零”按钮，选择基温，使温差显示为“0.000”。选择好基温后按“锁定”键，锁定基温为零点。

三、仪器和试剂

燃烧热实验装置 1 套；压片机 2 台（公用）；SWC-Ⅱ$_D$ 精密数字温差仪 1 台；计算机 1 台；容量瓶（1000mL）1 只；万用电表 1 只（公用）；氧气钢瓶及减压阀 1 只（公用）。

萘（AR）；苯甲酸（AR）。

点火丝。

四、实验步骤

1. 量热计水当量（$W_水$）测定

（1）样品压片：压片前，先检查压片用钢模，如发现钢模有铁锈、油污和尘土等，必须擦净后，才能进行压片。用台秤称取约 0.6g 苯甲酸，将钢模底板装进模子中，从上面倒入已称好的苯甲酸样品，徐徐旋紧压片机的螺杆，直到将样品压成片状为止（不能压太紧，太紧点火后不能充分燃烧）。抽去模底的托板，再继续向下压，使模底和样品一起脱落。将此样品表面的碎屑除去，在分析天平上准确称量后即可供燃烧热测定用。

(2) 装置氧弹：用分析天平准确称量一段点火丝（约 15cm）的质量，拧开氧弹，将内壁擦干净（特别是电极下端的不锈钢接线柱更应擦干净），挂上放入压好的片状试样金属小杯。小心地将点火丝两端分别在电极的下端固定，将点火丝弯成如图 5 形状，中部贴紧片状试样，利用其弹力压紧片状试样，注意点火丝切勿触及杯壁。旋紧氧弹盖，用万用电表检查两电极是否通路。若通路，在氧弹内装 10mL 蒸馏水，旋紧氧弹盖后就可以充氧气。用充氧机在 2.0MPa 压力下充氧约 1min。充氧过程如下：按图 6 接氧气钢瓶、氧气表和充气机，打开氧气钢瓶上端氧气出口阀，此时表 1 所指示压力即为氧气瓶中的氧气压力；然后旋紧减压阀（即打开减压阀出口），使表 2 上的压力读数约为 2.0MPa；把氧弹置于充气机下，氧弹进出气口对准充气机出气口，按下充气机手柄，先充入少量氧气（约 0.5MPa），然后开启氧弹进出气口，借以赶出氧弹中空气，再充入 2.0MPa 的氧气。

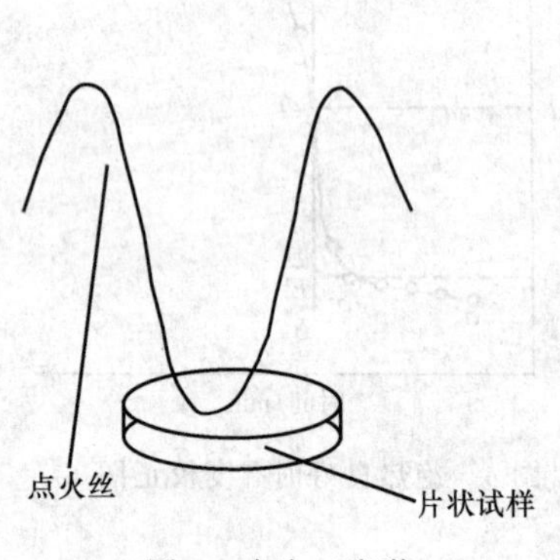

图 5　点火丝安装

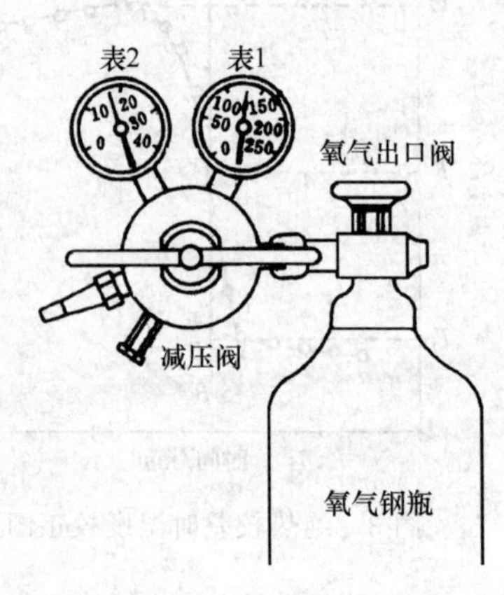

图 6　氧气钢瓶及氧气阀

(3) 燃烧和测量温度：将充好氧气的氧弹再用万用电表检查两电极间是否通路，若通路则可将量热计外筒内注满水，缓慢搅动。打开精密数字温差仪的电源并将其测温探头插入外筒测温孔内，至温差变化不大于 0.002℃·min^{-1} 时按采零键使温差读数显示为 0.000。再将测温探头转入盛有约 5000mL 新鲜自来水的塑料盆中并不断搅拌，用热水或冰块小心调节水温至温差读数显示为−1.4℃左右即可。

将氧弹放入量热计的内筒（图 1）。用容量瓶准确量取已调好水温的自来水 3000mL 于内筒中。水面最好盖过氧弹。如氧弹有气泡逸出，说明氧弹漏气，应寻找原因并排除。将电极插头插在氧弹两电极上，电极线嵌入桶盖的槽中，盖上盖子（注意：搅拌器不要与弹头相碰）。将两电极插入点火控制箱。同时将测温探头插入内筒水中。打开 SHR-15 氧弹式量热计的电源，开启搅拌开关，进行搅拌，若温差读数显示为−1.1～0.8℃时可进行下一步操作。

启动计算机并运行量热控制程序，设置温差测量范围为−0.5～1.5℃，最大测量时间 30min，数据采集接口为 COM1，测量间隔为 15s。观察精密数字温差仪的变化情况，待水温基本稳定后，将温差仪“采零”并“锁定”。用鼠标单击开始绘图按钮，计算机即自动记录实验数据并绘图，当计满 39 个数据时，迅速启动量热计面板上的点火按钮，在 0.5～1min 内温差读数将迅速上升（图中温差曲线几乎垂直上升，若在 1min 内温差变化小于 0.1℃，说明点火失败，应关闭电源，取出氧弹，放出氧气，重新开始实验），直至两次连续读数的差值小于 0.002℃，再继续测量 40 个数据（10min）后，单击停止绘图，停止实验。单击保存按钮，以适当名称将上述实验数据保存。

(4) 放气并检查：实验停止后，关闭电源，将测温探头放入外筒。取出氧弹，用放气阀放出氧弹内的余气。旋下氧弹盖，检查样品燃烧情况。若样品没完全燃烧，实验失败，须重做；反之，说明实验成功。取出燃烧后剩下的点火丝称重并记录，倒掉内筒中的水并擦干。

2. 萘的燃烧热测定

称取 0.5g 左右萘，按上述方法进行压片、燃烧等实验操作。

实验完毕后，洗净氧弹，倒出量热计盛水桶中的自来水，并擦干待下次实验用。

五、数据记录和处理

1. 利用量热计附带的计算机软件作出苯甲酸燃烧引起量热计温度变化的雷诺校正曲线，并计算出量热计的水当量（$W_{卡}$）值。详见本实验附注部分。

2. 利用量热计附带的计算机软件作出萘燃烧引起的量热计温度变化的雷诺校正曲线，并计算萘的恒容燃烧热（Q_V）和恒压燃烧热（Q_p）。注意，在求算萘的恒压燃烧热（Q_p）值时，需要代入实验基本原理中式（1）或式（2）的一些相关数据进行计算。如萘的摩尔质量 $M=128.17\text{g}\cdot\text{mol}^{-1}$，环境温度 T 以及 Δn 的数据等。

3. 从本书附录查出萘的恒压燃烧热（Q_p）的理论值，计算实验的相对误差。

六、注意事项

1. 待测样品需干燥，受潮样品不易燃烧且称量有误。

2. 注意压片的紧实程度，太紧不易燃烧，太松容易裂碎。

3. 点火丝应紧贴样品，点火后样品才能充分燃烧。

4. 点火后，温度急速上升，说明点火成功。若温度不变或仅有微小变化，说明点火没有成功或样品没充分燃烧。应检查原因并排除。

5. 精密温度温差仪“采零”后必须“锁定”。由于仪器没有复位功能，若需要重新“采零”，必须先关闭电源，重新启动后再操作。

6. 本装置也可用于测定液体可燃物的燃烧热，实验以药用胶囊为样品管。

七、思考讨论题

1. 说明恒容热效应（Q_V）和恒压热效应（Q_p）的区别和联系。

2. 简述装置氧弹和拆开氧弹的操作过程。

3. 为什么实验测量得到的温度差值要经过雷诺作图法校正？

附注：实验数据的微机记录与处理

在条件允许的情况下可用微机记录和处理实验数据。本实验采用南京桑力电子设备厂编写的应用程序，该程序在 Win9X 以上操作系统即可运行。实验前用对接线将微机与 SWC-II_D 精密数字温差仪相连，以采集实验数据。

1. 水当量测定实验数据的记录

准备开始实验前开启微机，进入 Windows 操作系统后双击“燃烧热”图标启动燃烧热测定应用程序，通讯串口选择为“COM1”，采样时间选择为“15 秒”，出现如图 7 界面。

待水温基本稳定后，单击“开始绘图”按钮，微机开始记录实验数据，并绘制温度-时间曲线图。点火前后分别记录数据 10min，单击“停止绘图”按钮停止绘图，得图 8。若实验失败，单击“停止绘图”按钮停止绘图，再单击“清除”按钮，清除失败实验的数据和图

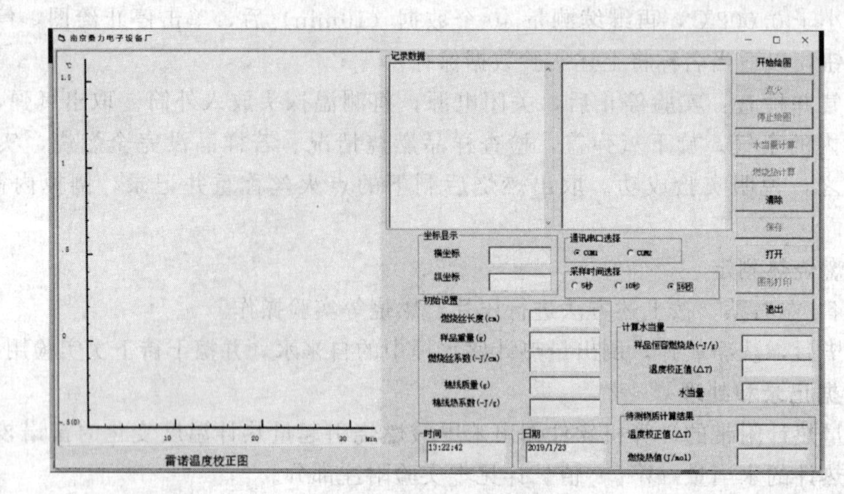

图 7　程序启动界面

形。再次准备好再次实验后，重新开始记录数据并绘图。

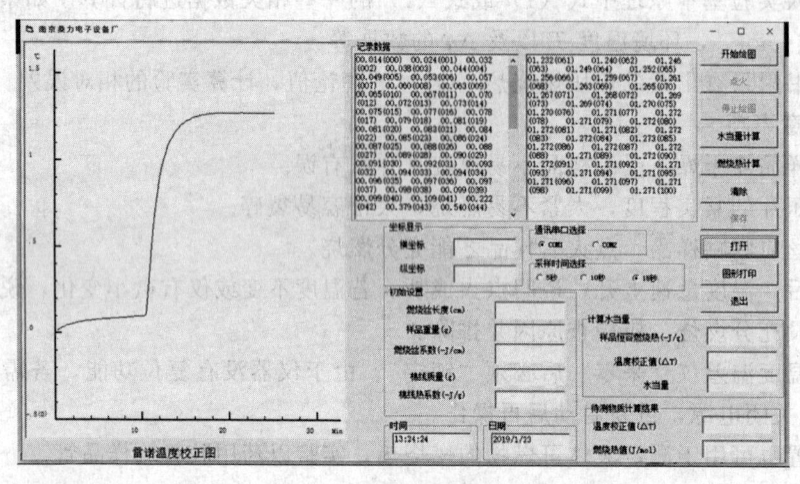

图 8　绘图界面

2. 水当量的计算

测定完苯甲酸成功燃烧的实验数据后，进行水当量的计算。在计算之前，根据记录的实验数据，找出温度-时间曲线中点火前温度变化比较均匀的部分 *ab* 和点火后温度变化比较均匀的部分 *cd*。以及点 *abcd* 的编号。根据 *b* 点和 *c* 点的温度计算出中间温度值后单击“水当量计算”按钮。开始计算水当量。

在提示信息“燃烧丝长度（cm）”中输入燃烧丝的长度（cm）或质量（g），输入正确后单击“确定”。

在提示信息“样品重量（g）”中输入苯甲酸的质量（g），输入正确后单击“确定”。

在提示信息“燃烧丝系数（－J/cm）”中输入点火丝的燃烧热（－J/cm 或－J/g），输入正确后单击“确定”。

在提示信息“棉线质量（g）”和提示信息“棉线热系数（－J/g）”中输入“0”后单击“确定”。

在提示信息“样品恒容燃烧热（—J/g）”中输入苯甲酸的恒容燃烧热（—J/g），输入正确后单击“确定”。

在提示信息“第一段校正曲线的起始点的编号”中输入 a 点的编号，输入正确后单击“确定”。

在提示信息“中间温度值”中输入根据 b 点和 c 点计算的中间温度值，输入正确后单击“确定”。输入无误，单击“退出”“是否需要重新输入中间温度值?”中的“否（N）”。否则单击“是（Y）”后重新输入。

在提示信息“第二段校正曲线的起始点的编号”中输入 c 点的编号，输入正确后单击“确定”。

在提示信息“第二段校正曲线的终止点的编号”中输入 d 点的编号，输入正确后单击“确定”。

如以上两项输入无误，单击“退出”“需要进行重新校正?”中的“否（N）”。否则单击“是（Y）”后重新输入。

至此计算出温度变化的校正值 ΔT 和水当量 $W_{卡}$（见图 9）。单击“保存”按钮保存实验数据，文件名为“姓名＋燃烧热苯甲酸”。按“Print Screen ”全屏复制屏幕，得到实验的曲线图。打开“Word”程序，建立新文件，输入曲线图名称“水当量测定曲线图”，将其粘贴到新文件中，以“姓名＋燃烧热”将其保存。复制图 9 所示水当量的数据备用。

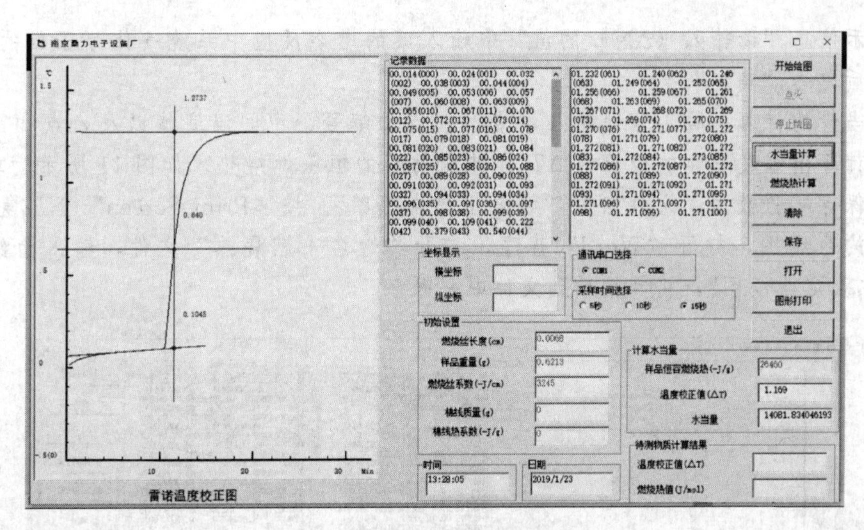

图 9 水当量计算结果显示界面

3. 被测物测定实验数据的记录

同测定水当量记录实验数据一样，记录被测物的实验数据。

4. 被测物恒压燃烧热计算

同样测定完被测物萘成功燃烧的实验数据后，进行被测物萘恒压燃烧热的计算。在计算之前，将步骤 2 中复制的水当量数值粘贴到软件的水当量窗口中（图 10）。按步骤“2”中的方法确定 $abcd$ 点以及中间温度值后，单击“燃烧热计算”按钮开始计算被测物萘的恒压燃烧热。

同水当量的计算一样，分别输入燃烧丝长度（或质量）、被测物样品萘的质量、点火丝的燃烧热（—J/cm 或—J/g）、棉线质量、棉线热系数。

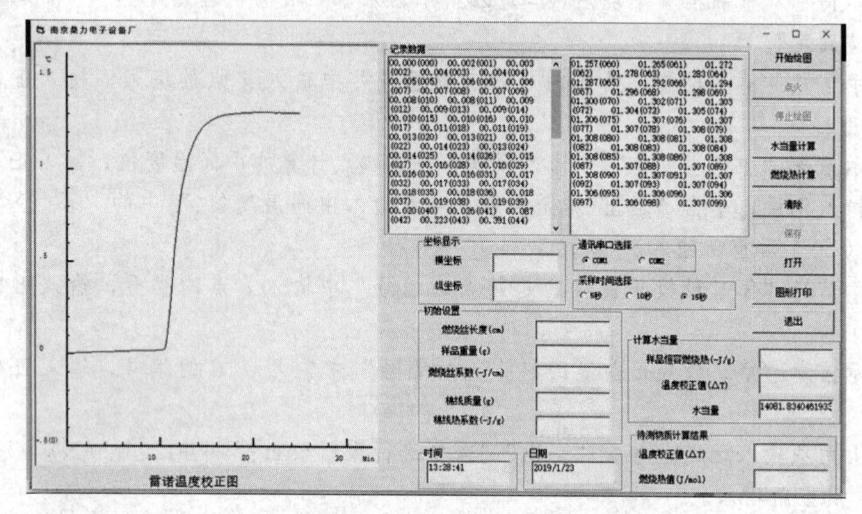

图 10　燃烧热计算界面

在提示信息“室温值”中输入实验时的实际室温，输入正确后单击“确定”。

在提示信息“燃烧物质的分子量”中输入被测燃烧物萘的分子量，输入正确后单击“确定”。

在提示信息“请输入（ΔN）的值”中输入萘的燃烧反应中系统气体分子数的变化值，输入正确后单击“确定”。

同水当量的计算一样，分别输入 a 点和 b 点的编号、中间温度值以及 c 点和 d 点的编号。至此计算出温度变化的校正值 ΔT 和被测物萘的恒压燃烧热，如图 11 所示。单击“保存”按钮保存实验数据，文件名为“姓名＋燃烧热萘”。按“Print Screen”全屏复制屏幕，得到实验的曲线图，打开“Word”程序，打开“姓名＋燃烧热”文件，输入曲线图名称“萘燃烧热测定曲线图”，将其粘贴到文件中并保存。

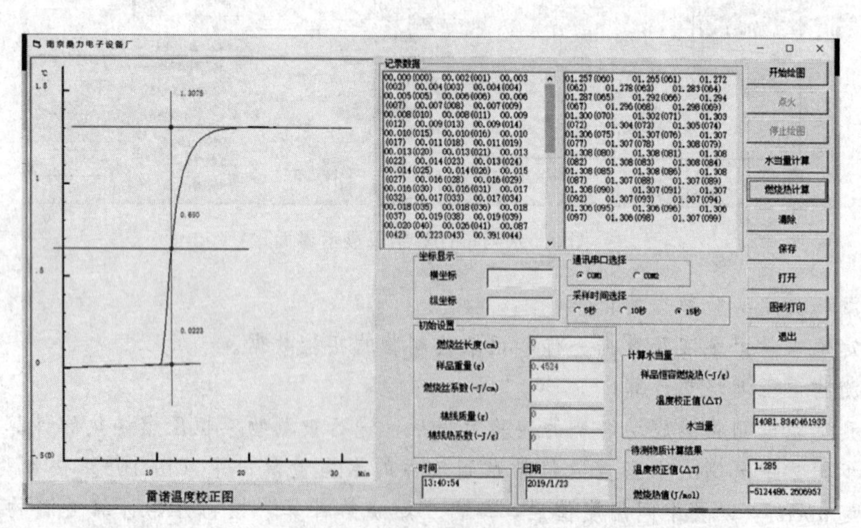

图 11　燃烧热计算结果显示界面

然后以此实验值与理论值进行比较，求出其绝对误差和相对误差。

实验二　溶解热的测定

一、实验目的

1. 了解电热补偿法测定热效应的基本原理，掌握电热补偿法的仪器使用。

2. 通过用电热补偿法测定硝酸钾在水中的积分溶解热，并用作图法求出硝酸钾在水中的微分冲淡热、积分冲淡热和微分溶解热。

二、实验基本原理

一定量的物质溶于一定量的溶剂中所产生的热效应称为该物质的溶解热。溶解热除了与溶剂量及溶质量有关外，还与系统所处的温度和压力有关。

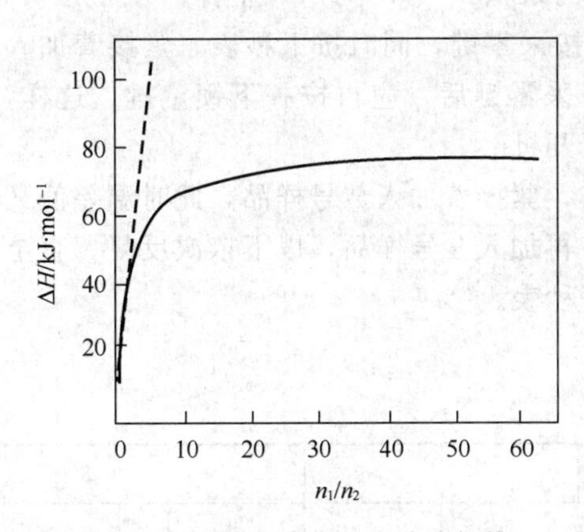

图 1　KNO_3 在水中的积分溶解热

溶解热分为两种：积分溶解热和微分溶解热。积分溶解热是在恒温恒压下，1mol 溶质溶于 n_1 mol 溶剂中产生的热效应。它是溶质溶解时所产生的热量总和，可由实验直接测定。微分溶解热是在恒温恒压下，向大量给定浓度的溶液中加入 1mol 溶质时所产生的热效应。它很难直接测定，但可用间接方法求得，即先求出在定量的溶剂中加入不同量溶质时的积分溶解热，然后以积分溶解热 ΔH（kJ·mol^{-1}）为纵坐标，以物质的量之比 n_1/n_2（n_1 为溶剂的物质的量，n_2 为溶质的物质的量）为横坐标绘制图，如图 1 所示。曲线上任一点的正切即为该浓度时的微分溶解热。

本实验是测定 KNO_3 的溶解热，采用累加的方法先在纯溶剂中加入溶质，测出溶解热，然后在此溶液中再加入溶质，测出热效应，根据加入溶质的总量可求溶液的浓度，而各次热效应的总和即为该浓度下的溶解热。KNO_3 溶解过程是吸热过程，可采用热补偿方法进行测定。热补偿方法是根据溶解前后的温差，通电加热，使系统由温度的最低值沿原途径升高至原值，由消耗的电功求出溶解的热效应，即：

$$Q=IUt \tag{1}$$

$$\Delta H=Q/n_2 \tag{2}$$

式中，Q 为溶解热，J；I 为电流强度，A；U 为电压，V；t 为加热的时间，s；ΔH 为积分溶解热，kJ·mol^{-1}；n_2 为溶质的物质的量，mol。

三、仪器和试剂

WLS-2 数字恒流电源；SWC-Ⅱ$_D$ 数字温度温差仪；量热器（含加热器）；可调速磁力搅拌器；分析天平（0.0001g）；台秤（0.1g）；秒表。

蒸馏水；KNO_3（AR）。

四、实验步骤

1. 在台式天平上称取 216.2g 蒸馏水于量热器中。如图 2 所示将量热器上加热器插头与 WLS-2 输出相接，将传感器与 SWC-Ⅱ$_D$ 接好并插入量热器中。

2. 在分析天平上分别准确称取约 2.5g、1.5g、2.5g、3.0g、3.5g、4.0g、4.0g 和 4.5g 的硝酸钾，并编号。

3. 按下 SWC-Ⅱ$_D$ 数字温度温差仪电源开关，此时显示屏显示仪表初始状态，当温度显

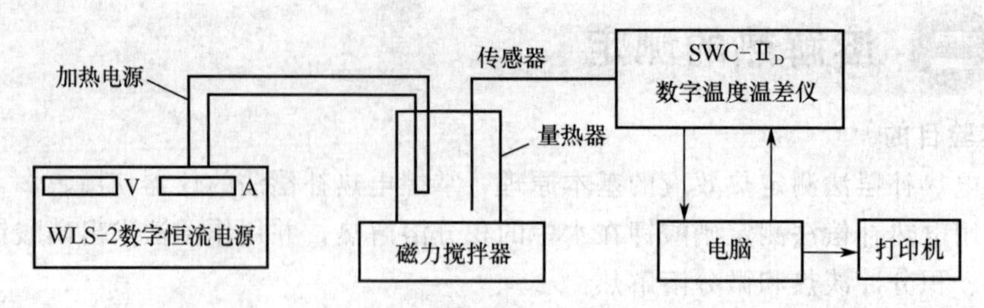

图2 溶解热测定的实验装置

示值稳定后，将 WLS-2 粗调、细调旋钮逆时针旋转到底，打开 WLS-2 电源，此时，加热器开始加热，调节 WLS-2 电流，使得电流 I 和电压 U 的乘积 $P=IU$ 为 2.5 左右。

4. 待量热器中温度高于初始温度 0.5℃左右时，按采零键，同时按下秒表。紧接着加入 1 号样品，此时温差开始变负。注意：在实验时按下采零键后，应再按一下锁定键，这样，仪器基温将不会改变，采零键也不起作用，直至重新开机。

5. 当温差值显示为零时，记下此时加热的时间 t_1，紧接着加入 2 号样品，此时温差值又开始变负，待温差由负变为零时，记下加热时间 t_2，再加入 3 号样品，以下依次反复，直至所有的样品加完测定完毕。注意：实验中途不能按停秒表。

五、数据记录和处理

$m_{水}=$______g

	1	2	3	4	5	6	7	8
$m_{硝酸钾}$								
时间/s								

1. 计算 $n_{水}$。

2. 计算每次加入硝酸钾后的累计质量 $m_{硝酸钾}$ 和通电累计时间。

3. 计算每次溶解过程的 Q。

4. 根据算出的 Q 值，求出当把 1mol KNO_3 溶于 n_1(mol) 水中的积分溶解热 ΔH（上述计算均以表格形式表示）。

5. 以 ΔH 为纵坐标，以 $n_0=n_{水}/n_{硝酸钾}$ 为横坐标作积分溶解热曲线。

六、注意事项

1. 因加热器加热初期升温有一定滞后性，故应先让加热器加热正常，使温度高于初始温度 0.5℃左右，再开始加入第一份样品并计时。

2. 实验过程中，要求 $P=IU$ 稳定，因加热时加热器电阻值会少量变化，故若发现 P 不为初始值，应适当调节 WLS-2 的细调电位器，使得 $P=IU$ 为初始值。

3. 本实验应确保样品充分溶解，因此，实验前要加以研磨。

4. 实验过程中加热时间与样品量是累计的，故秒表的读数也是累计的，切不可在实验中途将秒表卡停。

5. 实验结束后，量热器中不应有硝酸钾固体，否则需要重做实验。

6. 本实验装置还可与电脑相接，配置相应软件，即由电脑完成数据采集和定时，并计算出溶解热。

7. 样品量及 $P=IU$ 初始值仅供参考。

七、思考讨论题

1. 本实验装置是否适用于放热反应的热效应测定？

2. 试分析测量中影响实验结果的因素有哪些？

实验三　凝固点降低法测分子量

一、实验目的

1. 掌握一种常用的测定分子量的方法。

2. 掌握凝固点降低法测定分子量的原理，并用凝固点降低法测定尿素的分子量。

二、实验基本原理

含非挥发性溶质的二组分稀溶液（当溶剂与溶质不生成固溶体时）的凝固点将低于纯溶剂的凝固点，这是稀溶液的依数性之一。当指定了溶剂的种类和数量后，凝固点降低值取决于所含溶质分子的数目，即溶剂的凝固点降低值与溶液的浓度成正比。凝固点降低与溶液浓度的关系式为：

$$T_f^* - T_f = \Delta T_f = \left(\frac{RT_f^* M_A}{\Delta_{fus} H_{m,A}}\right) b_B \tag{1}$$

式中，T_f^* 为溶剂的凝固点；T_f 为溶液的凝固点；ΔT_f 为凝固点降低值；b_B 为溶质的质量摩尔浓度，$mol \cdot kg^{-1}$；M_A 为溶剂的摩尔质量，$kg \cdot mol^{-1}$；$\Delta_{fus} H_{m,A}$ 为溶剂的摩尔熔化热，$kJ \cdot mol^{-1}$；R 为气体常数，$8.314 J \cdot K^{-1} \cdot mol^{-1}$。

式（1）括号中各项与溶剂有关而与温度无关，则式（1）可写成：

$$\Delta T_f = K_f b_B \tag{2}$$

式中，K_f 为质量摩尔凝固点降低常数，不同的溶剂具有不同的数值，水的 $K_f = 1.86 K \cdot kg \cdot mol^{-1}$。

若称取一定量的溶质（m_B）和溶剂（m_A）配制成稀溶液，则：

$$b_B = \frac{m_B / M_B}{m_A} \quad (mol \cdot kg^{-1}) \tag{3}$$

$$M_B = \frac{K_f \cdot m_B}{\Delta T \cdot m_A} \quad (kg \cdot mol^{-1}) \tag{4}$$

若已知溶剂 K_f，则测定溶液的凝固点降低值，根据上式可计算溶质的分子量。

通常测凝固点的方法是将已知浓度的溶液逐渐冷却成冷溶液，然后促使溶液凝固。当固体生成时，放出的凝固热使系统温度回升，当放热与散热达平衡时，温度不再变化，此时固液两相达平衡时的温度，即为溶液的凝固点。若将纯溶剂逐步冷却，其在未凝固之前温度随时间均匀下降，开始凝固后由于放出凝固热补偿了热损失，系统将保持液固两相平衡共存的状态，温度不变，直至全部凝固为止，其后温度继续下降，温度随时间变化关系（冷却曲线）如图 1 中 a 所示，水平段对应的温度即为凝固点。但在实际过程中，液体在开始凝固前常出现过冷现象，即温度降至凝固点温度以下一定值后才开始析出固体，同时由于放热使温度回升至液固相平衡温度，待液体全部凝固后，温度再下降，实际纯溶剂冷却曲线如图 1 中 b 所示。

溶液的冷却曲线与纯溶剂的冷却曲线不同，当析出固相，温度回升到平衡温度后，不能保持一恒定值。因为部分溶剂凝固后，剩余溶液的浓度逐渐增大，平衡温度也要逐渐

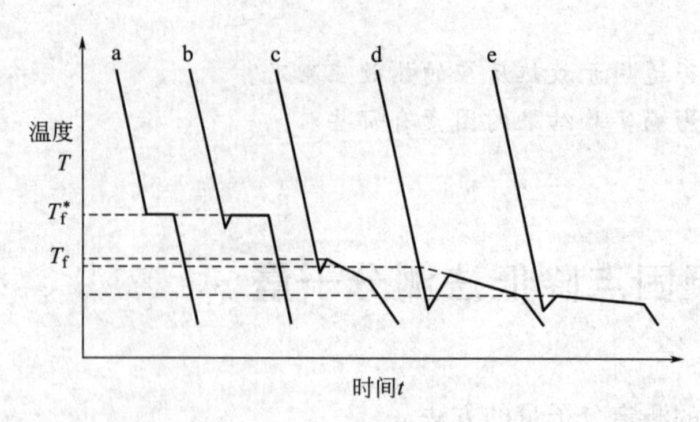

图 1 冷却曲线

下降。如果溶液过冷程度不大，可以将温度回升的最高值作为溶液的凝固点，如图 1 中 c 所示。若过冷比较严重，必须作校正曲线，校正曲线与过冷曲线的交点即为凝固点（图 1 中 d）。若过冷太甚，凝固的溶剂过多，溶液的浓度变化过大，所得凝固点偏低，必将影响测定结果，如图 1 中 e 所示。因此实验操作中必须注意掌握系统的过冷程度。在测定过程中为避免溶液明显过冷，可通过控制冰盐水浴温度以及调节搅拌速度等方法来控制过冷程度。

本实验以蒸馏水为溶剂，通过测定纯溶剂和溶液的凝固点之差来测定尿素的分子量。由于稀溶液的凝固点降低值不大，所以测量温度要用精密数字式贝克曼温度计。

三、仪器和试剂

SWC-Ⅱ数字贝克曼温度计；搅拌器；25mL 移液管；普通温度计；凝固点管一套（包括内外套管各 1 个）。

尿素（分析纯）；盐；碎冰块；蒸馏水。

四、实验步骤

1. 按图 2 将凝固点测量仪安装好。打开 SWC-Ⅱ数字贝克曼温度计的开关，将基温选择打向“0”，测量选择为“温差”。

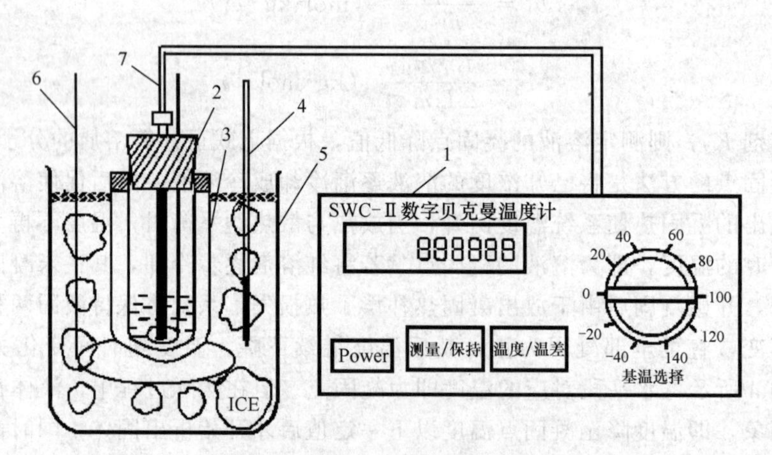

图 2 凝固点测定装置

1—数字贝克曼温度计；2—内管；3—外套管；

4—普通温度计；5—保温瓶；6—搅拌器；7—测温探头

2. 在保温瓶中放入碎冰，再放入适量的水，碎冰约占冰水总量的 1/2，加入适量的食盐，调节冰盐水浴的温度为−3℃左右。

3. 纯溶剂蒸馏水的凝固点测定：用移液管吸取 25mL 蒸馏水于洗净干燥的内管中，放入搅拌磁子，立即插入带盖的 SWC-Ⅱ数字贝克曼温度计探头（注意：探头应离管底 2cm 左右，不应与任何物质相碰，但也要保证探头浸在溶液中），并直接放入冰盐水浴中，打开磁力搅拌器缓慢搅拌，使蒸馏水逐步冷却，当内管中有固体冰出现后，记下贝克曼温度计温差读数，即为粗测凝固点。

取出内管，用手捂热使冰全部融化。再次放入冰盐水浴中，缓慢搅拌，并观察贝克曼温度计读数，当水的温度降至高于粗测凝固点 0.5℃时，取出内管，擦干水，迅速移至已在冰盐水浴中冷却的空气外套管中搅拌。待温度达到低于粗测凝固点 0.3℃左右时，急速搅拌，大量结晶出现，温度开始回升，此时应改为缓慢搅拌。一直到温度达到最高点，持续 1min 不改变，则可以停止测量，此温度为纯溶剂（蒸馏水）的相对精确凝固点 T_f^*。重复测定三次，测得的 T_f^* 值相差不得超过 0.01℃，取平均值。

4. 溶液凝固点的测定：取出内管温热之，使结晶全部融化。用电子分析天平准确称取尿素 0.25g 左右，小心地倒入上述已测定凝固点的纯水中，搅拌至完全溶解，按实验步骤 3 测定溶液的凝固点 T_f 三次。

5. 测定冷却曲线：在测最后两次溶液凝固点中，当温度降低至高于凝固点 3℃时，启动秒表，每 30s 读一次温度至温度达到最低值，将回升前最低温度及相应时间记下，温度回升过程中读 1～2 次温度及相应时间。当温度回升到最高点，记下最高温度及相应时间。过最高点后每隔 1min 记一次温度，连续记录 5 次。

五、数据记录和处理

1. 实验数据记录于表 1 和表 2 中。

表 1

室温：________℃，大气压：________kPa

物质	质量/g	凝固点		凝固点降低值（ΔT_f）	分子量
		测量值	平均值		
蒸馏水		粗测： 1 2 3	$T_f^*=$	$\Delta T_f=T_f^*-T_f$ =	$M_B=$
尿素		粗测： 1 2 3	$T_f=$		

表 2

尿素 $m(B)=$　　　g		
时间 t		
温度/℃	1	
	2	

2. 根据实验数据作溶液的冷却曲线（时间-温度图），确定 T_f，求出ΔT_f，由式（4）计

算尿素的分子量。

3.计算实验的相对误差（尿素的摩尔质量为：$60.16\times10^{-3}kg\cdot mol^{-1}$）。

六、思考讨论题

1.凝固点降低法测分子量的公式，在什么条件下才适用？

2.什么是物质的凝固点？SWC-Ⅱ数字贝克曼温度计所指示的温度是否就是物质的真实凝固点？

3.当溶质在溶液中有解离、缔合和生成络合物的情况时，对分子量测定值有何影响？

4.本实验溶质的量太多或太少对实验有何影响？

5.影响凝固点精确测量的因素有哪些？

实验四 液体饱和蒸气压的测定

一、实验目的

1.用静态法测定乙醇在不同温度下的饱和蒸气压。

2.学会由图解法求其平均摩尔蒸发焓（$\Delta_{vap}H_m$），掌握克劳修斯-克拉贝龙方程。

3.掌握真空泵、福廷式气压计和精密数字压力计的使用方法。

二、实验基本原理

在一定温度下，某一纯物质的液体蒸发速度与蒸气的凝结速度相等时，达到了动态平衡，平衡时的蒸气压就是该物质的饱和蒸气压。液体的饱和蒸气压与物质的性质及温度有关。纯液体的蒸气压与温度之间的关系可用克劳修斯-克拉贝龙方程（简称克-克方程）表示：

$$\frac{d(\ln p)}{dT}=\frac{\Delta_{vap}H_m}{RT^2} \tag{1}$$

式中，p 为液体的饱和蒸气压；T 为平衡温度；$\Delta_{vap}H_m$ 为液体的摩尔汽化焓。

若温度的变化范围不大，$\Delta_{vap}H_m$ 可视为常数，式（1）积分后可得到：

$$\lg p=-\frac{\Delta_{vap}H_m}{2.303RT}+C \tag{2}$$

式中，C 为积分常数。

由式（2）可知：$\lg p$-$1/T$ 作图为一直线，斜率 $m=-\frac{\Delta_{vap}H_m}{2.303R}$，由此直线的斜率可求得 $\Delta_{vap}H_m$。当外压为100kPa时，液体的蒸气压与外压相等时的温度称为该液体的正常沸点。从 $\lg p$-$1/T$ 还可以求液体的正常沸点。

测定液体饱和蒸气压常用的方法有动态法和静态法。若测定不同恒定外压下样品的沸点，则称为动态法，该法一般适用于蒸气压较小的液体。静态法是将被测液体放在一密闭容器中，在一定的温度下，调节被测系统的压力，使之与液体的饱和蒸气压相等，直接测量其平衡的气相压力，此法适用于蒸气压比较大的液体。本实验采用静态法。

三、仪器和试剂

等压计连冷凝管1套；DP-AF真空精密数字压力表1台；SYP-Ⅱ玻璃恒温槽1套；缓冲储气罐1个；真空泵1台。

乙醇（AR，沸点：78.32℃）。

四、实验步骤

1.装样并按图1所示连接好装置，一般U形等压计中A球装入乙醇的量约2/3，B、C管中约1/2。

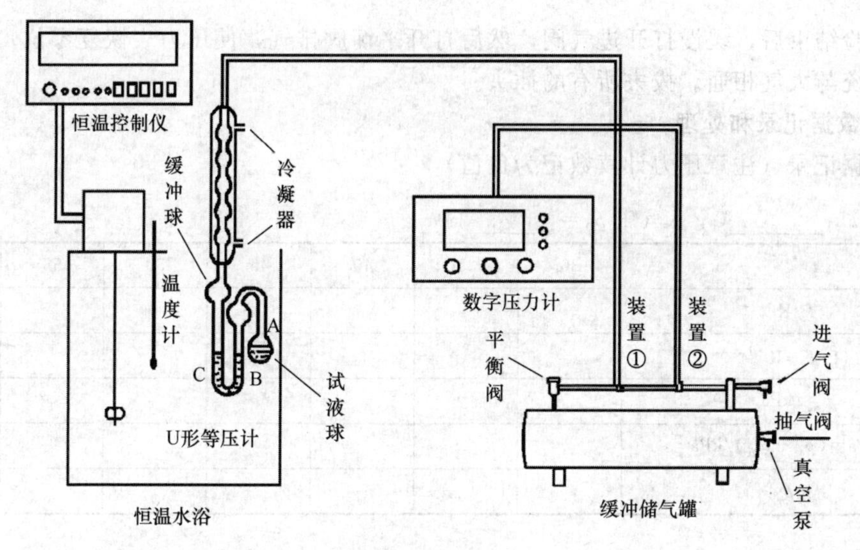

图1　饱和蒸气压测定装置

2.采零：先打开DP-AF精密数字压力表开关预热30min后，再打开平衡阀、进气阀和抽气阀，使系统与大气相通，按下采零键，以消除仪表系统的零点漂移，此时LED显示“00.00”。记下此时室内的环境压力 p_0。

3.检漏

(1) 整体气密性检查　打开冷却水，将抽气阀、平衡阀打开，进气阀关闭（三阀均为顺时针关闭，逆时针开启）。启动真空泵减压至－80kPa左右（数字压力表的显示值即为压力罐中的真空度），关闭抽气阀，并检查平衡阀是否开启，进气阀是否完全关闭。观察数字压力表，若显示数字下降值在标准范围内（小于 $0.01kPa \cdot s^{-1}$），说明整体气密性良好。否则需查找并消除漏气的原因，直至合格。

(2) 微调部分的气密性检查　关闭平衡阀，用进气阀调整微调部分的压力，使压力罐中的压力为原压力数值的1/2左右，关闭进气阀，观察压力数字表，其显示数字变化值在标准范围内 [小于 $\pm 0.01kPa \cdot (4s)^{-1}$]，说明气密性良好。若压力上升超过标准，说明进气阀泄漏；若压力下降超过标准，说明平衡阀泄漏。

4.测定：打开玻璃恒温水浴槽的电源开关，在默认的置数状态下，设定温度为30℃，设置完毕，按“工作/置数”键，切换到工作状态，加热指示灯亮。为使升温速度尽可能快，故将加热置于“强”挡，当温度升到比所设定温度低于2～3℃时，将加热置于“弱”挡。关闭进气阀，打开抽气阀和平衡阀，开启真空泵减压至－95kPa左右后，关闭抽气阀和平衡阀，缓缓打开进气阀漏入少量空气使沸腾缓和，再关上进气阀。如此慢沸腾3～4min后，缓慢开启进气阀漏入空气，直至U形等压计两臂B和C的液面高相等，若B管液面高于C管的液面，则关闭进气阀，缓慢打开平衡阀，调节B、C液面相等为止。从压力表上读出压力差。

重复操作一次，首先缓慢打开平衡阀，使 B、C 液面不平衡，关闭平衡阀，然后缓慢打开进气阀，调节 B、C 液面相等为止，直至同一恒定温度下测得的两次压力差值≤0.1kPa。

5. 重复步骤 4，分别测定 35℃、40℃、45℃、50℃、55℃及 60℃时乙醇的蒸气压。

注意：升温过程中不要再减压，若液体沸腾剧烈，可缓慢开启进气阀，漏入少量空气使沸腾缓和。

6. 实验结束后，缓慢打开进气阀，然后打开平衡阀排气，使压力表恢复零位。关闭冷却水，将系统与大气相通。拔去所有的插头。

五、数据记录和处理

1. 数据记录（注意压力计读数记为负值）

室温：$t=$______℃，大气压 $p_0=$______kPa

t/℃	30	35	40	45	50	55	60
T/K							
$(1/T)/K^{-1}$							
$p_{表}$/kPa							
$p/kPa=(p_0+p_{表})/kPa$							
$\lg p$							

2. 数据处理

作 $\lg p$-$1/T$ 图，由斜率求出实验温度区间内乙醇的平均摩尔蒸发热 $\Delta_{vap}H_m$（文献值：乙醇的平均摩尔蒸发热 $\Delta_{vap}H_m=42.064kJ\cdot mol^{-1}$），并计算相对误差。

实验结果要求作图线性良好，平均摩尔蒸发热的相对误差在 3%以内。

六、注意事项

1. 先开冷却水，然后才能抽气。

2. 实验系统必须密闭，一定要仔细检漏。

3. 打开阀门要缓慢，严格按操作规程进行，以防因压力骤变而损坏压力表。漏入少量空气时更须缓慢操作，否则 U 形管中液体倒灌入试样球中，带入空气，使实验数据偏大。

4. 蒸气压与温度有关，故测定过程中恒温槽的温度波动需控制在±0.1K。

七、思考讨论题

1. 什么叫饱和蒸气压？静态法测定蒸气压的原理是什么？

2. 实验时抽气和漏入空气的速度应如何控制？为什么？

3. 测定蒸气压时为何要严格控制温度？升温时如液体急剧汽化，应作何处理？

实验五 异丙醇-环己烷双液系相图

一、实验目的

1. 掌握测定二组分液体的沸点以及用折射率确定二组分液体组成的方法。

2. 绘制异丙醇-环己烷双液系的沸点-组成图，确定其恒沸组成及恒沸温度。

3. 掌握阿贝折光仪的使用方法。

二、实验基本原理

两种液态物质混合而成的二组分系统称为双液系。根据二组分液体间彼此互溶的程度，可将双液系分为完全互溶、部分互溶以及完全不互溶双液系三种情况。其中，两种液态物质若以任意比例相互溶解所组成的系统称为完全互溶双液系。液体的沸点是指液体的蒸气压与外压相等时的温度。在一定的外压情况下，纯液体的沸点具有确定值，但双液系的沸点不仅与外压相关，还与二组分系统的组成相关。在恒定压力下，溶液沸点与平衡的气液相组成关系，可用二维图形即沸点-组成图（也称 T-x 相图）来表示。完全互溶双液系在恒定压力下的 T-x 相图可分为三类：①溶液沸点介于两纯组分沸点之间［图 1(a)］；②溶液存在最低恒沸点［图 1(b)］；③溶液存在最高恒沸点［图 1(c)］。

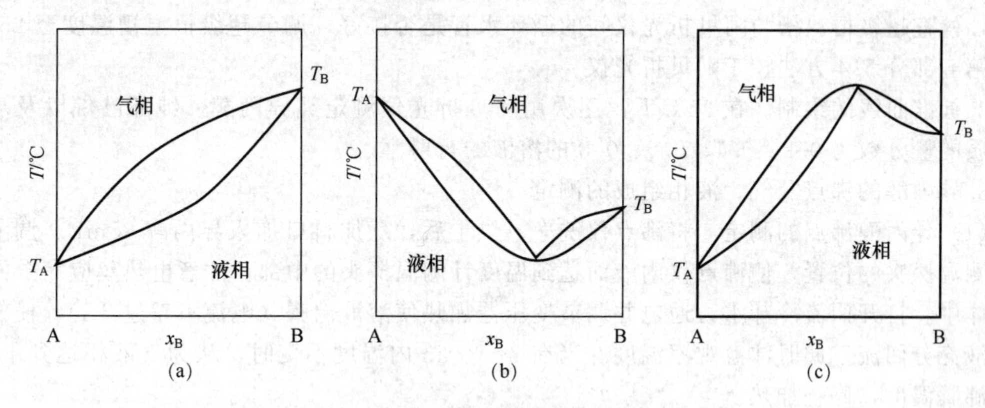

图 1　完全互溶双液系的沸点-组成图

图 1(b) 和图 1(c) 这两类相图有时被称为具有恒沸点的双液系。这两类相图中气相线与液相线在某处相交，相交点对应的温度称为恒沸温度，对应组成的混合物称为恒沸混合物。恒沸混合物在恒沸点达到气液相平衡，平衡的气、液相组成相同。因此对于具有恒沸点的双液系，不能像①类那样通过反复蒸馏的方法使双液系的两个组分完全分离。对②、③类的溶液只能通过精馏等方法分离出一种纯物质和另一种恒沸混合物。如要获得两纯组分，需采取其他方法。系统②具有最低恒沸点，系统③具有最高恒沸点，最低或最高恒沸温度对应的组成为恒沸组成。异丙醇-环己烷双液系属于具有最低恒沸点一类的系统。

为了绘制沸点-组成图，可采取不同的方法。比如取该系统不同组成的溶液，用化学分析方法分析沸腾时该组成的气、液组成，从而绘制出完整的相图。可以想象，对于不同的系统要用不同的化学分析方法来确定其组成，这种方法是很繁杂的。特别是对于一些系统还无法建立起精确、有效的化学分析方法，其相图的绘制就更为困难。物理学的方法为物理化学的实验手段提供了方便的条件，如光学方法。在本实验中折射率的测定就是一种间接获取组成的办法，它具有简捷、准确、用量少等特点。

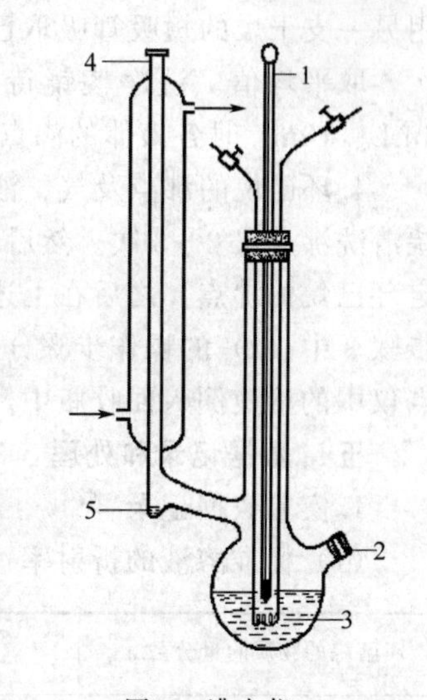

图 2　沸点仪

1—温度计；2—加液口；3—电热丝；4—气相冷凝液取样口；5—气相冷凝液

实验中气液平衡组分的分离是通过沸点仪（图 2）实现的。方法是取不同组成的溶液在沸点仪中回流，直接在大气压力下测定其沸点及气、液相组成。沸点数据可直接由温度计获得，气、液相组成可采用收集少量气相和液相冷凝液，分别用阿贝折光仪测定其折射率，根据折射率与标样浓度之间的关系（即标准曲线），查得所对应的气、液相组成。

三、仪器和试剂

沸点测定仪1套；阿贝折光仪（包括恒温装置）1套；超级恒温槽1台；移液管（25mL）1支；吸液管20支；稳流电源（2A）1台；数字温度计1台；小玻璃漏斗1个。

异丙醇（AR）；环己烷（AR）。

分别配制环己烷物质的量分数为0.2、0.4、0.6、0.8的标准溶液。

四、实验步骤

1.检查超级恒温槽与阿贝折光仪间的循环水管是否接好，调节超级恒温槽温度至25℃，并按第五部分5.4方法校正阿贝折光仪。

2.标准曲线的绘制。在25℃下，逐次用阿贝折光仪测定纯异丙醇、纯环己烷以及环己烷物质的量分数为0.2、0.4、0.6、0.8的溶液的折射率。

3.异丙醇的沸点及气、液相组成的测定

（1）异丙醇沸点的测定　将沸点仪洗净、烘干后，从加料口加入异丙醇25mL。调节温度计测温探头的位置，使沸点仪内液面达到温度计测温探头的中部。注意电热丝应完全浸没在液体中。打开回流冷却水，通电并调节变压器加热使溶液沸腾（电流不超过2A），使气相冷凝液充分回流。此时注意观察温度。当在2～3min内温度不变时，认为气液相达到平衡，记下沸腾温度，停止加热。

（2）溶液组成的测定　在上述异丙醇中加入2mL环己烷加热至沸腾，观察温度变化。为使气相冷凝液充分回流，快速达到气液相平衡，可将干燥洁净的长吸管插入气相冷凝液进样口，多次捏挤长吸管的胶头，把最初冷凝的液体吹入沸点仪底部，同时此举也起到润洗长吸管的作用。待温度读数恒定后记下沸点并停止加热。首先用已经回流润洗的长吸管从冷凝管上方吸取气相冷凝液，用阿贝折光仪测定并记录其折射率。用丙酮洗净折光仪棱镜后，再用另一支干燥的短吸管吸取已经冷却的液相样品测定其折射率。每份样品至少重复测定一次，取平均值。洗净棱镜待下一次操作。按上述操作步骤分别测定再加入3mL、4mL、6mL、10mL时各液体的沸点及气相冷凝液和液相的折射率。

4.环己烷的沸点及气、液相组成的测定。将沸点仪内的溶液倒入回收瓶中，并用纯环己烷清洗沸点仪2～3次。然后取25mL环己烷注入沸点仪中，按步骤3中（1）的操作步骤测定环己烷的沸点。之后在上述环己烷溶液中分别加入异丙醇1mL、2 mL、3 mL、5 mL，按步骤3中（2）的操作步骤分别测定其沸点及气相冷凝液和液相的折射率。实验完毕，将沸点仪中的溶液倒入回收瓶中。

五、数据记录和处理

1.实验数据记录

（1）标准溶液的折射率

环己烷的物质的量分数 x_B	0	0.2	0.4	0.6	0.8	1.0
折射率 n_D						

（2）溶液沸点、折射率及组成

室温：________℃，大气压：________kPa

样品	溶液沸点/℃	液相		气相	
		折射率 n_D	组成 x_B（环己烷）	折射率 n_D	组成 x_B（环己烷）

2.数据处理

(1) 根据实验数据记录 (1)，绘出 25℃时组成-折射率的标准曲线。

如果在实验测定折射率时的温度不是 25℃，则近似地以温度每升高 1℃，折射率降低 4×10^{-4}，作出实验温度下的工作曲线。

(2) 确定未知溶液的组成。根据实验测定结果，从标准曲线上查出气相冷凝液及液相的组成。

(3) 绘制沸点-组成图。利用工作曲线所确定的气、液相组成，以及各组成下的沸点数据绘制沸点-组成图，并从相图上确定该系统的最低恒沸温度与恒沸组成。异丙醇的正常沸点为 355.5K，环己烷的正常沸点为 353.4K，供参考。

(4) 蒸馏水在 25℃时的折射率 $n_D^{25}=1.3325$（用于阿贝折光仪零点校正）。

六、注意事项

1.电阻丝不能露出液面，一定要被待测液体浸没，否则通电加热会引起有机液体燃烧。通过电流不能太大（在本实验所用电阻丝时），只要能使欲测液体沸腾即可，过大会引起待测液体（有机化合物）的燃烧或烧断电阻丝。

2.一定要使系统达到气、液平衡，即温度读数恒定不变。

3.只能在停止通电加热后才能取样分析。

4.使用阿贝折光仪时，棱镜上不能触及硬物（如滴管），擦棱镜时需用擦镜纸。测定折射率时，动作应迅速，以避免样品中易挥发组分的损失，确保数据准确。

5.实验过程中必须在冷凝管中通入冷却水，以使气相全部冷凝。

七、思考讨论题

1.实验步骤中，在加入不同浓度的各组分时，如发生了微小的偏差，对相图的绘制有无影响？为什么？

2.在某一组成测定沸点及气相冷凝液和液相折射率时，某同学在实验中因某种原因缺少其中某一个数据，试问此时他该如何正确处理？为什么？

3.折射率的测定为什么要在恒定温度下进行？正确使用阿贝折光仪要注意些什么？

4.本实验中，影响实验精度的因素之一是回流好坏，如何使回流充分进行，标志是什么？

实验六　金属相图的绘制

一、实验目的

1.学会用热分析法测绘二组分金属相图。

2.掌握热分析法的测量技术。

二、实验基本原理

相图是用以研究系统的状态随浓度、温度、压力等变量的改变而发生变化的图形，它可以表示出在指定条件下系统存在的相数和各相的组成，对蒸气压较小的二组分凝聚系统，常以温度-组成图来描述。

热分析法是绘制相图常用的基本方法之一。这种方法是通过观察系统在冷却（或加热）时温度随时间的变化关系，来判断有无相变的发生。通常的做法是先将系统全部熔化，然后让其在一定环境中自行冷却，并每隔一定的时间（例如0.5min或1min）记录一次温度，以温度（T）为纵坐标，时间（t）为横坐标，画出称为步冷曲线的T-t图。图1是二组分金属系统的一种常见类型的步冷曲线。当系统均匀冷却时，如果系统不发生相变，则系统的温度随时间的变化将是均匀的，冷却也较快（如图1中ab线段）。若在冷却过程中发生了相变，由于在相变过程中伴随着热效应，所以系统温度随时间的变化速度将发生改变，系统的冷却速度减慢，步冷曲线出现转折（如图1中b点所示）。当熔融液继续冷却到某一点时（如图1中c点），由于此时熔融液组成已达到最低共熔混合物的组成，故有最低共熔混合物析出，在最低共熔混合物完全凝固以前，系统温度保持不变，因此步冷曲线出现平台（如图1中cd线段）。当熔融液完全凝固后，温度才迅速下降（见图1中de线段）。

由此可知，对组成一定的二组分低共熔混合物系统来说，可以根据它的步冷曲线，判断有固体析出时的温度和最低共熔点的温度。如果作出一系列组成不同的系统的步冷曲线，从中找出各转折点，即能画出二组分系统最简单的相图（温度-组成图）。不同组成溶液的步冷曲线与对应相图的关系可从图2中看出。用热分析法测绘相图时，被测系统必须时时处于或接近相平衡状态。因此，系统的冷却速度必须足够慢，才能得到较好的结果。系统温度的测量，可用水银温度计，也可选用合适的热电偶或数字控温仪。由于水银温度计的测温范围有限，精度又低，而且易破损，所以目前大都采用热电偶或数字控温仪来进行测温。用热电偶测温有许多优点：灵敏度高、重现性好、量程宽。而且由于它是将非电量转换为电量，故将它与电子电势差计配合使用，可自动记录温度-时间曲线。但在进行配合时，要注意热电偶热电势的数值及其变化的范围是否与电子电势差计的量程相适应。通常电子电势差计的量程为0～10mV，而热电偶的热电势值和变化的范围均超过0～10mV，因此一般可采用对信号进行衰减的方法来匹配。但这样做的结果，将降低测量的精度。本实验用SWKY数字控温仪测量系统温度变化。

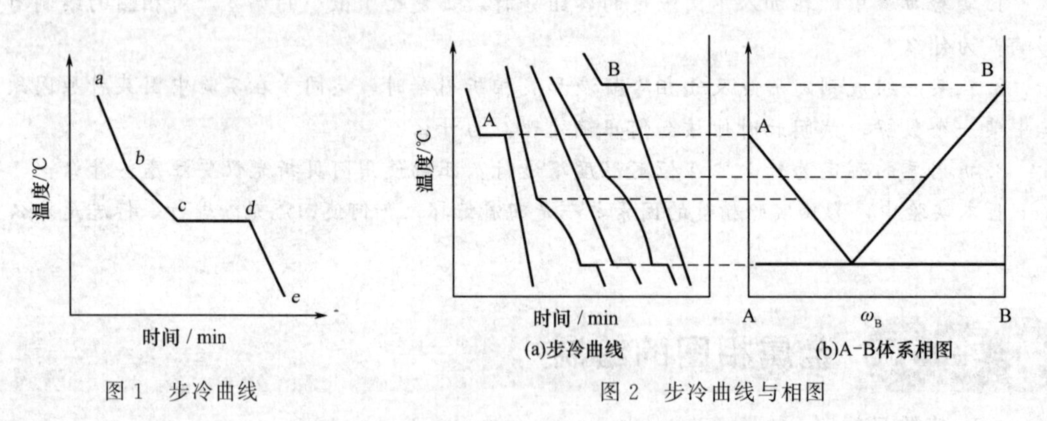

图1　步冷曲线　　　　图2　步冷曲线与相图

三、仪器和试剂

SWKY数字控温仪1台；KWL-08可控升降温电炉1台；炉膛保护筒1个；硬质玻璃试管6支。

铅（CP）；锡（CP）；石墨粉（AR）。

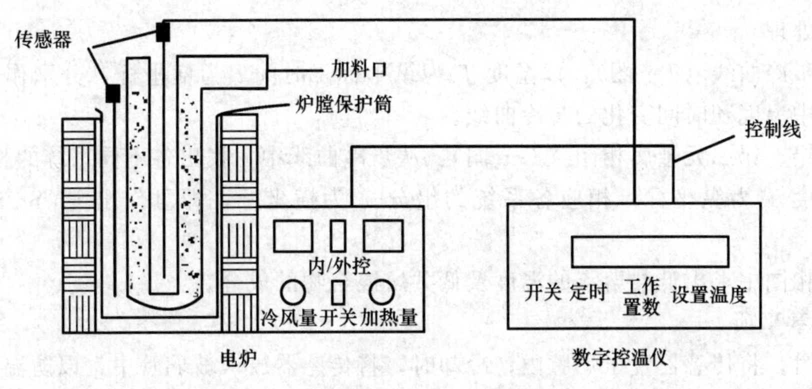

图 3 冷却曲线测定实验装置

四、 实验步骤

1.配制样品：用台秤分别配制含锡量为 20%、40%、61.9%、80%的铅锡混合物各 50g，装入样品管中（注意：在铅锡样品上覆盖一层石墨粉，防止样品氧化）。

2.按图 3 连接好实验装置，将 SWKY 数字控温仪与 KWL-08 可控升降温电炉连接好，接通电源，将电炉置于外控状态。

3.预先将不锈钢炉膛保护筒放进炉膛内，然后把样品管和传感器（PT100）放在保护筒内。SWKY 数字控温仪置于“置数”状态，设定温度为 340℃，定时间隔为 30s，再将 SWKY 数字控温仪置于“工作”状态，“加热量调节”旋钮顺时针调至最大，使样品熔化。

4.待温度达到设定温度后，保持 2～3min，再将传感器取出并插入玻璃管中。

5.当传感器在玻璃管中的温度达到设置温度后，将 SWKY 数字控温仪置于“置数”状态，“加热量调节”旋钮逆时针调至零，停止加热。根据实际情况，调节“冷风量调节”旋钮，使冷却速度保持在 4～6℃·min^{-1}，每隔 30s 记录一次温度，直到步冷曲线平台以下，结束一组实验，得出该样品的步冷曲线的数据。

注意：当温度较高时，降温明显；但当炉温接近室温时，则降温效果不明显。为使炉内降温均匀，需耐心使用“加热量调节”和“冷风量调节”两旋钮配合调节。

6.按照上述方法，分别测定锡、铅和四个混合样品的步冷曲线的数据。

五、 数据记录和处理

1.数据记录

表 1 不同含量的铅锡样品在冷却过程中的时间与温度数据

时间/min \ w_{Sn}/%	20	40	61.9	80
0.5				
1				
1.5				
2				
2.5				
3				
…				

2. 数据处理

(1) 作步冷曲线（T-t 图）：以温度 T 为纵坐标，时间 t 为横坐标，分别作出不同样品在冷却过程中温度随时间变化的步冷曲线。

(2) 作铅、锡二元金属相图（T-x 图）：从步冷曲线中，找出各不同系统的相变温度 T。以此相变温度 T 为纵坐标，相应各系统的组分 x 为横坐标，即可作出 Pb-Sn 二组分系统相图。

(3) 从相图中求出低共熔点的温度及低共熔混合物的成分。

六、注意事项

1. 加热时，将传感器置于炉膛内；冷却时，将传感器放入玻璃管中，以防温度过冲。

2. 熔化样品时，升温电压不能加得太快，要缓慢升温。一般金属熔化后继续加热 2min 即可停止加热。

3. 在设定温度时，可参考表 2 中数据。一般设定的温度不能过高，不超过金属熔点的 30～50℃。

4. 冷却速度不宜过快，以防曲线转折点不明显。

表 2　部分物质的正常沸点或熔点

物质名称	水（H_2O）	锡（Sn）	铅（Pb）
沸点或熔点/℃	100	232	326

七、思考讨论题

1. 何谓热分析法？用热分析法测绘相图时，应该注意些什么？

2. 金属熔融体冷却时冷却曲线上为什么会出现转折点？纯金属、低共熔金属及合金的转折点各有几个？曲线形状为何不同？

3. 为什么在不同组分熔融液的步冷曲线上，最低共熔点的水平线段长度不同？

实验七　液相平衡

一、实验目的

1. 利用分光光度计测定低浓度下铁离子与硫氰酸根离子生成硫氰合铁离子的平衡常数。

2. 进一步明确热力学平衡常数的数值与反应物起始浓度无关。

3. 掌握分光光度计的正确使用方法。

二、实验基本原理

Fe^{3+} 与 SCN^- 在溶液中可生成一系列的络离子，并共存于同一个平衡系统中。当 SCN^- 浓度增加时，Fe^{3+} 与 SCN^- 生成络合物的组成发生如下改变：

$$Fe^{3+} + SCN^- \longrightarrow [Fe(SCN)]^{2+} \longrightarrow [Fe(SCN)_2]^+ \longrightarrow Fe(SCN)_3 \longrightarrow [Fe(SCN)_4]^- \longrightarrow [Fe(SCN)_5]^{2-}$$

且这些不同的络离子色调不同。由图 1 可知，当 Fe^{3+} 与浓度很低的 SCN^-（一般应小于 5×10^{-3} mol·L^{-1}）反应时，只进行如下反应：

$$Fe^{3+} + SCN^- \rightleftharpoons [Fe(SCN)]^{2+}$$

即反应被控制在仅仅生成最简单的 $[Fe(SCN)]^{2+}$ 络离子。其平衡常数表示为：

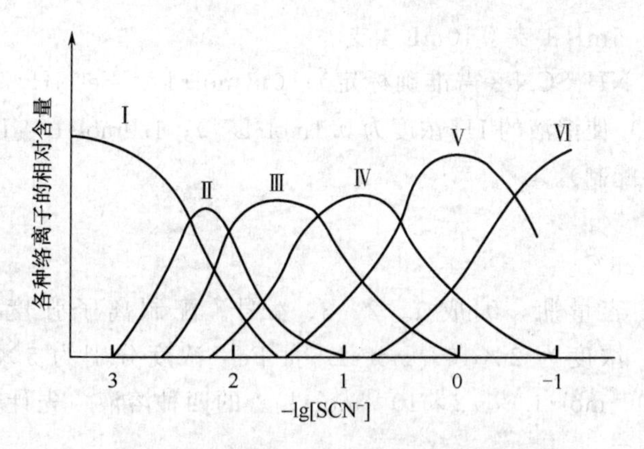

图1　SCN^-浓度对络合物组成的影响
（Ⅰ～Ⅵ分别代表配位数为0～5的硫氰酸铁络离子）

$$K_c=\frac{[Fe(SCN)^{2+}]}{[Fe^{3+}][SCN^-]} \tag{1}$$

由于Fe^{3+}在水溶液中存在水解平衡，所以Fe^{3+}与SCN^-的实际反应很复杂，其机理为：

$$Fe^{3+}+SCN^- \underset{K_{-1}}{\overset{K_1}{\rightleftharpoons}} [Fe(SCN)]^{2+}$$

$$Fe^{3+}+H_2O \overset{K_2}{\rightleftharpoons} [Fe(OH)]^{2+}+H^+ \text{（快）}$$

$$[Fe(OH)]^{2+}+SCN^- \underset{K_{-3}}{\overset{K_3}{\rightleftharpoons}} [Fe(OH)(SCN)]^+$$

$$[Fe(OH)(SCN)]^+ + H^+ \overset{K_4}{\rightleftharpoons} [Fe(SCN)]^{2+}+H_2O \text{（快）}$$

当达到平衡时，式（1）整理得到：

$$K_{平}=\frac{[Fe(SCN)^{2+}]}{[Fe^{3+}]_{平}[SCN^-]_{平}}=\left(K_1+\frac{K_2K_3}{[H^+]_{平}}\right)\div\left(K_{-1}+\frac{K_{-3}}{K_4[H^+]_{平}}\right) \tag{2}$$

由式（2）可见，平衡常数受H^+的影响。因此实验只能在同一pH值下进行。

本实验为离子平衡反应，离子强度必然对平衡常数有很大影响。所以，在各被测溶液中离子强度$I=\frac{1}{2}\sum b_iZ_i^2$应保持一致。

由于Fe^{3+}可与多种阴离子发生络合，所以应考虑到对Fe^{3+}试剂的选择。当溶液中有Cl^-、PO_4^{3-}等阴离子存在时，会明显降低$[Fe(SCN)]^{2+}$浓度，从而导致溶液的颜色减弱，甚至完全消失，故实验中要避免Cl^-参与。因而Fe^{3+}试剂最好选用$Fe(ClO_4)_3$。

根据朗伯-比耳定律，溶液吸光度与其浓度成正比。因此可借助分光光度计测定其吸光度，从而计算出平衡时$[Fe(SCN)]^{2+}$的浓度以及Fe^{3+}和SCN^-的浓度，进而求出该反应的平衡常数K_c。

通过测量两个温度下的平衡常数可计算出$\Delta_r H_m$，即：

$$\Delta_r H_m=\frac{RT_2T_1}{T_2-T_1}\ln\frac{K_2}{K_1} \tag{3}$$

式中，K_1、K_2分别为温度T_1、T_2时对应的平衡常数。

三、仪器和试剂

721E型分光光度计1台（有条件可自制恒温夹套）；超级恒温器1台；容量瓶（50mL）

4 只；移液管（刻度）5mL 1 支、10mL 4 支。

1×10^{-3} mol·L^{-1} NH_4SCN（需准确标定）；0.1mol·L^{-1} Fe $NH_4(SO_4)_2$（需准确标定 Fe^{3+} 浓度，并加 HNO_3 使溶液的 H^+ 浓度为 0.1mol·L^{-1}）；1.0mol·L^{-1} HNO_3；1.0mol·L^{-1} KNO_3（试剂均用 AR 配制）。

四、实验步骤

1. 将恒温槽调到 25℃。

2. 取 4 个 50mL 容量瓶，编成 1、2、3、4 号。配制离子强度为 0.7，H^+ 浓度为 0.15mol·L^{-1}，SCN^- 浓度为 2×10^{-4} mol·L^{-1}，Fe^{3+} 浓度分别为 5×10^{-2} mol·L^{-1}、1×10^{-2} mol·L^{-1}、5×10^{-3} mol·L^{-1}、2×10^{-3} mol·L^{-1} 的四种溶液，先计算出所需的标准溶液量，填入下表。

容量瓶编号	V_{NH_4SCN}/mL	$V_{FeNH_4(SO_4)_2}$/mL	V_{HNO_3}/mL	V_{KNO_3}/mL
1				
2				
3				
4				

根据计算结果，配制 4 种溶液，置于恒温槽中恒温。

3. 调整分光光度计，将工作波长调到 460nm 处。然后取少量恒温的 1 号溶液洗比色皿 2 次。把溶液注入比色皿，置于夹套中恒温，然后准确测量溶液的吸光度。更换溶液测定 3 次，取其平均值。用同样的方法测量 2、3、4 号溶液的吸光度（分光光度计的使用方法参见第五部分 5.5）。

4. 在 35℃下，重复上述实验。

五、数据记录和处理

1. 将测得的数据填入下表，并计算出平衡常数 K_c 及 $\Delta_r H_m$ 值。

2. 计算 ΔH。

容量瓶编号	$[Fe^{3+}]_{始}$	$[SCN^-]_{始}$	吸光度	吸光度比	$[Fe(SCN)^{2+}]_{平}$	$[Fe^{3+}]_{平}$	$[SCN^-]_{平}$	K_c
1				—	—	—	—	—
2								
3								
4								

表中数据按下列方法计算。

对 1 号容量瓶，Fe^{3+} 与 SCN^- 反应达平衡时，可认为 SCN^- 全部消耗，平衡时硫氰合铁离子的浓度即为开始时硫氰酸根离子的浓度。即有：

$$[Fe(SCN)^{2+}]_{平(1)}=[SCN^-]_{始}$$

以 1 号溶液的吸光度为基准，则对应于 2、3、4 号溶液的吸光度可求出各吸光度比，而 2、3、4 号各溶液中 $[Fe(SCN)^{2+}]_{平}$、$[Fe^{3+}]_{平}$、$[SCN^-]_{平}$ 可分别按下式求得：

$$[Fe(SCN)^{2+}]_{平}=吸光度比\times[Fe(SCN)^{2+}]_{平(1)}=吸光度比\times[SCN^-]_{始}$$

$$[Fe^{3+}]_{平}=[Fe^{3+}]_{始}-[Fe(SCN)^{2+}]_{平}$$

$$[SCN^-]_{平}=[SCN^-]_{始}-[Fe(SCN)^{2+}]_{平}$$

六、注意事项

1. 使用分光光度计时，先接通电源，预热 20min。为了延长光电管的寿命，在不测量时，应打开暗盒盖。

2. 使用比色皿时，应注意溶液不要装得太满，约为满容量的 2/3 即可，并注意放置比色皿时，透光面指向光路方向。

3. 温度影响反应平衡常数，故实验时反应系统始终要恒温。

4. 实验用水最好是二次蒸馏水。

七、思考讨论题

1. 如 Fe^{3+}、SCN^- 浓度较大时则不能按公式 $K_c=\dfrac{[Fe(SCN)^{2+}]}{[Fe^{3+}][SCN^-]}$ 计算 K_c 值，为什么？

2. 为什么可用 $[Fe(SCN)^{2+}]_{平}=吸光度比\times[SCN^-]_{始}$ 来计算 $[Fe(SCN)^{2+}]_{平}$ 呢？

3. 测定溶液吸光度时，为什么需要空白比色皿，如何选择空白液？

实验八　甲基红酸解离平衡常数的测定

一、实验目的

1. 测定甲基红的酸解离平衡常数。

2. 掌握 721 型分光光度计和 pHS-3C 型 pH 计的使用方法。

二、实验基本原理

甲基红（对二甲氨基邻羧基偶氮苯）的结构式为：

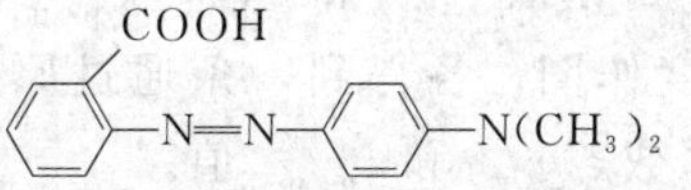

COOH
N=N
$N(CH_3)_2$

甲基红是一种弱酸型的染料指示剂，具有酸型（HMR）和碱型（MR^-）两种形式，它在溶液中部分电离，在碱性溶液中呈黄色，酸性溶液中呈红色。在酸性溶液中它以两种离子形式存在：

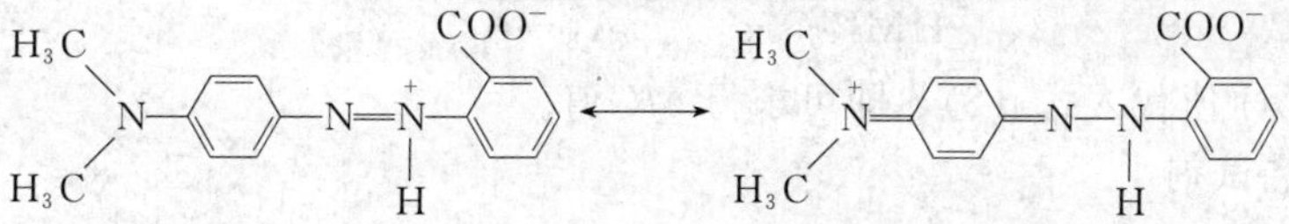

H_3C　COO^-　H_3C　COO^-
N　N=N⁺　N⁺=　=N—N
H_3C　H　H_3C　H

酸型（HMR）：红色

H^+ ‖ OH^-

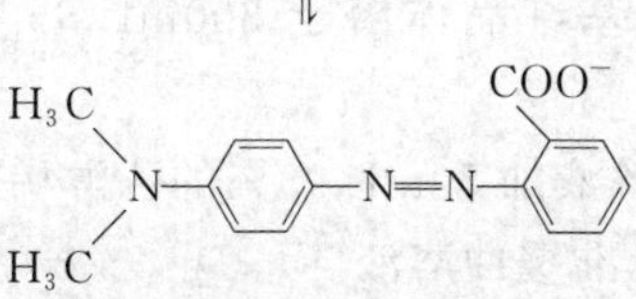

H_3C　COO^-
N　N=N
H_3C

碱型（MR^-）：黄色

简单地写成：

$$\underset{\text{酸型}}{HMR} \rightleftharpoons H^+ + \underset{\text{碱型}}{MR^-}$$

其解离平衡常数：

$$K=[H^+][MR^-]/[HMR] \tag{1}$$

$$pK=pH-\lg([MR^-]/[HMR]) \tag{2}$$

由于 HMR 和 MR^- 两者在可见光谱范围内具有强的吸收峰，溶液离子强度的变化对它的酸解离平衡常数没有显著影响，而且在简单醋酸-醋酸钠缓冲系统中就很容易使颜色在 pH 4～6 范围内改变，因此$[MR^-]/[HMR]$的值可用分光光度法测定而求得。

对一化学反应平衡系统，测得的吸光度包括各物质的贡献。由朗伯-比耳定律得：

$$A=-\lg(I/I_0)=\varepsilon cl$$

式中，A 为吸光度；c 为物质的量浓度，$mol \cdot L^{-1}$；ε 为摩尔吸光系数；l 为光程长度，即比色皿长度，cm。

由此可推知甲基红溶液中总的吸光度为：

$$A_A=\varepsilon_{A,HMR}[HMR]l+\varepsilon_{A,MR^-}[MR^-]l \tag{3}$$

$$A_B=\varepsilon_{B,HMR}[HMR]l+\varepsilon_{B,MR^-}[MR^-]l \tag{4}$$

式中，A_A、A_B 分别为在 HMR 和 MR^- 的最大吸收波长处所测得的总的吸光度；$\varepsilon_{A,HMR}$、ε_{A,MR^-} 和 $\varepsilon_{B,HMR}$、ε_{B,MR^-} 分别为在波长 λ_A 和 λ_B 下的摩尔吸光系数。

各物质的摩尔吸光系数可由作图法求得。例如，当 pH≈2 时甲基红溶液中甲基红完全以 HMR 形式存在，配制 pH≈2 的甲基红系列标准溶液，分别在波长 λ_A、λ_B 处测定其吸光度，根据：

$$A_A=\varepsilon_{A,HMR}[HMR]l \quad \text{和} \quad A_B=\varepsilon_{B,HMR}[HMR]l$$

以吸光度 A_A 和 A_B 分别对浓度作图，各得到一条通过原点的直线。由直线斜率可求得 HMR 在 λ_A、λ_B 处的摩尔吸光系数 $\varepsilon_{A,HMR}$ 和 $\varepsilon_{B,HMR}$ 值。

当 pH≈8 时甲基红溶液中甲基红完全以 MR^- 形式存在，同理配制 pH≈8 的甲基红系列标准溶液，分别在波长 λ_A、λ_B 处测定其吸光度，根据：

$$A_A=\varepsilon_{A,MR^-}[MR^-]l \quad \text{和} \quad A_B=\varepsilon_{B,MR^-}[MR^-]l$$

以吸光度 A_A 和 A_B 分别对浓度作图，各得到一条通过原点的直线。由直线斜率可求得 MR^- 在 λ_A、λ_B 处的摩尔吸光系数 ε_{A,MR^-} 和 ε_{B,MR^-} 值。

当 A_A、A_B、$\varepsilon_{A,HMR}$、$\varepsilon_{B,HMR}$、ε_{A,MR^-} 和 ε_{B,MR^-} 值分别为已知，且 $l=1$cm 时，解联立方程组式（3）和式（4），得：

$$\frac{[MR^-]}{[HMR]}=\frac{\varepsilon_{B,HMR}A_A-\varepsilon_{A,HMR}A_B}{\varepsilon_{A,MR^-}A_B-\varepsilon_{B,MR^-}A_A} \tag{5}$$

再测得溶液的 pH 值代入式（2），即可求得 pK 值。

三、仪器和试剂

721E 型分光光度计 1 台（带有自制恒温夹套）；pHS-3C 型 pH 计 1 台；100mL 容量瓶 6 个；10mL 移液管 3 支；0～100℃温度计 1 支。

1. 甲基红储备液：称取 0.5g 甲基红晶体溶于 300mL 95%的乙醇中，用蒸馏水稀释至 500mL。

2. 标准甲基红溶液：取 8mL 储备液加 50mL 95%的乙醇稀释至 100mL。

3. pH 为 4.00、6.86、9.18 的标准缓冲溶液。

4. 分别配制 $0.04mol \cdot L^{-1}$ CH_3COONa、$0.01mol \cdot L^{-1}$ CH_3COONa、$0.02mol \cdot L^{-1}$

CH_3COOH、0.1mol·L^{-1} HCl 和 0.01mol·L^{-1} HCl 溶液。

四、实验步骤

1. 721E 型分光光度计的使用

使用本仪器前，应详细阅读第五部分 5.5，了解仪器的构造和工作原理以及各操作旋钮的作用。

2. 测定甲基红酸式（HMR）和碱式（MR^-）的最大吸收波长

测定下述两种甲基红总浓度相等的溶液的吸光度随波长的变化，即可找出最大吸收波长。

第一份溶液（A）：取 10mL 标准甲基红溶液，加 10mL 0.1mol·L^{-1}HCl，稀释至 100mL，此溶液的 pH 值大约为 2，因此甲基红完全以 HMR 形式存在。

第二份溶液（B）：取 10mL 标准甲基红溶液和 25mL 0.04mol·L^{-1} CH_3COONa 溶液稀释至 100mL，此溶液的 pH 值大约为 8，因此甲基红完全以 MR^- 形式存在。

取部分 A 液和 B 液分别放在 2 个 1cm 比色皿内，在 350～600nm 之间每隔 10nm 测定它们相对于水的吸光度。注意，每改变一次波长都要用空白溶液（蒸馏水）校正。由吸光度 A 对波长作图，找出最大吸收波长 λ_A、λ_B。

3. 检验 HMR 和 MR^- 是否符合朗伯-比耳定律并测定它们在 λ_A、λ_B 下的摩尔吸光系数

分别移取一定量的 A 液于 4 个 25mL 容量瓶中，用 0.01mol·L^{-1} HCl 稀释至它们原浓度的 0.75、0.50、0.25 及原溶液（应先计算试剂的用量），此时甲基红主要以 HMR 形式存在。分别移取一定量的 B 液于 4 个 25mL 容量瓶中，用 0.01mol·L^{-1} CH_3COONa 稀释至它们原浓度的 0.75、0.50、0.25 及原溶液（应先计算试剂的用量），此时甲基红主要以 MR^- 形式存在。在波长 λ_A 和 λ_B 下测定这些溶液相对于水的吸光度。由吸光度对浓度作图并计算在 λ_A 下甲基红酸式（HMR）和碱式（MR^-）的 $\varepsilon_{A,HMR}$、ε_{A,MR^-} 及在 λ_B 下的 $\varepsilon_{B,HMR}$、ε_{B,MR^-}。

4. 求不同 pH 值下 HMR 和 MR^- 的相对量

在 4 个 100mL 的容量瓶中分别加入 10mL 标准甲基红溶液和 25mL 0.04mol·L^{-1} CH_3COONa 溶液，并分别加入 50mL、25mL、10mL、5mL 0.02mol·$L^{-1}$$CH_3COOH$ 溶液，然后用蒸馏水稀释至刻度配制成一系列待测液。在 λ_A 和 λ_B 下测定各溶液的吸光度 A_A 和 A_B，用 pHS-3C 型 pH 计测得各溶液的 pH 值（见第五部分 5.6）。

由于在 λ_A 和 λ_B 下所测得的光密度是 HMR 和 MR^- 吸光度的总和，所以溶液中 HMR 和 MR^- 的相对量可由式（3）和式（4）方程组求得。将此结果代入式（2），即可计算出甲基红的酸解离平衡常数 pK。

五、数据记录和处理

实验温度：________℃

1. 记录实验数据，并计算出甲基红的酸解离平衡常数（表 1）。

表 1 甲基红的酸解离平衡常数的计算数据表

溶液序号	$[MR^-]/[HMR]$	$\lg([MR^-]/[HMR])$	pH	pK
1				
2				
3				
4				

2. 与理论值比较，计算实验的相对误差。

六、思考讨论题

1. 在本实验中，温度对测定结果有何影响？采取哪些措施可以减少由此而引起的实验误差？

2. 甲基红酸式吸收曲线和碱式吸收曲线的交点称为"等色点"，讨论在等色点处吸光度和甲基红浓度的关系。

3. 为什么要用相对浓度？为什么可以用相对浓度？

实验九　差热-热重分析

一、实验目的

1. 掌握差热-热重分析的原理，依据差热-热重曲线解析样品的差热-热重过程。

2. 了解 WCT-2C 微机差热天平的工作原理，学会使用 WCT-2C 微机差热天平。

3. 用微机差热天平测定样品的差热-热重曲线，并通过微机处理差热和热重数据。

二、实验基本原理

1. 差热分析

物质在受热或冷却过程中，当达到某一温度时，往往会发生熔化、凝固、晶型转变、分解、化合、吸附、脱附等物理或化学变化，并伴随有焓的改变，因而产生热效应，其表现为物质与环境（样品与参比物）之间有温度差。差热分析（DTA）就是通过温差测量来确定物质的物理化学性质的一种热分析方法。

差热分析仪包括带有控温装置的加热炉、放置样品和参比物的坩埚、用以盛放坩埚并使其温度均匀的保持器、测温热电偶、差热信号放大器和信号接收系统。差热图的绘制是通过两支型号相同的热电偶，分别插入样品和参比物中，并将其相同端连接在一起。引入记录笔 1 和 2，分别记录炉温信号和差热信号。若炉子等速升温，则记录笔 1 记录下一条倾斜直线；若样品不发生任何变化，样品和参比物的温度相同，两支热电偶产生的热电势大小相等，差热电势为零，记录笔 2 划出一条直线，为平直的基线；若样品发生物理化学变化时，差热电势不为零，记录笔 2 发生偏移（视热效应正、负而异），记录下差热峰。两支笔记录的时间-温度（温差）图就称为差热图，或称为热谱图。

从差热图上可清晰地看到差热峰的数目、位置、方向、宽度、高度、对称性以及峰面积等。峰的数目表示物质发生物理化学变化的次数；峰的位置表示物质发生变化的转化温度；峰的方向表明系统发生热效应的正负性；峰面积说明热效应的大小，相同条件下，峰面积大的表示热效应也大。在相同的测定条件下，许多物质的热谱图具有特征性，即一定的物质就有一定的差热峰的数目、位置、方向、峰面积等，故可通过与已知的热谱图的比较来鉴别样品的种类、相变温度、热效应等物理化学性质。理论上讲，可通过峰面积的测量对物质进行定量分析。

样品的相变热 ΔH 可按下式计算：

$$\Delta H=\frac{K}{m}\int_{B}^{D}\Delta T\,\mathrm{d}\tau \tag{1}$$

式中，m 为样品质量；B、D 分别为峰的起始、终止时刻；ΔT 为时间 τ 内样品与参比物的温差；$\int_{B}^{D}\Delta T\,\mathrm{d}\tau$ 代表峰面积；K 为仪器常数，可用数学方法推导，但较麻烦，一般用已知热效应的物质进行标定，如已知纯锡的熔化热为 $59.36\times10^{-3}J\cdot mg^{-1}$，可由锡的差热峰面积求得 K 值。

2. 热重分析

物质受热时，发生化学反应，质量也就随之改变，测定物质质量的变化就可研究其变化过程。热重法（TGA）是在程序控制温度下，测量物质质量与温度关系的一种技术。热重法实验得到的曲线称为热重曲线（即 TGA 曲线）。TGA 曲线以质量作纵坐标，从上向下表示质量减少；以温度（或时间）为横坐标，自左至右表示温度（或时间）增加。

热重法的主要特点是定量性强，能准确测量物质的变化及变化的速率。热重法的实验结果与实验条件有关。但在相同的实验条件下，同种样品的热重数据是重现的。

从热重法派生出微商热重法（DTG），即 TGA 曲线对温度（或时间）的一阶导数。实验时可同时得到 DTG 曲线和 TGA 曲线。DTG 曲线能精确地反映出起始反应温度、达到最大反应速率的温度、反应终止的温度。在 TGA 上，对应于整个变化过程中各阶段的变化互相衔接而不易区分开，同样的变化过程在 DTG 曲线上能呈现出明显的最大值。故 DTG 能很好地显示出重叠反应，区分各个反应阶段，这是 DTG 的最可取之处。另外，DTG 曲线峰的面积精确地对应着变化了的质量，因而 DTG 能精确地进行定量分析。有些材料由于种种原因不能用 DTA 来分析，却可以用 DTG 来分析。仪器的天平测量系统采用电子称量，在天平的横梁上端加装一片遮光小旗，挡在发光二极管和光敏三极管之间，横梁中间加磁钢和线圈。当支架加入试样时，横梁连同线圈和遮光小旗发生转动，光敏三极管受发光二极管照射的强度增大，质量检测电路则输出电流，线圈的电流在磁钢的作用下产生力矩，使横梁回转，当试样质量产生的力矩与线圈产生的力矩相等时，天平平衡。这样试样的质量就正比于电流，此电信号经放大电路、模/数转换等处理后送入计算机。在试验过程中，微机不断采集试样质量，就可获得一条试样质量随温度变化的热重曲线。质量信号输入微分电路后，微分电路输出端便会得到热重的一次微分曲线。

一般地，微机差热天平由精密热天平、高温炉、样品支持器（包括试样和参比物容器、温度敏感元件与支架等）、微伏放大器、温差检知器、炉温程序控制器、记录器以及高温炉和样品支持器的气氛控制设备等组成。

TGA、DTA 曲线示意见图 1。

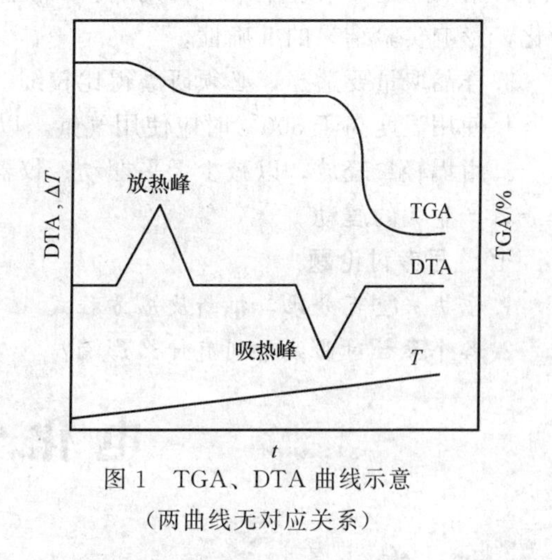

图 1　TGA、DTA 曲线示意

（两曲线无对应关系）

三、仪器和试剂

WCT-2C 微机差热天平 1 套。

$CuSO_4\cdot5H_2O$、$CaC_2O_4\cdot H_2O$、$NaHCO_3$、α-Al_2O_3，均为分析纯。

四、实验步骤

1. 开启电源，整机预热 30min。

2. 抬起炉体，分别将参比样和准确称取的待测样品（一般小于或等于 10mg）小心放置于热电偶板的左侧和右侧，放下炉体并固定。

3. 打开氮气瓶分压阀到 0.1MPa 左右。调节仪器右侧气氛控制箱，使流量计指示到 35mm 左右。

4.设定热分析软件参数。在电脑上打开热分析软件，按下“新采集”键，进入“参数设定”界面，输入所需要参数：在参数设定界面左侧输入“基本实验参数”，试样名称、试样序号、仪器型号、操作者、试样重量等参数正确输入；选择DTA取值范围和TGA取值范围，分别控制DTA和TGA的量程；采样间隔控制实验数据采集周期；“通信端口”选择PC机与仪器的通信串行接口，其指示灯绿色时表示PC机与仪器通信正常，红色时并弹出表示通信错误的界面，此时应检查仪器是否通电及数据连接线连接是否正常；设定升温参数，包括阶梯升温方式、起始采样温度、升/降温速率、终值温度、保温时间等，温度轴最大值是设置温度坐标的范围，在对话框右侧的显示框为实验过程的理论温度曲线；点击“绘图”按钮即可得到理论温度曲线和估计时间，以便在加热过程中实时观察。

5.采样参数设置完毕后，便可点击“确定”按钮，此时会弹出采集数据存储名称以及路径选择对话框。默认名称为当前时间，用户可根据需要更改名称。点击“存储”按钮后仪器自动进入加热状态，软件自动切换到数据实时采集界面。应随时监控仪器运行状态，如遇异常情况，及时采取相应措施。

6.点击电脑分析软件的“停止”键，结束采集数据并及时在电脑分析软件上保存测试结果；将炉体抬起转到后侧，对炉体进行降温冷却。将样品坩埚取下清洗干净；炉体冷却至室温后，炉体套回热电偶上，关闭差热天平电源，盖上仪器外罩。

五、数据记录和处理

调入所存文件，分别做热重数据处理和差热数据处理。选定每个台阶或峰的起止位置，求算出各个反应阶段的TGA失重百分比、失重始温、终温、失重速率最大点温度和DTA的峰面积热焓、峰起始点、外推始点、峰顶温度、终点温度、玻璃化温度等（具体方法参见程序自带的帮助文件）。

六、注意事项

1.选择适当的参数。不同的样品，因其性质不同，操作参数和温控程序应做相应调整。

2.坩埚一定要清理干净，否则埚垢不仅影响导热，杂质在受热过程中也会发生物理化学变化，影响实验结果的准确性。

3.样品取量要适当，必须研磨得比较细（一般200目左右），均匀平铺在坩锅底部。

4.使用温度高于500℃时应使用气氛，以减少天平误差；实验过程中气流要保持稳定。

5.坩埚轻拿轻放，以减少天平摆动；仪器对外界震动反应灵敏，测试过程中不得大声喧哗或者产生大的震动。

七、思考讨论题

1.依据失重百分比，推断反应方程式。

2.各个参数对曲线分别有什么影响？

电化学部分

实验十 电导法测定弱电解质的电离平衡常数

一、实验目的

1.掌握测量电解质溶液电导的原理和方法，初步掌握电导率仪的使用方法。

2.测定电解质溶液的电导并计算弱电解质（醋酸）的电离平衡常数。

二、实验基本原理

醋酸在溶液中电离达到平衡时，其电离平衡常数 K_c 与浓度 c 和电离度 α 之间有以下关系：

$$K_c=\frac{c\alpha^2}{1-\alpha} \tag{1}$$

在一定温度下，K_c 是一个常数，因此可以通过测定醋酸在不同浓度下的电离度，代入式（1）计算得到 K_c 值。

醋酸溶液的电离度可用电导法来测定。电导的物理意义是：当导体两端的电势差为1V时所通过的电流强度。亦即电导＝电流强度/电势差。因此电导是电阻的倒数，在电导池中，电导的大小与两极之间的距离 l 成反比，与电极的表面积 A 成正比。

$$G=\kappa\frac{A}{l} \tag{2}$$

式中，κ 称为电导率或比电导，即 l 为1m、A 为 $1m^2$ 时溶液的电导，因此电导率这个量值与电导池的结构无关。

电解质溶液的电导率不仅与温度有关，而且还与溶液的浓度有关，因此通常用摩尔电导率 Λ_m 来衡量电解质溶液的导电能力。

摩尔电导率的定义如下：含有1mol电解质的溶液，全部置于相距为1m的两个电极之间，这时所具有的电导称为摩尔电导率。摩尔电导率与电导率之间有如下的关系：

$$\Lambda_m=\frac{\kappa}{c} \tag{3}$$

式中，c 为溶液中物质的量浓度，$mol \cdot m^{-3}$。

根据电离学说，弱电解质的电离度 α 随溶液的稀释而增大，当溶液无限稀释时，则弱电解质全部电离，即 $\alpha \to 1$。在一定温度下溶液的摩尔电导率与离子的真实浓度成正比，因而也与电离度 α 成正比，所以弱电解质的电离度 α 应等于溶液在物质的量浓度 c 时的摩尔电导率 Λ_m 和溶液在无限稀释时摩尔电导率 Λ_m^∞ 之比，即：

$$\alpha=\frac{\Lambda_m}{\Lambda_m^\infty} \tag{4}$$

将式（4）代入式（1）得：

$$K_c=\frac{c\Lambda_m^2}{\Lambda_m^\infty(\Lambda_m^\infty-\Lambda_m)} \tag{5}$$

测定浓度为 c 的醋酸溶液的电导率后，可由式（3）计算出 Λ_m，因此只要知道无限稀释时醋酸溶液的摩尔电导率 Λ_m^∞ 就可以应用式（5）计算出醋酸的电离常数 K_c。

Λ_m^∞ 的求算是一个重要问题，对于强电解质溶液可测定其在不同浓度下摩尔电导率再外推而求得，但对弱电解质溶液则不能用外推法，通常是将该弱电解质正、负两种离子的无限稀释摩尔电导率加和计算而得（$\Lambda_m^\infty=v_+\Lambda_{m,+}^\infty+v_-\Lambda_{m,-}^\infty$）。不同温度下醋酸 Λ_m^∞ 的值见表1。

表1　不同温度下醋酸的 Λ_m^∞

温度/K	298.2	303.2	308.2	313.2
$\Lambda_m^\infty \times 10^2/S \cdot m^2 \cdot mol^{-1}$	3.908	4.198	4.489	4.779

三、仪器和试剂

DDS-11C 型电导仪 1 台；恒温槽 1 套；5mL 吸量管 1 支；25mL 容量瓶 5 个。

1.000$mol·L^{-1}$ 醋酸溶液。

四、实验步骤

1. 调节超级恒温槽温度为 25℃，如室温高于 25℃，可将超级恒温槽温度调至 30℃或 35℃。

2. 配制 HAc 溶液：用吸量管分别吸取 1mL、2mL、3mL、4mL、5mL 1.000$mol·L^{-1}$ 的 HAc 溶液，于 5 个 25mL 容量瓶中，用二次蒸馏水定容成浓度为 0.04$mol·L^{-1}$、0.08$mol·L^{-1}$、0.12$mol·L^{-1}$、0.16$mol·L^{-1}$、0.20$mol·L^{-1}$ 的 HAc 溶液。

3. 测定 HAc 溶液的电导率：用蒸馏水充分洗涤电导池和电极，再用少量待测液荡洗数次，然后注入待测液，使液面超过电极 1～2cm，将电导池放入恒温槽中，恒温 5～8min 后测其电导率。严禁用手触及电导池和电极。

按由稀到浓的顺序，依次测定被测溶液的电导率。每测定完一个浓度的数据，不必用蒸馏水冲洗电导池和电极，直接用下一个被测液荡洗电导池和电极三次，再注入被测溶液恒温后测其电导率。

4. 实验完毕，先关闭各仪器的电源，用蒸馏水充分洗涤电导池和电极，电极洗净浸泡在蒸馏水中备用。

五、数据记录和处理

1. 查出实验温度下的 Λ_m^∞。

2. 计算醋酸溶液的电离常数 K_c，将原始数据及处理结果填入下表。

实验温度：________，Λ_m^∞=________

c/$mol·L^{-1}$	κ/$S·m^{-1}$	Λ_m/$S·m^2·mol^{-1}$	α	K_c	$\overline{K_c}$
0.04					
0.08					
0.12					
0.16					
0.20					

六、思考讨论题

1. 电导池常数 K_{cell}（l/A）是否可用卡尺来测量？若实际过程中电导池常数发生改变，对平衡常数有何影响？

2. 影响摩尔电导率的因素有哪些？

3. 测定溶液电导，一般不用直流电，而用交流电，为什么？

实验十一　电池电动势的测定

一、实验目的

1. 掌握对消法测定电池电动势的基本原理，学会用 SDC 数字电位差综合测试仪测定电

2. 掌握电动势法测定化学反应热力学函数变化值的有关原理和方法。

3. 加深对可逆电池、可逆电极概念的理解，熟悉有关电动势和电极电势的基本计算。

二、实验基本原理

电池由正、负两个电极组成，电池的电动势等于两个电极电势的差值。

$$E=\varphi_{+}-\varphi_{-}$$

式中，φ_{+}为正极的电极电势；φ_{-}为负极的电极电势。

在一定温度下，电极电势的大小决定于电极的性质和溶液中有关离子的活度。由于电极电势的绝对值不能测量，在电化学中，通常将标准氢电极的电极电势定为零，其他电极的电极电势值是与标准氢电极比较而得到的相对值，即假设标准氢电极与待测电极组成一个电池，并以标准氢电极为负极，待测电极为正极，这样测得的电池电动势数值就作为该电极的电极电势。由于使用标准氢电极条件要求苛刻，难于实现，故常用一些制备简单、电势稳定的可逆电极作为参考电极来代替，如甘汞电极、银-氯化银电极等。这些电极与标准氢电极比较而得到的电势值已精确测出，在物理化学手册中可以查到。

电池电动势不能用伏特计直接测量。因为当把伏特计与电池接通后，由于电池放电，不断发生化学变化，电池中溶液的浓度将不断改变，因而电动势值也会发生变化。另一方面，电池本身存在内电阻，所以伏特计所量出的只是两极上的电势降，而不是电池的电动势，只有在没有电流通过时的电势降才是电池真正的电动势。电势差计是可以利用对消法原理进行电势差测量的仪器，即能在电池无电流（或极小电流）通过时测得其两极的电势差，这时的电势差就是电池的电动势。

另外，当两种电极的不同电解质溶液接触时，在溶液的界面上总有液体接界电势存在。在电动势测量时，常应用“盐桥”使原来产生显著液体接界电势的两种溶液彼此不直接接界，降低液体接界电势到毫伏数量级以下。用得较多的盐桥有 KCl（$3\mathrm{mol\cdot L^{-1}}$ 或饱和）、KNO_3、NH_4NO_3 等溶液。

以 Cu-Zn 电池为例。

电池符号：$\mathrm{Zn(s)|ZnSO_4}(a_1)\,\|\,\mathrm{CuSO_4}(a_2)|\mathrm{Cu(s)}$

负极反应：$\mathrm{Zn(s)\longrightarrow Zn^{2+}+2e^-}$

正极反应：$\mathrm{Cu^{2+}+2e^-\longrightarrow Cu(s)}$

电池中总的反应为：$\mathrm{Zn(s)+Cu^{2+}=\!=\!=Zn^{2+}+Cu(s)}$

Zn 电极的电极电势：$\varphi_{\mathrm{Zn^{2+}/Zn}}=\varphi^{\ominus}_{\mathrm{Zn^{2+}/Zn}}-\dfrac{RT}{2F}\ln\dfrac{a_{\mathrm{Zn}}}{a_{\mathrm{Zn^{2+}}}}$　(1)

Cu 电极的电极电势：$\varphi_{\mathrm{Cu^{2+}/Cu}}=\varphi^{\ominus}_{\mathrm{Cu^{2+}/Cu}}-\dfrac{RT}{2F}\ln\dfrac{a_{\mathrm{Cu}}}{a_{\mathrm{Cu^{2+}}}}$　(2)

所以，Cu-Zn 电池的电动势为：

$$\begin{aligned}E&=\varphi_{\mathrm{Cu^{2+}/Cu}}-\varphi_{\mathrm{Zn^{2+}/Zn}}\\&=\varphi^{\ominus}_{\mathrm{Cu^{2+}/Cu}}-\varphi^{\ominus}_{\mathrm{Zn^{2+}/Zn}}-\frac{RT}{2F}\ln\frac{a_{\mathrm{Cu}}a_{\mathrm{Zn^{2+}}}}{a_{\mathrm{Cu^{2+}}}a_{\mathrm{Zn}}}\\&=E^{\ominus}-\frac{RT}{2F}\ln\frac{a_{\mathrm{Cu}}a_{\mathrm{Zn^{2+}}}}{a_{\mathrm{Cu^{2+}}}a_{\mathrm{Zn}}}\end{aligned}\tag{3}$$

纯固体的活度为 1，即：　$a_{\mathrm{Cu}}=a_{\mathrm{Zn}}=1$　(4)

故 $$E=E^{\ominus}-\frac{RT}{2F}\ln\frac{a_{Zn^{2+}}}{a_{Cu^{2+}}} \tag{5}$$

如果原电池内进行的化学反应是可逆的，且电池在可逆条件下工作，则此电池反应在定温定压下的吉布斯函数变化 ΔG 和电池的电动势 E 有以下关系式：

$$\Delta G=-nEF \tag{6}$$

从热力学可知：

$$\Delta G=\Delta H-T\Delta S \tag{7}$$

$$\Delta S=-\left(\frac{\partial \Delta G}{\partial T}\right)_p=nF\left(\frac{\partial E}{\partial T}\right)_p \tag{8}$$

将式（8）代入式（7），进行变换后可得：

$$\Delta H=\Delta G+nFT\left(\frac{\partial E}{\partial T}\right)_p \tag{9}$$

在定压下（通常是 100kPa）测定一定温度时的电池电动势，即可根据式（6）求得该温度下电池反应的 ΔG。从不同温度时的电池电动势值可求 $\left(\frac{\partial E}{\partial T}\right)_p$，根据式（8）可求出该电池反应的 ΔS，根据式（9）可求出 ΔH。

如电池反应中反应物和生成物的活度都是 1，测定时的温度为 298.15K，则所得热力学函数以 $\Delta G^{\ominus}_{298}$、$\Delta H^{\ominus}_{298}$、$\Delta S^{\ominus}_{298}$ 表示。

本实验需测定下列电池：$Ag(s)|AgCl(s)|KCl(a)|Hg_2Cl_2(s)|Hg(l)$的电动势。其电动势可从两个电极的电势来计算，即：

$$E=\varphi_+-\varphi_-=\varphi_{甘汞}-\varphi_{银\text{-}氯化银} \tag{10}$$

其中：
$$\varphi_{甘汞}=\varphi^{\ominus}_{甘汞}-\frac{RT}{F}\ln a_{Cl^-} \tag{11}$$

$$\varphi_{银\text{-}氯化银}=\varphi^{\ominus}_{银\text{-}氯化银}-\frac{RT}{F}\ln a_{Cl^-} \tag{12}$$

因而：
$$\begin{aligned}E&=\varphi^{\ominus}_{甘汞}-\frac{RT}{F}\ln a_{Cl^-}-\left(\varphi^{\ominus}_{银\text{-}氯化银}-\frac{RT}{F}\ln a_{Cl^-}\right)\\&=\varphi^{\ominus}_{甘汞}-\varphi^{\ominus}_{银\text{-}氯化银}\end{aligned} \tag{13}$$

由此可知，该电池电动势与 KCl 溶液浓度无关。如在 298.15K 测得该电池电动势 $E(E^{\ominus})$，即可求得此电池反应的 $\Delta G^{\ominus}_{298}$。改变温度测定其电池电动势，求得$\left(\frac{\partial E}{\partial T}\right)_p$后，就可以求出 $\Delta H^{\ominus}_{298}$ 和 $\Delta S^{\ominus}_{298}$。

三、仪器和试剂

SDC 数字电位差综合测试仪 1 台；空气恒温箱（或超级恒温箱）1 台；铜棒 1 支；锌棒 1 支；电极管 2 只；银-氯化银电极 1 支；饱和甘汞电极 1 支；烧杯（50mL）3 只。

氯化钾溶液（饱和）；硫酸铜溶液（$0.1000mol\cdot L^{-1}$）；硫酸锌溶液（$0.1000mol\cdot L^{-1}$）。

四、实验步骤

1. 电极的准备

（1）锌电极：用细砂纸打磨锌片，去除其表面的氧化物，然后用蒸馏水淋洗干净。把处理好的电极插入清洁的电极管内并塞紧，将电极管的虹吸管口浸入盛有 $0.1000mol\cdot L^{-1}$ $ZnSO_4$ 溶液的小烧杯内，用洗耳球将溶液吸入电极管一半处，用夹子夹紧橡皮管。电极装好后，虹吸管内（包括管口）应没有气泡，也不能有漏液现象。

（2）铜电极：电极管中吸入的是 $0.1000mol \cdot L^{-1}$ 的 $CuSO_4$ 溶液，准备过程与锌电极相同。

2. 电池电动势的测定

以饱和 KCl 溶液为盐桥，分别将上述准备好的电极组成电池，用 SDC 数字电位差综合测试仪测量室温时的电动势。

$$Zn(s)|ZnSO_4(0.1000mol \cdot L^{-1}) \| KCl(饱和)|Hg_2Cl_2(s)|Hg(l) \tag{a}$$

$$Hg(l)|Hg_2Cl_2(s)|KCl(饱和) \| CuSO_4(0.1000mol \cdot L^{-1})|Cu(s) \tag{b}$$

$$Zn(s)|ZnSO_4(0.1000mol \cdot L^{-1}) \| CuSO_4(0.1000mol \cdot L^{-1})|Cu(s) \tag{c}$$

$$Ag(s)|AgCl(s)|KCl(a)|Hg_2Cl_2(s)|Hg(l) \tag{d}$$

将电池置于比室温高 10℃左右的恒温水浴中，待电池内各溶液温度稳定后，测量上述电池的电动势［若（a）～（c）组电池的恒温不易实现，可只测量（d）组电池的电动势］。为了加快恒温过程，参比电极及盐桥应放在水浴中预恒温，制备电极所用的电解质溶液也应预恒温。

五、数据记录和处理

1. 记录上述电池的电动势测定值及相应温度，写出各电池的电极反应和电池反应。

2. 根据 φ（饱和甘汞电极）$=0.2410-7.6\times10^{-4}$（t/℃-25），以及（a）、（b）两组电池的电动势测定值，计算铜电极和锌电极的电极电势。

3. 已知在 25℃时 $0.1000mol \cdot L^{-1}CuSO_4$ 溶液中铜离子的平均离子活度系数为 0.16；$0.1000mol \cdot L^{-1}ZnSO_4$ 溶液中锌离子的平均离子活度系数为 0.15。根据上面所得的铜电极和锌电极的电极电势计算铜电极和锌电极的标准电极电势，并与文献值进行比较。

4. 根据各组电池不同温度下的电动势测定值，计算电池电动势的温度系数 $\left(\frac{\partial E}{\partial T}\right)_p$ 以及电池反应的 $\Delta G_{298}^{\ominus}$、$\Delta H_{298}^{\ominus}$ 和 $\Delta S_{298}^{\ominus}$，并与文献值进行比较。

六、注意事项

1. 宜以待测电池的标准电动势为初始预设值进行电动势测量。

2. 测量电池电动势时，若检零指示读数始终单方向变化或大幅波动，应着重检查所准备的电极是否漏液或存在气泡，必要时应重新准备电极。

3. 对于（d）组电池，应确保两支电极内 KCl 溶液的浓度相同。

七、思考讨论题

1. 对消法测量电池电动势的主要原理是什么？

2. 为什么用本法测定电池反应的热力学函数变化值时，电池内进行的化学反应必须是可逆的，电动势又必须用对消法测定？

3. 电池 $Ag(s)|AgCl(s)|KCl(a)|Hg_2Cl_2(s)|Hg(l)$ 的电动势与 KCl 溶液浓度是否有关？为什么？

附注：

298.15K 时部分物质的热力学函数值

物质	$S_m^{\ominus}/J \cdot mol^{-1} \cdot K^{-1}$	物质	$\Delta_f H_m^{\ominus}/kJ \cdot mol^{-1}$	$\Delta_f G_m^{\ominus}/kJ \cdot mol^{-1}$	$S_m^{\ominus}/J \cdot mol^{-1} \cdot K^{-1}$
Ag(s)	42.55	AgCl(s)	−127.0	−109.8	96.3

续表

物质	$S_m^\ominus$/J·mol^{-1}·K^{-1}	物质	$\Delta_f H_m^\ominus$/kJ·mol^{-1}	$\Delta_f G_m^\ominus$/kJ·mol^{-1}	$S_m^\ominus$/J·mol^{-1}·K^{-1}
Cu(s)	33.15	Cu^{2+}(aq)	64.8	65.5	−99.6
Hg(l)	75.90	Hg_2Cl_2(s)	−265.4	−210.7	191.6
Zn(s)	41.63	Zn^{2+}(aq)	−153.9	−147.1	−112.1
		Cl^-(aq)	−167.2	−131.2	56.5

摘自：Thermochemistry，Electrochemistry and Solution Chemistry. *CRC Handbook of Chemistry and Physics*，97th ed，2017，CRC Press，p5-1～5-66.

实验十二 难溶盐溶度积的测定

一、实验目的

1. 掌握对消法测定电池电动势的原理，进一步加深对可逆电池、可逆电极概念的了解，熟悉有关电池电动势和电极电势的基本计算。

2. 学会用 SDC-Ⅱ数字电位差综合测试仪测定电池电动势。

3. 学会用电化学方法测定微溶盐 AgCl 的溶度积常数。

二、实验基本原理

1. 电极电势的测定

由于电极电势的绝对值至今还无法测定，所以在电化学中规定电池“Pt | $H_2(p^\ominus)$ | H^+ $(a=1)$ ‖ 待测电极”的电动势就是待测电极的电势值，即规定标准氢电极的电势值为 0。但标准氢电极的使用比较麻烦，因此常用具有稳定电势的电极如甘汞电极、Ag-AgCl 电极作为参比电极。

本实验是测定电池“Hg(l) | Hg_2Cl_2(s) | KCl(sat) ‖ Ag^+ (a_{Ag^+}) | Ag(s)”（用饱和 NH_4NO_3 溶液作盐桥）的电动势，并由此计算 $\varphi^\ominus_{Ag^+/Ag}$ 电极电势。该电池的电动势为：

$$E=\varphi_{Ag^+/Ag}-\varphi_{甘汞}=\varphi^\ominus_{Ag^+/Ag}+\frac{RT}{nF}\ln a_{Ag^+}-\varphi_{甘汞} \tag{1}$$

所以：

$$\varphi^\ominus_{Ag^+/Ag}=E-\frac{RT}{nF}\ln a_{Ag^+}+\varphi_{甘汞} \tag{2}$$

2. AgCl 溶度积常数的测定

Ag(s) | $AgNO_3(a_1)$ ‖ $AgNO_3(a_2)$ | Ag(s)（用饱和 NH_4NO_3 溶液作盐桥）这是一个消除了液接电势的浓差电池，其电动势为：

$$E=\frac{RT}{F}\ln\frac{a_2}{a_1}=\frac{RT}{F}\ln\frac{\gamma_2 b_2/b^\ominus}{\gamma_1 b_1/b^\ominus} \tag{3}$$

对于电池：Ag(s) | AgCl(饱和)，KCl(0.1mol·kg^{-1}) ‖ $AgNO_3$(0.1mol·kg^{-1}) | Ag(s)（用饱和 NH_4NO_3 溶液作盐桥），若令 0.10mol·kg^{-1}KCl 中的 Ag^+ 活度为 a_{Ag^+}，则其电动势为：

$$E=\frac{RT}{F}\ln\frac{a_2}{a_1}=\frac{RT}{F}\ln\frac{0.734\times 0.10}{a_{Ag^+}} \tag{4}$$

式中，0.734 为 25℃时 0.1mol·kg^{-1} $AgNO_3$ 的平均离子活度系数。

因为 AgCl 活度积 $K_{sp}=a_{Ag^+}a_{Cl^-}$，所以 $a_{Ag^+}=\frac{K_{sp}}{a_{Cl^-}}$，代入式（4）得：

$$E=-\frac{RT}{F}\ln K_{sp}+\frac{RT}{F}\ln(0.734\times0.10)+\frac{RT}{F}\ln a_{Cl^-} \tag{5}$$

故
$$\ln K_{sp}=\ln(0.734\times0.10)+\ln(0.770\times0.10)-\frac{EF}{RT} \tag{6}$$

式（6）中的 0.770 为 25℃时 $0.10\text{mol}\cdot\text{kg}^{-1}$ KCl 的离子平均活度系数，在纯水中 AgCl 的溶解度很小，故活度积可看作是溶度积。

三、仪器和试剂

SDC-Ⅱ数字电位差综合测试仪 1 台；801 型饱和甘汞电极 1 支；银电极 1 支；电极管 2 支；100mL 小烧杯 1 个。

饱和 NH_4NO_3 溶液；$0.100\text{mol}\cdot\text{kg}^{-1}$ $AgNO_3$ 溶液；$0.100\text{mol}\cdot\text{kg}^{-1}$ KCl 溶液。

四、实验步骤

1. 电极电势的测定

（1）温度的测定：在 100mL 烧杯中倒入饱和 NH_4NO_3 溶液，将温度计插入其中 5min 左右，测定该溶液的温度。

（2）测定电池电动势：将银电极插入洁净的电极管中并塞紧，从电极管的吸管口处用洗耳球吸入 $0.100\text{mol}\cdot\text{kg}^{-1}$ 的 $AgNO_3$ 溶液至浸没银电极略高一点，用夹子夹紧其胶管，使电极管的支管处没有液体滴出。以 $Ag(s)|AgNO_3(0.100\text{mol}\cdot\text{kg}^{-1})$ 电极为正极，饱和甘汞电极为负极，一同插入上述饱和 NH_4NO_3 溶液中，用 SDC-Ⅱ数字电位差综合测试仪测其电池电动势。

2. AgCl 溶度积的测定

（1）电极的准备：将两根 Ag 电极用细砂纸轻轻打光，再用蒸馏水洗净，浸入同样浓度的 $AgNO_3$ 溶液中，用 SDC-Ⅱ数字电位差综合测试仪测其电动势，若电动势小于 0.001V，则可以做下面实验，否则 Ag 电极应重新处理。

（2）测定电池电动势：将 $0.100\text{mol}\cdot\text{kg}^{-1}$ KCl 溶液倒入一洁净电极管的一半处，并滴入一滴 $0.100\text{mol}\cdot\text{kg}^{-1}$ $AgNO_3$ 溶液，充分搅拌，静置 10min 左右，将一支处理好的银电极插入其中并塞紧，从其吸管口处用洗耳球再吸入 $0.100\text{mol}\cdot\text{kg}^{-1}$ KCl 溶液，至电极管的支管中全都充满了溶液，用夹子夹紧其胶管，使电极管的支管处没有液体滴出。将另一支处理好的银电极插入另一电极管中并塞紧，从其吸管口处用洗耳球吸入 $0.100\text{mol}\cdot\text{kg}^{-1}$ 的 $AgNO_3$ 溶液至浸没电极略高一点，并使电极管的支管处没有液体滴出。将两电极管一同插入饱和 NH_4NO_3 溶液中。以 $Ag(s)|AgNO_3(0.100\text{mol}\cdot\text{kg}^{-1})$ 为正极，$Ag(s)|KCl(0.100\text{mol}\cdot\text{kg}^{-1})$，AgCl（饱和）为负极测其电池电动势。

五、数据记录和处理

1. 数据记录

（1）电极电势的测定：温度 $t=$ ________℃；　电动势 $E=$ ________V。

（2）AgCl 溶度积的测定：$E_{测量}=$ ____________V。

2. 数据处理

（1）电极电势的测定：由实验测得的电池电动势求 $\varphi^{\ominus}_{Ag^+/Ag}$，并将结果与 $\varphi^{\ominus}_{Ag^+/Ag}=0.7991-9.88\times10^{-4}(t-25)$ 进行比较，要求相对误差小于 3%。已知：

$\varphi_{甘汞}=0.2415-7.6\times10^{-4}(t-25)$

$0.100mol\cdot kg^{-1}$ $AgNO_3$ 的 $\gamma_{Ag^+}=\gamma_{\pm}=0.734$

（2）AgCl 溶度积的测定：将实验测得的电池电动势 $E_{测量}$ 代入式（6），计算 AgCl 的 K_{sp}，并将 $K_{sp}=1.8\times10^{-10}$ 代入式（16），计算 $E_{计算}$，将 $E_{测量}$ 与 $E_{计算}$ 进行相对误差的计算，要求相对误差小于5%。

六、注意事项

1. 盐桥中 NH_4NO_3 的浓度一定要饱和，即溶液中一定要有固体 NH_4NO_3 存在，否则电池电动势的测量值不准。

2. 制作的"$Ag(s)|KCl(0.100mol\cdot kg^{-1})$，AgCl（饱和）"电极静置时间应足够长，否则不能测到电池电动势的稳定值。

七、思考讨论题

1. 试写出本实验中 AgCl 溶度积常数测定的电池表达式。

2. 测定电池电动势时为何要采用对消法？

3. 测定电池电动势时为何要用盐桥？如何选择盐桥中的电解质？

实验十三　电解质溶液活度系数的测定

一、实验目的

用电动势法测定不同浓度 $AgNO_3$ 溶液的离子平均活度系数，并计算 $AgNO_3$ 溶液中离子的平均活度与 $AgNO_3$ 的活度。

二、实验基本原理

电池：$Hg(l)|Hg_2Cl_2(s)|KCl(饱和)\|AgNO_3(b)|Ag(s)$ 为双液电池（以饱和 KNO_3 溶液为盐桥），其电池电动势 $E=\varphi_{Ag^+/Ag}-\varphi_{甘汞}$。由于饱和甘汞电极的电势值与温度有关，$\varphi_{甘汞}=0.2415-7.6\times10^{-4}$ $(t-25)$。故若温度恒定在25℃时：

$$E=\varphi^{\ominus}_{Ag^+/Ag}+0.05915\lg a_{Ag^+}-0.2415=\varphi^{\ominus}_{Ag^+/Ag}+0.05915\lg a_{\pm}-0.2415 \tag{1}$$

由于 $AgNO_3$ 是1-1型电解质，所以其 $b_{\pm}=b$，故有

$$E=\varphi^{\ominus}_{Ag^+/Ag}+0.05915\lg\gamma_{\pm}b-0.2415 \tag{2}$$

即
$$\lg\gamma_{\pm}=\frac{E-(\varphi^{\ominus}_{Ag^+/Ag}-0.2415)-0.05915\lg b}{0.05915} \tag{3}$$

根据 Debye-Hückel 极限公式，对1-1型强电解质的极稀溶液来说，离子平均活度系数有如下关系式：

$$\lg\gamma_{\pm}=-A\sqrt{b} \tag{4}$$

所以
$$\frac{E-(\varphi^{\ominus}_{Ag^+/Ag}-0.2415)-0.05915\lg b}{0.05915}=-A\sqrt{b} \tag{5}$$

或
$$E-0.05915\lg b=(\varphi^{\ominus}_{Ag^+/Ag}-0.2415)-0.05915A\sqrt{b} \tag{6}$$

令
$$E'=(\varphi^{\ominus}_{Ag^+/Ag}-0.2415) \tag{7}$$

则
$$E-0.05915\lg b=E'-0.05915A\sqrt{b} \tag{8}$$

若将不同浓度的 $AgNO_3$ 溶液构成前述的双液电池，并分别测出其相应的 E 值，以 $E-$

$0.05915\lg b$ 为纵坐标，以$\sqrt{b}$为横坐标作图，可得一直线（图 1）。

将此直线外推，即能求得 E'（与纵坐标相交所得的截距可视为 E'）。求得 E'后，再将各不同浓度 b 时所测得的相应 E 值代入式（3），可计算出各不同浓度下的 $\gamma_{\pm}$。同时根据 $a_{AgNO_3} = a_{Ag^+} a_{NO_3^-} = a_{\pm}^2 = (\gamma_{\pm} b)^2$，计算出各不同浓度溶液中 $AgNO_3$ 相应的活度。

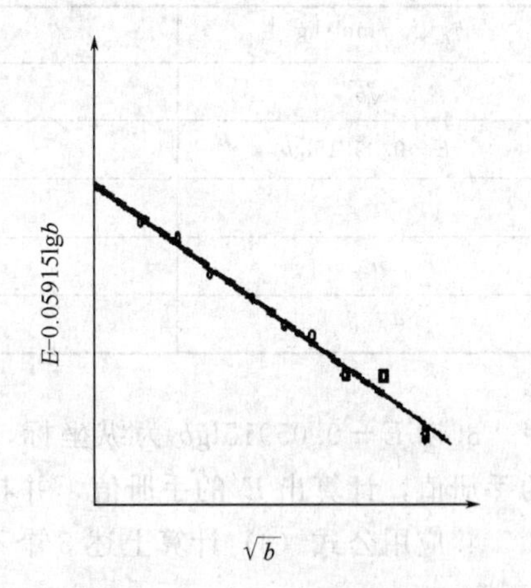

图 1　$E-0.05915\lg b$ 与$\sqrt{b}$的线性关系

三、仪器和试剂

SDC-Ⅱ数字电位差综合测试仪 1 台；超级恒温槽 1 台；银电极 1 支；饱和甘汞电极 1 支；电极管 1 支；100mL 容量瓶 1 个；5mL、10mL 移液管各 1 支；50mL、100mL 小烧杯各 1 个。

饱和 KNO_3 溶液；$0.1000mol \cdot kg^{-1}$ 的 $AgNO_3$ 溶液。

四、实验步骤

1. 打开超级恒温槽，调节温度为 25℃。

2. 银电极的预处理：将银电极用细砂纸轻轻打光，然后用蒸馏水冲洗 2～3 次，备用。

3. 溶液的配制：用 $0.1000mol \cdot kg^{-1}$ $AgNO_3$ 溶液配制浓度为 $0.0015mol \cdot kg^{-1}$、$0.0030mol \cdot kg^{-1}$、$0.0050mol \cdot kg^{-1}$、$0.0080mol \cdot kg^{-1}$、$0.0100mol \cdot kg^{-1}$的 $AgNO_3$ 溶液（由于浓度很稀，所以可以用体积摩尔浓度代替质量摩尔浓度）。注意：一定是用同一移液管与同一容量瓶，由稀到浓进行配制，而且必须测定完一个溶液，再配制下一浓度溶液。

4. 电池电动势的测定：用 $0.1000mol \cdot kg^{-1}$ $AgNO_3$ 溶液配制浓度为 $0.0015mol \cdot kg^{-1}$ 的 $AgNO_3$ 溶液 100mL，然后用此溶液润洗电极管与银电极 2～3 次。再将此溶液吸入插有银电极的电极管中作为 $Ag(s)|AgNO_3(b)$ 电极。注意用夹子夹紧其胶管，使电极管的虹吸管处既没有气泡又没有液体滴出。

以饱和 KNO_3 溶液为盐桥，$Ag(s)|AgNO_3(b)$ 电极为正极，饱和甘汞电极为负极组成电池。将该电池置于温度为 25℃的超级恒温槽内，恒温 10min 左右。用 SDC-Ⅱ数字电位差综合测试仪测定该电池的电动势。在进行电动势的测定时，一定要等到电位显示值基本稳定，即 5min 内电位显示值的变化不超过 0.02mV 时，此时的电位显示值才能作为记录值。

用同样方法测定其他浓度 $AgNO_3$ 溶液时电池“$Hg(l)|Hg_2Cl_2|KCl$(饱和)$\|AgNO_3(b)|Ag(s)$”的电动势，并一一记录下各电动势的值。

五、数据记录和处理

1. 数据记录

$b_{AgNO_3}/mol \cdot kg^{-1}$	0.0015	0.0030	0.0050	0.0080	0.0100
E/V					

2. 数据处理

b_{AgNO_3}/mol·kg^{-1}					
$\sqrt{b}$					
$E-0.05915\lg b$					
$\gamma_{\pm}$					
$a_{\pm}$					
a_{AgNO_3}					

3. 以 $E-0.05915\lg b$ 为纵坐标，$\sqrt{b}$ 为横坐标作图，并用外推法求出 E'。查出 $\varphi^{\ominus}_{Ag^+/Ag}$ 的手册值，计算出 E' 的手册值，并与 E' 的实验值进行比较，计算相对误差。

4. 应用公式（3）计算上述 5 个不同浓度 $AgNO_3$ 溶液的离子平均活度系数 $\gamma_{\pm}$，然后再与 Debye-Hückel 极限公式 $\lg\gamma_{\pm}=-0.509|Z_+Z_-|\sqrt{I}$（$I=\frac{1}{2}\Sigma b_i Z_i^2$）的计算值进行比较，并计算相对误差。

六、思考讨论题

1. 为什么 1-1 型电解质溶液有 $b_{\pm}=b$，其他类型的电解质 $b_{\pm}$ 与 b 又有怎样的关系？

2. 如果将一系列不同浓度的 $ZnCl_2$ 溶液组成电池：$Zn(s)|ZnCl_2(b)|AgCl(s)|Ag(s)$，并分别测定 25℃时该电池的电动势 E，试证明该电池电解质溶液的 $\gamma_{\pm}$ 可用下式计算：

$$\lg\gamma_{\pm}=\frac{E^{\ominus}-(E+0.08869\lg b_{\pm})}{0.08869}$$

实验十四　希托夫法测定离子的迁移数

一、实验目的

1. 掌握希托夫法测定离子迁移数的原理及方法。
2. 明确迁移数的概念。
3. 了解电量计的使用原理及方法。

二、实验基本原理

当电流通过电解质溶液时，溶液中的正负离子各自向阴、阳两极迁移，由于各种离子的迁移速率不同，各自所传递的电量也必然不同。每种离子所传递的电量与通过溶液的总电量之比，称为该离子在此溶液中的迁移数。若正负离子传递电量分别为 q_+ 和 q_-，通过溶液的总电量为 Q，则正负离子的迁移数分别为：

$$t_+=q_+/Q \qquad t_-=q_-/Q \tag{1}$$

离子迁移数与浓度、温度、溶剂的性质有关，增加某种离子的浓度则该离子传递电量的百分数增加，离子迁移数也相应增加；温度改变，离子迁移数也会发生变化，但随温度升高正负离子的迁移数的变化差别较小；同一种离子在不同电解质中迁移数是不同的。离子迁移数可以直接测定，方法有希托夫法、界面移动法和电动势法等。

希托夫法测定离子迁移数的示意图如图 1 所示。将已知浓度的硫酸溶液装入迁移管中，若有 Q 库仑电量通过体系，在阴极和阳极上分别发生如下反应：

阳极：$2OH^- \longrightarrow H_2O + \frac{1}{2}O_2 + 2e^-$

阴极：$2H^+ + 2e^- \longrightarrow H_2$

此时溶液中 H^+ 向阴极方向迁移，SO_4^{2-} 向阳极方向迁移。电极反应与离子迁移引起的总结果是阴极区的 H_2SO_4 浓度减少，阳极区的 H_2SO_4 浓度增加，且增加与减小的浓度数值相等。因为流过小室中每一截面的电量都相同，因此离开与进入假想中间区的 H^+ 数相同，SO_4^{2-} 数也相同，所以中间区的浓度在通电过程中保持不变。由此可得计算离子迁移数的公式如下：

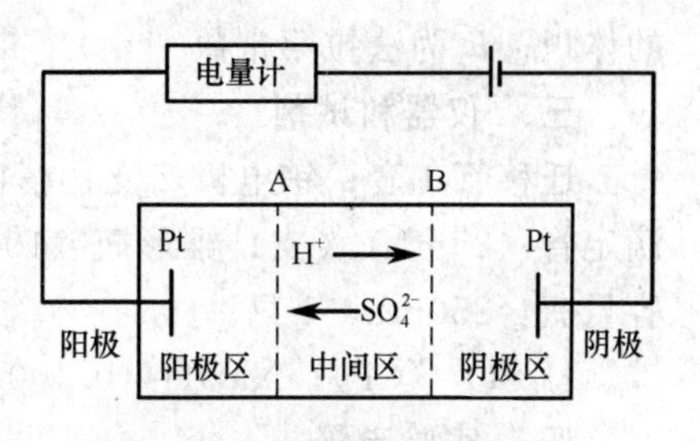

图 1　离子迁移数示意图

$$t_{SO_4^{2-}} = \frac{\text{阴极区}(\frac{1}{2}H_2SO_4)\text{减少量(mol)} \times F}{Q} = \frac{\text{阳极区}(\frac{1}{2}H_2SO_4)\text{增加量(mol)} \times F}{Q} \tag{2}$$

$$t_{H^+} = 1 - t_{SO_4^{2-}} \tag{3}$$

式中，F 为法拉第常数；Q 为总电量。

图 1 所示的三个区域是假想分割的，实际装置必须以某种方式给予满足。图 2 的实验装置提供了这一可能，它使电极远离中间区，中间区的连接处又很细，能有效地阻止扩散，保证了中间区浓度不变的可信度。

通过溶液的总电量可用气体电量计（图 3）测定，其准确度可达±0.1%，它的原理实际上就是电解水（为减小电阻，水中加入几滴浓 H_2SO_4）。

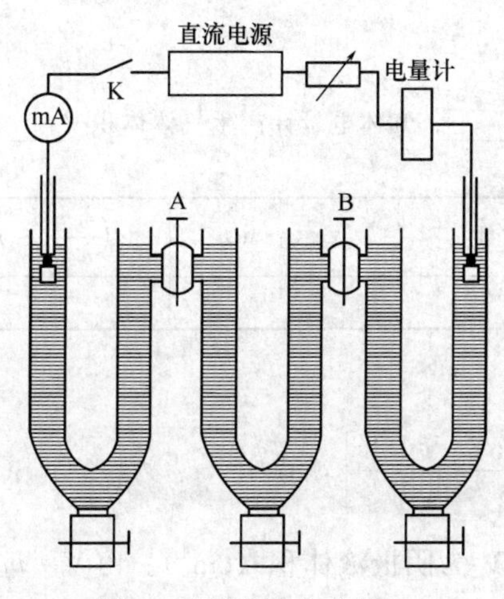

图 2　希托夫法实验装置

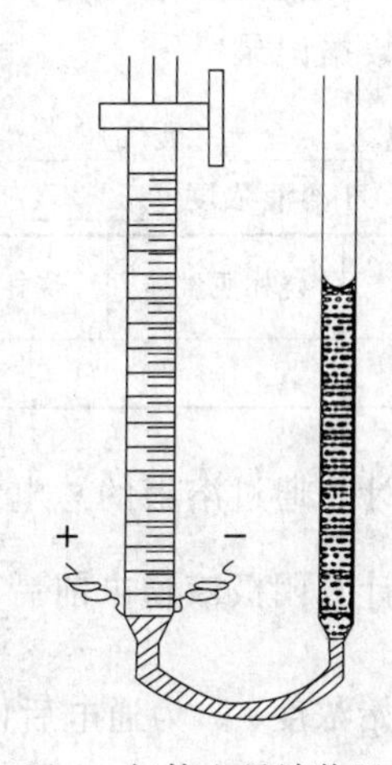

图 3　气体电量计装置

阳极：$2OH^- \longrightarrow H_2O + \frac{1}{2}O_2 + 2e^-$

阴极：$2H^+ + 2e^- \longrightarrow H_2$

根据法拉第定律及理想气体状态方程，由 H_2 和 O_2 的体积得求算总电量公式为

$$Q = \frac{4(p - p_W)VF}{3RT} \tag{4}$$

式中，p 为实验时大气压；p_W 为温度 T 时水的饱和蒸气压；V 为 H_2 和 O_2 混合气体

的体积；F 为法拉第常数。

三、仪器和试剂

迁移管 1 套；铂电极 2 支；精密稳流电源 1 台；气体电量计 1 套；分析天平 1 台；碱式滴定管（25mL）3 支；锥形瓶（100mL）3 只；移液管（10mL）3 支；烧杯（50mL）3 只；容量瓶（250mL）1 只。

H_2SO_4（CP）；NaOH（0.1000mol·L^{-1}）。

四、实验步骤

1. 溶液的配制及装样：配制 $c\left(\frac{1}{2}H_2SO_4\right)$为 0.1mol·L^{-1} 的 H_2SO_4 溶液 250mL，并用 NaOH 标准溶液标定其浓度。然后用该 H_2SO_4 溶液冲洗迁移管后，装满迁移管。

2. 打开气体电量计活塞，移动水准管，使气量管内液面升到起始刻度，关闭活塞，比平后记下液面起始刻度。

3. 按图 2 接好线路，将稳流电源的“调压旋钮”旋至最小处。经检查后，接通开关 K，打开电源开关，旋转“调压旋钮”使电流强度为 10～15mA，通电约 1.5h 后，立即夹紧两个连接处的夹子，并关闭电源。

4. 将阴极液（或阳极液）放入一个已称重的洁净干燥的烧杯中，并用少量原始 H_2SO_4 液冲洗阴极管（或阳极管），一并放入烧杯中，然后称重。中间液放入另一洁净干燥的烧杯中。

5. 取 10mL 阴极液（或阳极液）放入锥形瓶内，用 NaOH 标准溶液标定。再取 10mL 中间液标定之，检查中间液浓度是否变化。

6. 轻弹气量管，待气体电量计气泡全部逸出后，比平后记录液面刻度。

五、数据记录和处理

1. 数据记录

室温________；大气压________；水的饱和蒸气压________；气体电量计产生气体体积 V________；标准 NaOH 溶液浓度________

溶液	烧杯质量/g	烧杯＋溶液的总质量/g	溶液质量/g	V_{NaOH}/mL	$c\left(\frac{1}{2}H_2SO_4\right)$

2. 计算通过溶液的总电量 Q。

3. 计算阴极液通电前后 H_2SO_4 减少的量 n $\left[n=\frac{(c_0-c)\ V}{1000}\right]$，式中，$c_0$ 为$\left(\frac{1}{2}H_2SO_4\right)$溶液的原始浓度；$c$ 为通电后$\left(\frac{1}{2}H_2SO_4\right)$溶液的浓度；$V$ 为阴极液体积（cm^3）。由 $V=m/\rho$ 求算，其中 m 为阴极液的质量；ρ 为阴极液的密度（20℃时，0.1mol·L^{-1} H_2SO_4 的 $\rho=$ 1.002g·cm^{-3}）。

4. 计算离子的迁移数 t_{H^+} 及 $t_{SO_4^{2-}}$。

六、注意事项

1. 电量计使用前应检查是否漏气。

2. 通电过程中，迁移管应避免震动。

3. 中间管与阴极管、阳极管连接处不应有气泡。

4. 阴极管、阳极管上端的塞子不能塞紧。

4. 阴极管、阳极管上端的塞子不能塞紧。

七、思考讨论题

1. 如何保证气体电量计中测得的气体体积是在实验大气压下的体积?

2. 中间区浓度改变说明什么? 如何防止?

3. 为什么不用蒸馏水而用原始溶液冲洗电极?

实验十五　循环伏安法测定铁氰化钾的电极反应过程

一、实验目的

1. 学习循环伏安法测定电极反应参数的基本原理及方法。

2. 熟悉 CHI600E 系列电化学工作站的使用技巧。

二、实验基本原理

循环伏安法（CV）是最重要的电分析化学研究方法之一，在电化学、无机化学、有机化学、生物化学等研究领域广泛应用。由于其仪器简单、操作方便、图谱解析直观，常常是实验的首选方法。

CV 是将循环变化的电压施加于工作电极和参比电极之间，记录工作电极上得到的电流与施加电压的关系曲线。这种方法也常称为三角波线性电位扫描法。图 1 中表明了施加电压的变化方式：起扫电位为 0.8V，反向起扫电位为－0.2V，终点又回到 0.8V，扫描速度可从斜率反映出来，虚线表示的是第二次循环。一台现代伏安仪具有多种功能，可方便地进行多次循环，任意变换扫描电压范围和扫描速度。

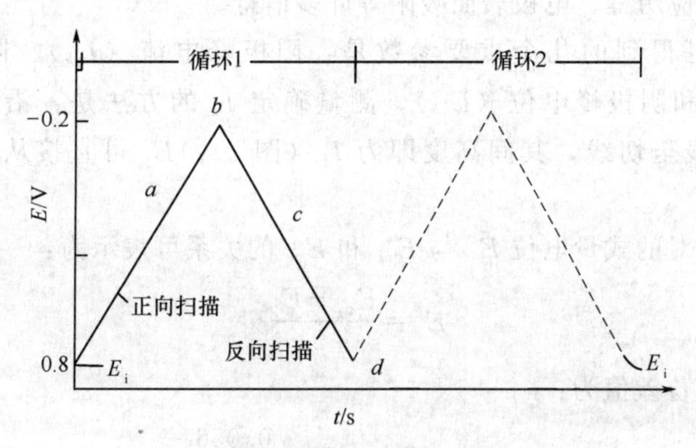

图 1　循环伏安法的典型激发信号三角波电位，转换电位为 0.8V 和－0.2V

当工作电极被施加的扫描电压激发时，其上将产生响应电流。以该电流（纵坐标）对电位（横坐标）作图，称为循环伏安图。典型的循环伏安图如图 2 所示。该图是在 1.0mol·L^{-1} KNO_3 电解质溶液中，6×10^{-3}mol·L^{-1} $K_3Fe(CN)_6$ 在 Pt 工作电极上的反应所得到的结果。

从图 2 可见，起始电位 E_i 为＋0.8V（a 点），电位比较正的目的是为了避免电源接通后$[Fe(CN)_6]^{3-}$发生电解。然后沿负的电位扫描，如箭头所指方向，当电位至$[Fe(CN)_6]^{3-}$可还原时，即析出电位，将产生阴极电流（b 点）。其电极反应为：

$[Fe^{III}(CN)_6]^{3-} + e^- \longrightarrow [Fe^{II}(CN)_6]^{4-}$

随着电位的变负，阴极电流迅速增加（$b \rightarrow d$）直至电极表面的 $[Fe(CN)_6]^{3-}$ 浓度趋近于零，电流在 d 点达到最高峰。然后电流迅速衰减（$d \rightarrow g$），这是因为电极表面附近溶液中的 $[Fe(CN)_6]^{3-}$ 几乎全部电解转变为 $[Fe(CN)_6]^{4-}$ 而耗尽，即所谓的贫乏效应。当电压扫至 $-0.15V$（f 点）处，虽然已经转向开始阳极化扫描，但这时的电极电位仍相当的负，扩散至电极表面的 $[Fe(CN)_6]^{3-}$ 仍在不断还原，故仍为阴极电流，而不是阳极电流。当电极电位继续正向变化至 $[Fe(CN)_6]^{4-}$ 的析出电位时，聚集在电极表面附近的还原产物 $[Fe(CN)_6]^{4-}$ 被氧化，其反应为：

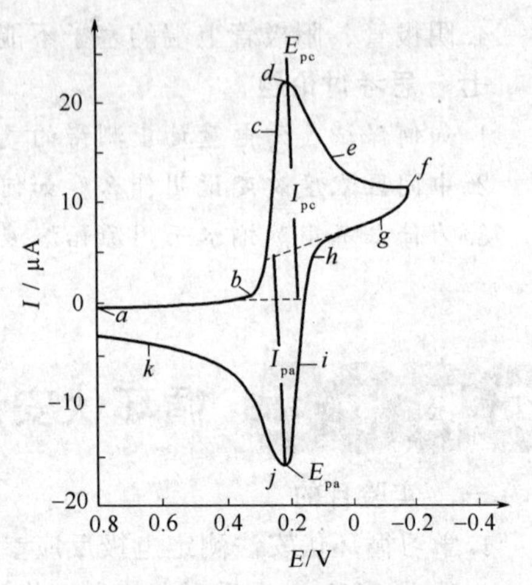

图 2　6×10^{-3} mol·L^{-1} $K_3Fe(CN)_6$ 在 1.0 mol·L^{-1} KNO_3 溶液中的循环伏安图

扫描速率：50mV·s^{-1}，铂电极面积 2.54mm^2

$[Fe^{II}(CN)_6]^{4-} - e^- \longrightarrow [Fe^{III}(CN)_6]^{3-}$

这时产生阳极电流（$i \rightarrow k$）。阳极电流随着扫描电位正移迅速增加，当电极表面的 $[Fe(CN)_6]^{4-}$ 趋近于零时，阳极电流达到峰值（j）。扫描电位继续正移，电极表面附近的 $[Fe(CN)_6]^{4-}$ 耗尽，阳极电流衰减至最小（k 点）。当电位扫至 $+0.8V$ 时，完成第一次循环，获得了循环伏安图。

简而言之，在正向扫描（电位变负）时，$[Fe(CN)_6]^{3-}$ 在电极上还原产生阴极电流而指示电极表面附近其浓度变化信息。在反向扫描（电位变正）时，产生的 $[Fe(CN)_6]^{4-}$ 重新氧化产生阳极电流而指示其是否存在和变化。因此，CV 能迅速提供电活性物质电极反应过程的可逆性、化学反应历程、电极表面吸附等许多信息。

循环伏安图中可得到的几个重要参数是：阳极峰电流（I_{pa}）、阴极峰电流（I_{pc}）、阳极峰电位（E_{pa}）和阴极峰电位（E_{pc}）。测量确定 I_p 的方法是：沿基线作切线外推至峰下，从峰顶作垂线至切线，其间高度即为 I_p（图 2）。E_p 可直接从横轴与峰顶对应处读取。

可逆氧化还原电对的式量电位 E^0 与 E_{pa} 和 E_{pc} 的关系可表示为：

$$E^0 = \frac{E_{pa} - E_{pc}}{2} \tag{1}$$

而两峰之间的电位差值为：

$$\Delta E_p = E_{pa} - E_{pc} \approx \frac{0.056}{n} \tag{2}$$

铁氰化钾的氧化还原过程为单电子过程，其 ΔE_p 是多少？从实验求出来与理论值比较。

对可逆系统的正向峰电流，由 Rangles-Savcik 方程可表示为：

$$I_p = 2.69\times10^5 n^{3/2} A D^{1/2} v^{1/2} c \tag{3}$$

式中，I_p 为峰电流，A；n 为电子转移数；A 为电极面积，cm^2；D 为扩散系数，cm^2·s^{-1}；v 为扫描速度，V·s^{-1}；c 为浓度，mol·L^{-1}。

根据式（3），I_p 与 $v^{1/2}$ 和 c 都是直线关系，对研究电极反应过程具有重要意义。在可逆电极反应过程中：

$$\frac{I_{pa}}{I_{pc}} \approx 1 \tag{4}$$

对一个简单的电极反应过程，式（2）和式（4）是判别电极反应是否可逆的重要依据。

三、仪器和试剂

CHI660E电化学工作站；三电极系统（工作电极、辅助电极、参比电极）。

2.0×10^{-2} mol·L^{-1} 铁氰化钾标准溶液；0.1mol·L^{-1} 氯化钾溶液。

四、实验步骤

1.铁氰化钾溶液的配制

分别准确移取2.5mL、5.0mL、10mL、20mL的 2.0×10^{-2} mol·L^{-1} 的铁氰化钾标准溶液于4个100mL容量瓶中，加入0.1mol·L^{-1} 氯化钾溶液若干毫升，至溶液总体积为100mL。

2.电化学测试

（1）分别移取10mL上述不同浓度的铁氰化钾溶液至4个小烧杯中。

（2）打开CHI660E电化学工作站和计算机的电源。屏幕显示清晰后，再打开CHI660E的测量窗口。

（3）测量铁氰化钾溶液：置电极系统于10mL小烧杯的铁氰化钾溶液里。

（4）打开CHI660E的【Setup】下拉菜单，在Technique项选择Cyclic Voltammetry方法，在指导老师的帮助下进行CV parameters项内参数的设定，如输入以下参数：

Init E(V) −0.2V	Segment 2
High E(V) 0.6V	Sample Interval（V）0.001
Low E(V) −0.2V	Quiet Time（s）2
Scan Rate（V/s）0.025V	Sensitivity（A/V）2e−5

（5）完成上述各项，再仔细检查一遍无误后，点击"▶"进行测量。完成后，命名存储数据，并记录氧化还原峰电位 E_{pc}、E_{pa} 及峰电流 I_{pc}、I_{pa}。

（6）改变扫速为0.05V·s^{-1}、0.1V·s^{-1}和0.2V·s^{-1}，分别记录不同扫速下的循环伏安图并保存数据。

（7）改变溶液的浓度，依据上述步骤（2）～（5）分别记录不同浓度的铁氰化钾溶液的循环伏安图并保存数据。

注意：每种浓度的溶液都要测量扫描速度为0.025V·s^{-1}、0.05V·s^{-1}、0.1V·s^{-1}、0.2V·s^{-1}的循环伏安图，共4种浓度，至少测量16次。

五、数据记录和处理

1.用Origin软件绘制出同一扫描速度下的铁氰化钾浓度（c）与峰电流 I_{pa} 和 I_{pc} 的关系曲线图。

2.用Origin软件绘制出同一铁氰化钾浓度下 I_{pa} 和 I_{pc} 与相应的扫速 $v^{1/2}$ 的关系曲线图。

六、思考讨论题

1.铁氰化钾浓度（c）与峰电流 I_p 是什么关系？而峰电流（I_p）与扫描速度（v）又是什么关系？

2.峰电位（E_p）与半波电位（$E_{1/2}$）和半峰电位（$E_{p/2}$）相互之间又有什么关系？

实验十六 氢超电势的测定

一、实验目的

1.理解超电势和塔费尔（Tafel）公式的意义，了解影响超电势的因素。

2.测定氢在光亮金属铂上的超电势，求出塔费尔公式中的常数值。

3.学习测量不可逆电极电势的实验方法。

二、实验基本原理

当电极上通过电流趋于零时，电极处于平衡状态，此时的电极电势是平衡电势，也称为可逆电极电势 $\varphi_{可逆}$；当电极反应以一定速率进行时，即电极上有一定电流通过时，就会有极化作用发生，电极电势 φ 要偏离平衡电极电势 $\varphi_{可逆}$，该偏差称为电极的超电势，以 η 表示。随着电极上电流密度增加，电极电势偏离平衡电极电势的程度也越来越大，描述电流密度与电极电势的关系曲线称为极化曲线。阳极过程的超电势使阳极电极电势偏正，阴极过程的超电势使阴极电极电势偏负，根据超电势定义及习惯取超电势为正值，可得阳极超电势 $\eta_a=\varphi_{阳}-\varphi_{可逆}$；阴极超电势 $\eta_c=\varphi_{可逆}-\varphi_{阴}$。

氢电极是指由金属材料、电解质和氢气三者组成的体系。电极反应在金属表面进行，同时金属作为导体输入或输出电流。氢超电势 $\eta_{氢}$ 是指氢电极发生氢离子得电子阴极反应时的超电势。

$$2H^{+}+2e^{-}\longrightarrow H_2$$

$$\eta_{氢}=\varphi_{可逆}-\varphi_{氢} \tag{1}$$

氢超电势大小与电极承受的电流密度、电极材料、溶液组成、温度等因素有关。氢超电势主要由三部分组成：电阻超电势、浓差超电势和活化超电势。电阻超电势是由电极表面的氧化膜和溶液的电阻产生的超电势；浓差超电势是由电极产生电解反应后，由于反应物不能迅速从溶液中扩散到电极，形成电极附近溶液的浓度与溶液内部浓度差而产生的超电势；活化超电势是由于电极表面化学反应本身需要一定的活化能引起的超电势。对于氢电极来说，电阻超电势和浓差超电势都比活化超电势要小得多，而且在测定时，可设法将电阻超电势和浓差超电势减小到可忽略的程度，因此通过实验测得的氢超电势主要是活化氢超电势。

1905年，塔费尔总结了大量的实验数据，得出了在一定电流密度范围内，超电势与电极上电流密度的关系式，即

$$\eta=a+b\ln i \tag{2}$$

式（2）称为塔费尔经验公式。式中 i 为电流密度，a 与 b 为经验常数，单位均为V。a 的大小与电极材料、电流密度、溶液组成和温度等有关，它基本上表征着电极的不可逆程度，a 值越大，在所给定电流密度下氢超电势也越大，与可逆电极电势的偏差也越大。铂电极属于低超电势金属，其 a 值在0.1～0.3V。b 为超电势与电流密度的自然对数的线性方程式中的斜率，b 值受电极性质的变化影响较小，对许多表面洁净而未被氧化的金属来说相差不大，在室温下接近0.05V。

从理论到实验均已证实，当电流密度 i 极低时，氢超电势并不服从塔费尔经验公式，而是与电流密度 i 成正比，即 $\eta=a+wi$，w 值与金属电极性质有关，它与常数 a 一样，可表示出指定条件下氢电极的不可逆程度。

氢超电势的测量装置如图 1 所示，测量装置由三个电极室组成。辅助电极（铂片或铂网）与被测（研究）电极组成电解池，使氢电极发生还原反应（通常辅助电极面积要求比被测电极面积大得多，以保证实验中的极化电流反映研究电极特性）。同时选择参比电极与被测电极组成测量电池（通常测量电池中流过的电流很小，以保证参比电极工作在近平衡状态）。也就是说，辅助电极的作用是用来通过电流，借以改变研究电极的电势。参比电极与研究电极组成电池，用对消法测其电池的电动势，从而计算出研究电极的电极电势。当电流较大或溶液电阻较大时，电流通过溶液所产生的电势降不可忽略，为此需安置一毛细管。将管口尽量靠近被测电极，并使测量回路中几乎没有电流通过，故可使电阻超电势忽略不计，见图 2。这种毛细管称作鲁金毛细管。在电解电流密度不太大时，浓差超电势一般比较小，可忽略不计。

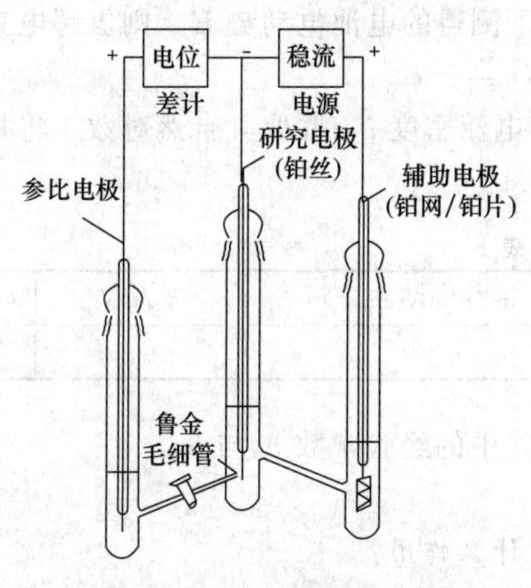

图 1　氢超电势测量装置示意图

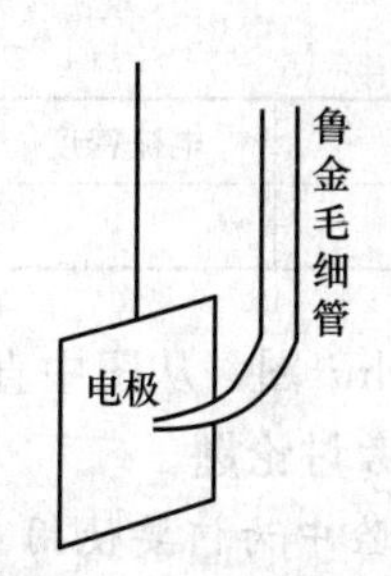

图 2　鲁金毛细管装置示意图

用作氢电极金属材料的种类很多，铂最典型，其氢超电势较小；铂很稳定，可作成各种形状如铂片、铂丝、铂黑等。这些性质使超电势测定数据比较精确可靠。

三、仪器和试剂

电位差计 1 台；稳流器 1 台；高纯氢气发生器装置 1 套；三电极电解池 1 套；光亮铂电极 2 支；参比电极（饱和甘汞电极）1 支；恒温水浴装置 1 套。

电导水（重蒸馏水）；H_2SO_4 溶液（$0.5mol \cdot L^{-1}$）；浓硝酸（CP）。

四、实验步骤

1. 电极的准备

研究电极与辅助电极均为光亮铂电极，每次使用前只需将上次用过的铂电极在浓硝酸中浸泡 2～3min，然后依次用自来水、蒸馏水、电导水、电解液淋洗，备用。

2. 安装实验装置

电解池先用洗液浸泡，再用自来水洗净，然后用蒸馏水、电导水、$0.5mol \cdot L^{-1}$ H_2SO_4 电解液润洗两遍后，注入适量的电解液，即没过电极 1cm 为宜；将清洗好的研究电极、辅助电极和参比电极分别插入装有 $0.5mol \cdot L^{-1}$ H_2SO_4 电解液的电解池中。

按图 1 连接好线路，用 10 mA 的电流使铂电极预极化，以便除去电极表面吸附的杂质和溶液中溶解的氧。

3. 氢超电势的测定

将电位差计校正好后，调节稳流电源电流，顺序由大到小为：9.0mA、7.0mA、5.0mA、4.0mA、3.0mA、2.5mA、2.0mA、1.5mA、1.0mA、0.8mA、0.6mA、0.4mA、0.3mA、0.2mA、0.1mA，测出每个电流下的电势值 E。

在测定过程中一套数据必须连续测定，不得中断电流，否则会由于电极表面发生变化使所测数据不易重现。1min 内被测电势数据如果只变化 1～2mV，就可认为已经稳定。

测定结束后，取出研究电极，用卡尺测量铂丝的长度和直径，测三次取平均值，并计算电极表面积。然后小心将电解池中的电解液倒出，并注入蒸馏水。3 支电极用蒸馏水洗净放在指定位置，最后使仪器设备一律恢复原位。

五、数据记录和处理

1. 根据电解液中氢离子浓度，用能斯特公式计算氢电极平衡电势 $\varphi_{可逆}$，查得实验温度下饱和甘汞电极的电势 φ_{SCE}，实验中各电流下测得的电池电动势 E，则氢超电势 η_c 为：

$$\eta_c = E - (\varphi_{SCE} - \varphi_{可逆})$$

2. 根据电极的表面积和实验电流值算得电流密度 i，并取其自然对数，将相关数据列于表 1。

表 1

电流/mA	电流密度 i/mA·cm^{-2}	ln (i/mA·cm^{-2})	E /mV	η_c/mV

3. 作 η_c-ln$i$ 图，从图中直线求塔费尔公式中的经验常数 a 与 b。

六、思考讨论题

1. 本实验中为何要使用三个电极，各起什么作用？
2. 在测定氢超电势前，为什么要使研究电极预极化？
3. 如何在实验中保证获得稳定、重复性好的实验结果？

实验十七　恒电位法测定金属的极化曲线

一、实验目的

1. 掌握稳态恒电位法测定金属极化曲线的基本原理和测试方法。
2. 了解极化曲线的意义和应用。
3. 掌握电化学工作站或恒电位仪的使用方法。

二、实验基本原理

1. 极化现象与极化曲线

为了探索电极过程机理及影响电极过程的各种因素，必须对电极过程进行研究，其中极化曲线的测定是重要方法之一。在研究可逆电池的电动势和电池反应时，电极上几乎没有电流通过，每个电极反应都是在接近于平衡状态下进行的，因此电极反应是可逆的。但当有电流明显通过电池时，电极的平衡状态被破坏，电极电势偏离平衡值，电极反应处于不可逆状态，而且随着电极上电流密度的增加，电极反应的不可逆程度也随之增大。由于电流通过电极而导致电极电势偏离平衡值的现象称为电极的极化，描述电流密度与电极电势之间关系的曲线称作极化曲线，如图 1 所示。图 1 中 $A\rightarrow B$：活性溶解区；B：临界钝化点；$B\rightarrow C$：过渡钝化区；$C\rightarrow D$：稳定钝化区；$D\rightarrow E$：超（过）钝化区。

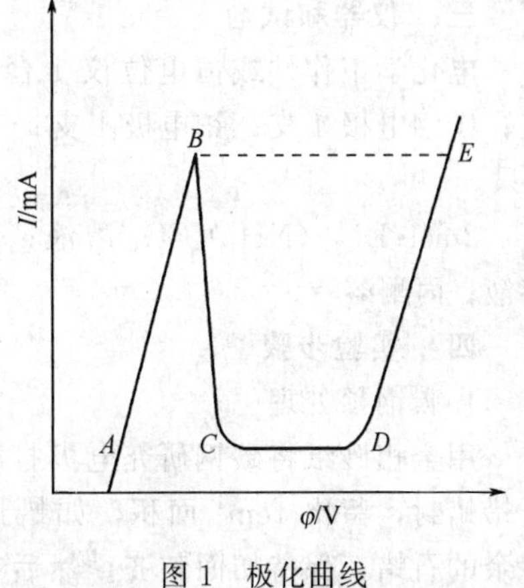

图 1　极化曲线

金属的阳极过程是指金属作为阳极时在一定的外电势下发生的阳极溶解过程，如下式所示：

$$M \longrightarrow M^{n+} + ne$$

此过程只有在电极电势正于其热力学电势时才能发生。阳极的溶解速度随电位变正而逐渐增大，这是正常的阳极溶出，但当阳极电势正到某一数值时，其溶解速度达到最大值，此后阳极溶解速度随电势变正反而大幅度降低，这种现象称为金属的钝化现象。图 1 中曲线表明，从 A 点开始，随着电位向正方向移动，电流密度也随之增加，电势超过 B 点后，电流密度随电势增加迅速减至最小，这是因为在金属表面产生了一层电阻高耐腐蚀的钝化膜。B 点对应的电势称为临界钝化电势，对应的电流称为临界钝化电流。电势达 C 点以后，随着电势的继续增加，电流却保持在一个基本不变的很小的数值上，该电流称为维钝电流，直到电势升到 D 点，电流才又随着电势的上升而增加，表示阳极又发生了氧化过程，可能是高价金属离子产生，也可能是水分子放电析出氧气，DE 段称为过钝化区。

2. 极化曲线的测定

（1）恒电位法　恒电位法就是将研究电极依次恒定在不同的数值上，然后测量对应于各电位下的电流。极化曲线的测量应尽可能接近稳态系统。稳态系统指被研究系统的极化电流、电极电势、电极表面状态等基本上不随时间而改变。在实际测量中，常用的控制电位测量方法有以下两种。

①静态法：将电极电势恒定在某一数值，测定相应的稳定电流值，如此逐点地测量一系列各个电极电势下的稳定电流值，以获得完整的极化曲线。对某些系统，达到稳态可能需要很长时间，为节省时间，提高测量重现性，往往人们自行规定每次电势恒定的时间。

②动态法：控制电极电势以较慢的速度连续地改变（扫描），并测量对应电位下的瞬时电流值，以瞬时电流与对应的电极电势作图，获得整个的极化曲线。一般来说，电极表面建立稳态的速度愈慢，则电位扫描速度也应愈慢。因此对不同的电极系统，扫描速度也不相同。为测得稳态极化曲线，人们通常依次减小扫描速度测定若干条极化曲线，当测至极化曲线不再明显变化时，可确定此扫描速度下测得的极化曲线即为稳态极化曲线。同样，为节省时间，对于那些只是为了比较不同因素对电极过程影响的极化曲线，则选取适当的扫描速度绘制准稳态极化曲线就可以了。

上述两种方法都已经获得广泛应用，尤其是动态法，由于可以自动测绘，扫描速度可控制一定，因而测量结果重现性好，特别适用于对比实验。

（2）恒电流法　恒电流法就是控制研究电极上的电流密度依次恒定在不同的数值下，同时测定相应的稳定电极电势值。采用恒电流法测定极化曲线时，由于种种原因，给定电流后，电极电势往往不能立即达到稳态，不同的系统，电势趋于稳态所需要的时间也不相同，因此在实际测量时一般电势接近稳定（如 1～3min 内无大的变化）即可读值，或人为自行规定每次电流恒定的时间。

三、仪器和试剂

电化学工作站或恒电位仪 1 台；饱和甘汞电极 1 支；碳钢电极 1 支；铂电极 1 支；三室电解槽（图 2）1 只。

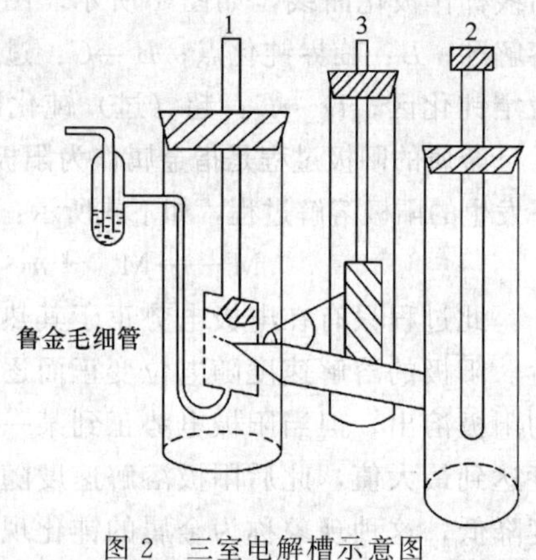

图 2　三室电解槽示意图

1—研究电极；2—参比电极；3—辅助电极

$2mol\cdot L^{-1}$ $(NH_4)_2CO_3$ 溶液；$0.5mol\cdot L^{-1}$ H_2SO_4 溶液；丙酮溶液。

四、实验步骤

1. 碳钢预处理

用金相砂纸将碳钢研究电极打磨至镜面光亮，用石蜡蜡封，留出 $1cm^2$ 面积，如蜡封多可用小刀去除多余的石蜡，保持切面整齐。然后在丙酮中除油，在 $0.5mol\cdot L^{-1}$ 的硫酸溶液中去除氧化层，浸泡时间分别不低于 10s。

2. 恒电位法测定极化曲线的步骤

(1) 准备工作：仪器开启前，"工作电源"置于"关"，"电位量程"置于"20V"，"补偿衰减"置于"0"，"补偿增益"置于"2"，"电流量程"置于"200mA"，"工作选择"置于"恒电位"，"电位测量选择"置于"参比"。

(2) 通电：插上电源，"工作电源"置于"自然"挡，指示灯亮，电流显示为 0，电位表显示的电位为"研究电极"相对于"参比电极"的稳定电位，称为自腐电位，其绝对值大于 0.8V 可以开始下面的操作，否则需要重新处理电极。

(3)"电位测量选择"置于"给定"，仪器预热 5～15min。电位表指示的给定电位为预设定的"研究电极"相对于"参比电极"的电位。

(4) 调节"恒电位粗调"和"恒电位细调"，使电位表指示的给定电位为自腐电位，"工作电源"置于"极化"。

(5) 阴极极化：调节"恒电位粗调"和"恒电位细调"，每次减少 10mV，直到减少 200mV，每减少一次，测定 1min 后的电流值。测完后，将给定电位调回自腐电位值。

(6) 阳极极化：将"工作电源"置于"自然"，"电位测量选择"置于"参比"，等待电位逐渐恢复到自腐电位±5mV，否则需要重新处理电极。重复步骤 (3) ～ (5)，步骤 (5) 中给定电位每次增加 10mV，直到作出完整的极化曲线。提示：到达极化曲线的平台区，给定电位可每次增加 100mV。

(7) 实验完成，"电位测量选择"置于"参比"，"工作电源"置于"关"。

五、数据记录和处理

1. 对静态法测试的数据应列出表格。

自腐电位：________V

阴极极化数据：

电位/V										
电流/mA										
电位/V										
电流/mA										

阳极极化数据：

电位/V										
电流/mA										
电位/V										
电流/mA										
电位/V										
电流/mA										
电位/V										
电流/mA										
电位/V										
电流/mA										
电位/V										
电流/mA										
电位/V										
电流/mA										

2.以电流密度为纵坐标，电极电势（相对于饱和甘汞电极）为横坐标，绘制极化曲线。

3.讨论所得实验结果及曲线的意义，指出钝化曲线中的活性溶解区、过渡钝化区、稳定钝化区、过钝化区，并标出临界钝化电流密度（电势）、维钝电流密度等数值。

活性溶解区：________________；

过渡钝化区：________________；

稳定钝化区：________________；

过钝化区：________________；

临界钝化电流密度（电势）：________________；

维钝电流密度：________________。

六、注意事项

1.按照实验要求，严格进行电极处理。

2.将研究电极置于电解槽时，要注意与鲁金毛细管之间的距离每次应保持一致。研究电极与鲁金毛细管应尽量靠近，但管口离电极表面的距离不能小于毛细管本身的直径。

3.每次做完测试后，应在确认恒电位仪或电化学综合测试系统在非工作状态下，关闭电源，取出电极。

七、思考讨论题

1.比较恒电流法和恒电位法测定极化曲线有何异同，并说明原因。

2.测定阳极钝化曲线为何要用恒电位法？

3.做好本实验的关键有哪些？

动力学部分

实验十八　蔗糖水解反应速率常数的测定

一、实验目的

1. 根据物质的旋光性质研究蔗糖水解反应，测定其反应速率常数及半衰期。

2. 了解旋光仪的基本原理，掌握其使用方法。

二、实验基本原理

蔗糖水解生成葡萄糖和果糖的反应为：

$$\underset{\text{蔗糖}}{C_{12}H_{22}O_{11}} + H_2O \xrightarrow{H^+} \underset{\text{葡萄糖}}{C_6H_{12}O_6} + \underset{\text{果糖}}{C_6H_{12}O_6}$$

为了加速水解反应，常常以 H_3O^+ 为催化剂在酸性介质中进行。在该反应中，水是大量的，反应达到终点时，虽有部分水分子参加反应，但与溶质浓度相比可认为它的浓度没有改变，故此反应可视为一级反应，其动力学方程式为：

$$-\frac{dc}{dt}=kc \tag{1}$$

或

$$k=\frac{1}{t}\ln\frac{c_0}{c} \tag{2}$$

式中，c_0 为反应开始时蔗糖的浓度；c 为时间 t 时蔗糖的浓度。

当 $c=\frac{c_0}{2}$ 时，t 可用 $t_{1/2}$ 表示，即为反应的半衰期：

$$t_{1/2}=\frac{\ln 2}{k} \tag{3}$$

蔗糖及其水解产物均为旋光物质，当反应进行时，如以一束偏振光通过溶液，则可以观察到偏振面的转移。蔗糖是右旋的，水解产生的混合物中有左旋的，且其比旋光度大于右旋产物的比旋光度。所以，偏振面将由右边旋向左边。偏振面的转移角度称为旋光度，以 α 表示。因此可利用系统在反应过程中旋光度的改变来度量反应的进程。溶液的旋光度与溶液中所含旋光物质的种类、浓度、液层厚度、光源的波长以及反应的温度等因素有关。

为了比较各种物质的旋光能力，引入比旋光度［α］这一概念，并以下式表示：

$$[\alpha]_D^t=\frac{\alpha}{lc} \tag{4}$$

式中，t 为实验时的温度；D为所用的光源；α 为旋光度；l 为液层厚度（常以 10cm 为单位）；c 为浓度［常用 100mL 溶液中溶有 m(g) 物质来表示］。式 (4) 可写成：

$$[\alpha]_D^t=\frac{\alpha}{lm/100} \tag{5}$$

或

$$\alpha=[\alpha]_D^t lc \tag{6}$$

由式（6）可以看出，当其他条件不变时，旋光度 α 与反应物浓度成正比，即：

$$\alpha = K'c \tag{7}$$

式中，K' 是与物质的旋光能力、溶液层厚度、溶液性质、光源的波长、反应时的温度等有关的常数。

蔗糖是右旋性物质（比旋光度 $[\alpha]_D^{20} = 66.6°$），产物中葡萄糖也是右旋性物质（比旋光度 $[\alpha]_D^{20} = 52.5°$），果糖是左旋性物质（比旋光度 $[\alpha]_D^{20} = -91.9°$）。因此当水解反应进行时，右旋角不断减小，当反应终了时系统将经过零变成左旋。

上述蔗糖水解反应中，反应物与生成物都具有旋光性。因旋光度与浓度成正比，且溶液的旋光度为各组成旋光度之和（加和性），若反应时间为 0、t、∞ 时溶液的旋光度各为 α_0、α_t、α_∞，则由式（7）即可导出：

$$c_0 = K'(\alpha_0 - \alpha_\infty) \tag{8}$$

$$c = K'(\alpha_t - \alpha_\infty) \tag{9}$$

将式（8）、式（9）代入式（2）中可得：

$$k = \frac{1}{t}\ln\frac{\alpha_0 - \alpha_\infty}{\alpha_t - \alpha_\infty} \tag{10}$$

将上式改写成：

$$\ln(\alpha_t - \alpha_\infty) = -kt + \ln(\alpha_0 - \alpha_\infty) \tag{11}$$

由式（11）可以看出，如以 $\ln(\alpha_t - \alpha_\infty)$ 对 t 作图可得一条直线，由直线的斜率即可求得反应速率常数 k。

本实验就是用旋光仪测定 α_t、α_∞ 值，通过作图由截距可得 α_0。

三、仪器和试剂

旋光仪 1 台；旋光管 1 支；秒表 1 块；移液管（25mL）2 支；锥形瓶（100mL）2 个。

蔗糖（分析纯）；HCl 溶液（$2mol \cdot L^{-1}$）。

四、实验步骤

1. 旋光仪零点的校正

洗净旋光管各部分零件，将旋光管一端的盖子旋紧，向管内注满蒸馏水，取玻璃片沿管口轻轻推入盖好，再旋紧套盖，勿使其漏水或有气泡产生。操作时不要用力过猛，以免刮坏或压碎玻璃片。用滤纸或干布擦净旋光管两端玻璃片，放入旋光仪中，盖上槽盖。打开旋光仪电源开关，待光源稳定后，调节目镜并适当旋转检偏镜，直到能清晰观察到明暗相间的三分视野为止。然后旋转检偏镜至暗视野，记下刻度盘读数，重复三次，取平均值，此即为旋光仪的零点。测后取出旋光管，倒出蒸馏水。

2. 蔗糖水解过程中 α_t 的测定

（1）称取 10g 蔗糖溶于蒸馏水中，用 50mL 容量瓶配制成溶液。如溶液浑浊需进行过滤。

（2）用移液管取 25mL 蔗糖溶液注入到 100mL 洁净锥形瓶中，然后取 25mL $2mol \cdot L^{-1}$ HCl 溶液（若冬天室温过低，反应太慢，可适当增大 HCl 溶液的浓度）加入该蔗糖溶液中进行混合，并在 HCl 溶液加入一半时开动秒表作为反应开始时间。不断振荡，迅速取少量混合溶液洗涤旋光管 2 次，然后以此混合液注满旋光管，盖好玻璃片，旋紧套盖（检查是否漏液或有气泡），擦净旋光管两端玻璃片，立即置于旋光仪中，盖上槽盖，测定不同时间溶液的旋光度 α_t。测定时要迅速准确。当将三分视野调节到均匀的暗视野后，先记下时间，再读取旋光度数值。前 20min，每 2min 测量一次；20～60min 之间，每 10min 测一次；一般60min后即可停止测量。

3. α_∞的测定

为了得到反应终了时的旋光度α_∞，将步骤2中剩余的混合液置于60℃左右的水浴中恒温30min，以加速水解反应，然后冷却到实验温度，测其旋光度，此值可认为是α_∞。

需要注意，若测量α_t和测量α_∞间隔时间较长时，应将钠光灯熄灭，以免因长期过热使用而损坏，但测量α_∞之前要提前10min打开钠光灯，使光源稳定。另外，实验结束时应立刻将旋光管洗净擦干，防止旋光管被酸腐蚀。

五、数据记录和处理

1. 实验记录

实验温度：________，HCl浓度：________，零点：________，α_∞：________

反应时间/min	α_t	$\alpha_t-\alpha_\infty$	$\ln(\alpha_t-\alpha_\infty)$	k

2. 数据处理

(1) 以$\ln(\alpha_t-\alpha_\infty)$对$t$作图，由直线斜率求$k$值。

(2) 由截距求得α_0，然后，由公式求各个时间的k值，再取k的平均值。

(3) 计算蔗糖水解反应的半衰期$t_{1/2}$值。

六、思考讨论题

1. 为什么可用蒸馏水来校正旋光仪的零点？

2. 在旋光度的测量中为什么要对零点进行校正？它对旋光度精确测量有什么影响？本实验中，若不进行校正对结果是否有影响？

3. 为什么配制蔗糖溶液可用上皿天平（台秤）称量？

4. 在配制反应体系溶液时能否将蔗糖溶液倒入盐酸中？为什么？

5. 蔗糖水解反应受哪些因素影响？

实验十九 乙酸乙酯皂化反应速率常数的测定

一、实验目的

1. 掌握用电导率法测定乙酸乙酯皂化反应速率常数的方法，了解反应活化能的测定方法。

2. 进一步理解二级反应的动力学规律与特征。

3. 掌握电导率仪的使用方法。

二、实验基本原理

乙酸乙酯的皂化反应是一个典型的二级反应，其反应式为：

$$CH_3COOC_2H_5 + Na^+ + OH^- \longrightarrow Na^+ + CH_3COO^- + C_2H_5OH$$

反应速率方程为：
$$-\frac{dc}{dt} = k(c_{A,0} - x)(c_{B,0} - x) \tag{1}$$

若反应物乙酸乙酯与氢氧化钠的起始浓度相同，设均为 c_0，则反应速率方程为：

$$-\frac{dc}{dt} = k(c_0 - x)^2 = kc^2 \tag{2}$$

积分后可得：
$$\frac{1}{c} - \frac{1}{c_0} = kt \tag{3}$$

或得速率常数的表达式为：
$$k = \frac{1}{tc_0} \times \frac{c_0 - c}{c} \tag{4}$$

式中，c_0 为反应物的起始浓度；c 为反应进行中任一 t 时刻反应物的浓度；x 为反应 t 时刻所产生的乙酸钠或乙醇的浓度。

由式（4）可知，为求得某温度下速率常数 k 值，需知该温度下反应过程中任一时刻 t 反应物的浓度 c。测定这一浓度的方法很多，本实验采用电导率法。

本实验中乙酸乙酯和乙醇不具有明显的导电性，它们的浓度变化不影响电导率的数值。反应前后 Na^+ 的浓度始终不变，它对溶液的电导率具有固定的贡献，而与电导的变化无关。体系中 OH^- 和 CH_3COO^- 的浓度变化对电导率的影响较大，而 OH^- 的迁移速率约是 CH_3COO^- 的 5 倍。随着反应时间的增加，OH^- 不断减小，CH_3COO^- 不断增加，所以溶液的电导率随着 OH^- 的消耗而逐渐降低。

在稀溶液中，强电解质的电导率与其浓度成正比，而且溶液总电导率等于组成各溶液的各电解质的电导率之和。若溶液在时间 $t=0$、$t=t$ 和 $t=\infty$ 时刻的电导率可分别以 κ_0、κ_t 和 κ_∞ 来表示，则 κ_0 实质是 NaOH 溶液浓度为 c_0 时的电导率，κ_t 是 NaOH 溶液浓度为 c 时的电导率 κ_{NaOH} 与 CH_3COONa 溶液浓度为 $c_0 - c$ 时的电导率 κ_{CH_3COONa} 之和，而 κ_∞ 则是产物 CH_3COONa 溶液浓度为 c_0 时的电导率。依据溶液的电导率与强电解质的浓度成正比，有：

$$\kappa_{NaOH} = \kappa_0 \frac{c}{c_0} \tag{5}$$

和
$$\kappa_{CH_3COONa} = \kappa_\infty \frac{c_0 - c}{c_0} \tag{6}$$

由此，κ_t 可以表示为：

$$\kappa_t = \kappa_0 \frac{c}{c_0} + \kappa_\infty \frac{c_0 - c}{c_0} \tag{7}$$

则：
$$\kappa_0 - \kappa_t = (\kappa_0 - \kappa_\infty)\frac{c_0 - c}{c_0} \tag{8}$$

整理后，得：
$$\frac{c_0 - c}{c} = \frac{\kappa_0 - \kappa_t}{\kappa_t - \kappa_\infty} \tag{9}$$

将式（9）代入式（4），得：

$$k = \frac{1}{tc_0} \times \frac{\kappa_0 - \kappa_t}{\kappa_t - \kappa_\infty} \tag{10}$$

由式（10）可知，若已知氢氧化钠的初始浓度 c_0 和 κ_0、乙酸钠浓度为 c_0 时的 κ_∞ 以及某一时刻 t 的 κ_t，即可求此反应的速率常数 k。亦可将式（10）变为如下形式：

$$\kappa_t = \frac{1}{kc_0} \times \frac{\kappa_0 - \kappa_t}{t} + \kappa_\infty \tag{11}$$

以 κ_t 对 $\frac{\kappa_0-\kappa_t}{t}$ 作图，由直线的斜率可求得反应速率常数 k。

由式（4）可知，本反应的半衰期 $t_{1/2}$ 为：

$$t_{1/2}=\frac{1}{kc_0} \tag{12}$$

可见，反应物初始浓度相同的二级反应，其半衰期 $t_{1/2}$ 与初始浓度成反比。由式（11）和式（12）可知，此处 $t_{1/2}$ 亦即作图所得直线之斜率。

若由实验求得两个不同温度下的反应速率常数 k 值，可利用公式求得反应的活化能。

$$\lg\frac{k_2}{k_1}=\frac{E_a}{2.303R}\left(\frac{1}{T_1}-\frac{1}{T_2}\right) \tag{13}$$

三、仪器和试剂

DDS-11C 型电导率仪 1 台；恒温槽 1 套；秒表 1 块；微量注射器 1 支；锥形瓶（250mL）2 只；移液管（25mL）2 只；带有夹套的蒸馏水瓶 3 只。

0.01mol·L^{-1}NaOH 溶液；0.01mol·L^{-1}CH_3COONa 溶液；$CH_3COOC_2H_5$（AR）。

四、实验步骤

1. 调节超级恒温槽的温度至 25℃（若室温接近 25℃，也可将温度调至 30℃），将电极用蒸馏水冲干净后置于带有恒温夹套的蒸馏水瓶中恒温。

2. 用蒸馏水洗净另两个带恒温夹套的试剂瓶，并烘干。准确移取 50mL 0.01mol·L^{-1}NaOH 溶液于一恒温夹套瓶中，另倒入适量的 0.01mol·L^{-1}CH_3COONa 溶液置于另一夹套瓶中，恒温 10min（注意：蒸馏水、0.01mol·L^{-1}CH_3COONa 溶液浸没电极以上 1cm 即可）。

3. 测定 κ_0 和 κ_∞。用蒸馏水冲洗电导电极，并用滤纸吸干，然后插入已恒温的盛有 0.01mol·L^{-1}CH_3COONa 溶液的夹套瓶中，测其电导作为 κ_∞。再次取出电极用蒸馏水冲洗、滤纸吸干，测量 0.01mol·L^{-1} NaOH 溶液的电导作为 κ_0。κ_∞ 值测完后，不要倒掉 0.01mol·L^{-1}CH_3COONa 溶液，测 κ_t 后，再测一次 κ_∞。

注意：每次测量时，先将电极用蒸馏水冲洗干净，再用滤纸吸干后，才能将电极置于被测溶液中进行测量。电导仪的使用方法参见第五部分 5.9。

4. 测定 κ_t。用微量注射器准确移取 49μL 乙酸乙酯迅速注射到装有 50mL 0.01mol·L^{-1} NaOH 溶液的夹套瓶中，乙酸乙酯加入一半时按动秒表开始计时，之后迅速插入含电极的盖子，反复摇荡夹套瓶，使溶液混合均匀。前 15min，每隔 1min 测量一次电导值，15min 后每隔 5min 测量一次电导值，直至电导率基本不变为止。整个反应需45min～1h。

5. 再测 κ_∞ 值。

6. 反应活化能的测定：按上述步骤 3、4、5，重新测定另一温度（35℃）下的反应速率常数，计算该反应的活化能。

7. 倒掉溶液，洗干净电极，并将电极浸泡在蒸馏水中。

五、数据记录和处理

1. 数据记录

实验温度：________，$\kappa_{\infty 1}$＝________，$\kappa_{\infty 2}$＝________

t	κ_t	$\kappa_0-\kappa_t$	$\frac{\kappa_0-\kappa_t}{t}$

2. 以 κ_t 对 $\frac{\kappa_0-\kappa_t}{t}$ 作图，分别从两条直线的斜率计算反应速率常数 k_1、k_2。

3. 用作图法所得的 κ_∞ 与实验值进行比较，并计算实验的相对误差。

4. 依据式（13）计算反应的活化能。

六、思考讨论题

1. 为什么以 $0.01\text{mol}\cdot\text{L}^{-1}$ NaOH 和 $0.01\text{mol}\cdot\text{L}^{-1}$ CH_3COONa 溶液测得的电导率，就可以认为是 κ_0 和 κ_∞？

2. 如果 NaOH 和 $CH_3COOC_2H_5$ 溶液为浓溶液，能否用此法求反应速率常数 k 值？为什么？

3. 若采用等浓度的 NaOH 和 $CH_3COOC_2H_5$ 溶液等体积混合，它们在混合前是否需要恒温，为什么？

实验二十　丙酮碘化反应

一、实验目的

1. 利用分光光度计测定酸催化时丙酮碘化反应的反应级数、速率常数及活化能。

2. 掌握 721E 型分光光度计的使用方法。

二、实验基本原理

酸催化的丙酮碘化反应是一个复杂反应，初始阶段反应为：

$$\underset{\text{丙酮}}{CH_3COCH_3}+I_2\xrightarrow{H^+}\underset{\text{碘化丙酮}}{CH_3COCH_2I}+H^++I^- \tag{1}$$

H^+ 是反应的催化剂，因丙酮碘化反应本身有 H^+ 生成，所以，这是一个自催化反应。又因反应并不停留在生成一元碘化丙酮上，反应还继续下去，所以应选择适当的反应条件，测定初始阶段的反应速率。其速率方程可表示为：

$$\frac{dc_E}{dt}=-\frac{dc_A}{dt}=-\frac{dc_{I_2}}{dt}=kc_A^p c_{I_2}^q c_{H^+}^r \tag{2}$$

式中，c_E、c_A、c_{I_2}、c_{H^+} 分别为碘化丙酮、丙酮、碘、盐酸的浓度，$\text{mol}\cdot\text{L}^{-1}$；$k$ 为速率常数；p、q、r 分别为丙酮、碘和氢离子的反应分级数。

如反应物 I_2 是少量的，而丙酮和酸对碘是过量的，则反应在碘完全消耗以前，丙酮和酸的浓度可认为基本保持不变，此时反应将限制在按方程式（1）进行。实验证实：在本实验条件（酸的浓度较低）下，丙酮碘化反应对碘是零级反应，即 $q=0$。由于反应速率与碘的浓度大小无关（除非在很高的酸度下），因而反应直到碘全部消耗之前，反应速率将是常数。即：

$$v=\frac{dc_E}{dt}=kc_A^p c_{H^+}^r=\text{常数} \tag{3}$$

分离变量积分，得：

$$c_E=kc_A^p c_{H^+}^r t+C \tag{4}$$

式中，C 为积分常数。

由于 $\frac{dc_E}{dt}=\frac{-dc_A}{dt}$，所以，可由 c_{I_2} 的变化求得 c_E 的变化，并可由 c_{I_2} 对时间 t 作图，求

得反应速率。

因碘溶液在可见光区有宽的吸收带，而在此吸收带中盐酸、丙酮、碘化丙酮和碘化钾溶液则没有明显的吸收，所以可采用分光光度计测碘的浓度变化，从而测量反应的进程。

按朗伯-比耳定律，在指定波长下，吸光度 A 与碘浓度 c_{I_2} 的关系有：

$$A=\varepsilon l c_{I_2} \tag{5}$$

$$A=\lg\frac{1}{T}=\lg\frac{I_0}{I} \tag{6}$$

式中，I_0 为入射光强度，采用通过空白溶液（蒸馏水）后的光强；I 为透过光强度，即通过碘溶液的光强；l 为溶液的厚度；ε 为摩尔吸光系数；T 为透光率。

对同一比色皿，l 为定值，式（5）中 εl 可通过对已知浓度（0.001mol·L^{-1}）的碘溶液测量来求得。将通过蒸馏水时的光强定为透光率 100，然后测量通过溶液时透光率 T，则有：

$$\varepsilon l=(\lg 100-\lg T)/c_{I_2} \tag{7}$$

将式(5)、式(6)代入式(4)，整理得：

$$\lg T=k(\varepsilon l)c_A^p c_{H^+}^r t+B \tag{8}$$

以 $\lg T$ 对 t 作图，通过斜率 m 可求得反应速率。即：

$$m=k(\varepsilon l)c_A^p c_{H^+}^r \tag{9}$$

式(9)与式(3)比较，则：

$$v=m/(\varepsilon l) \tag{10}$$

为了确定反应级数 p，至少需要进行两次实验。氢离子和碘的初始浓度相同，改变丙酮的初始浓度，即 $c_{A2}=uc_{A1}$，$c_{H^+2}=c_{H^+1}$，$c_{I_2 2}=c_{I_2 1}$。

$$\frac{v_2}{v_1}=\frac{kc_{A2}^p c_{H^+2}^r c_{I_2 2}^q}{kc_{A1}^p c_{H^+1}^r c_{I_2 1}^q}=\frac{u^p c_{A1}^p}{c_{A1}^p}=u^p$$

$$\lg\frac{v_2}{v_1}=p\lg u \tag{11}$$

$$p=\left(\lg\frac{v_2}{v_1}\right)/\lg u=\left(\lg\frac{m_2}{m_1}\right)/\lg u$$

同理，丙酮、碘的初始浓度相同，酸的初始浓度不同，可求得 r，即 $c_{A3}=c_{A1}$，$c_{I_2 3}=c_{I_2 1}$，$c_{H^+3}=wc_{H^+1}$。

$$\frac{v_3}{v_1}=\frac{kc_{A3}^p c_{H^+3}^r c_{I_2 3}^q}{kc_{A1}^p c_{H^+1}^r c_{I_2 1}^q}=\frac{w^r c_{H^+1}^r}{c_{H^+1}^r}=w^r \tag{12}$$

$$r=\left(\lg\frac{v_3}{v_1}\right)/\lg w$$

丙酮、酸的初始浓度相同，碘的初始浓度不同，可求得 q，即 $c_{A4}=c_{A1}$，$c_{H^+4}=c_{H^+1}$，$c_{I_2 4}=xc_{I_2 1}$。

$$\frac{v_4}{v_1}=\frac{kc_{A4}^p c_{H^+4}^r c_{I_2 4}^q}{kc_{A1}^p c_{H^+1}^r c_{I_2 1}^q}=\frac{x^q c_{I_2 1}^q}{c_{I_2 1}^q}=x^q$$

$$q=\left(\lg\frac{v_4}{v_1}\right)/\lg x \tag{13}$$

做四次实验，可求得反应分级数 p、q、r。

由两个温度的反应速率常数 k_1 与 k_2，根据阿伦尼乌斯关系式可求出反应的活化能：

$$E_a = 2.303R\frac{T_1T_2}{T_2-T_1}\lg\frac{k_2}{k_1} \tag{14}$$

三、仪器和试剂

721E 型分光光度计 1 台；秒表 1 块；超级恒温槽 1 台；容量瓶（50mL）7 个；移液管（5mL、10mL）各 3 支。

0.01mol·L^{-1} 标准碘溶液（含 2%KI）；1mol·L^{-1} 标准 HCl 溶液；2mol·L^{-1} 标准丙酮溶液（此三种溶液均用 AR 试剂配制，均需标定）。

四、实验步骤

1.将超级恒温槽的温度调至 25℃。将 721E 型分光光度计（使用方法参见第五部分 5.5.2）波长调到 500nm 处，注意连接分光光度计的恒温夹套。

2.仪器调整：开启分光光度计的电源，按工作模式 MODE 键至透光率“T”灯亮。调零：将黑体挡板置于光路中，按 0%键，使仪器显示为 0.0。调透光率 100%：将洗净并装入蒸馏水的比色皿（光径长为 1cm）置于光路中，按 100%键，仪器显示闪烁的 BLR，使仪器显示为 100%。一般装空白溶液（蒸馏水）的比色皿（即参比池）放在离拉杆最近的位置，反应吸收池置于比色架中间，以利于恒温。

3.求 εl 值：用光径长为 1cm 比色皿装 0.01mol·L^{-1} 标准碘溶液测透光率 T，更换碘溶液再重复测定两次，取其平均值，求 εl。

4.丙酮碘化反应速率常数测定：在 1 号、2 号、3 号、4 号容量瓶中用移液管按溶液配制表（表 1）分别移取 0.01mol·L^{-1} 标准碘溶液和 1mol·L^{-1} 标准 HCl 溶液，并置于恒温槽中恒温。同时将装有蒸馏水的洗瓶和装有一定量标准丙酮溶液的容量瓶置于恒温槽中恒温。待达到恒温后（恒温时间不能少于 10min），用移液管取已恒温的丙酮溶液 10mL 迅速加入 1 号容量瓶，当丙酮溶液加到一半开始计时，用已恒温的蒸馏水将此混合溶液稀释至刻度，迅速摇匀，用此溶液洗涤比色皿多次后，将溶液装入比色皿测定溶液的透光率 T。争取在 2min 内读取第一个 T 值，以后每隔 1min 测定透光率一次，共测 18～20 个数据。

然后，用移液管分别取 5mL、10mL、10mL 的标准丙酮溶液（已恒温的），分别注入 2 号、3 号、4 号容量瓶中，用上述方法分别测定不同浓度溶液在不同时间的透光率 T。

将恒温槽的水温调至 35℃，重复上述实验。但此时测定改为每隔 30s 记录一次透光率（注意：丙酮的加入与溶液的定容，应在恒温槽中进行，否则实验数据不准确）。

表 1 溶液配制表

容量瓶号	标准碘溶液/mL	标准 HCl 溶液/mL	标准丙酮溶液/mL	蒸馏水/mL
1 号	10	5	10	25
2 号	10	5	5	30
3 号	10	10	10	20
4 号	5	5	10	30

五、数据记录和处理

1. 求 εl　　　　c_{I_2} = ______ mol·L^{-1}

透光率 T	T 平均值	εl
①　②　③		

2. 混合溶液的时间-透光率　　　　温度：______℃

1号	时间/ min	
	透光率 T	
	$\lg T$	
2号	时间/ min	
	透光率 T	
	$\lg T$	
3号	时间/ min	
	透光率 T	
	$\lg T$	
4号	时间/ min	
	透光率 T	
	$\lg T$	

3. 混合溶液的丙酮、盐酸、碘的浓度

容量瓶号	c_A/mol·L^{-1}	c_{H^+}/mol·L^{-1}	c_{I_2}/mol·L^{-1}
1号			
2号			
3号			
4号			

4. 用表中数据，以 $\lg T$ 对 t 作图，求出斜率 m。

5. 用式（10）～式（13）计算反应对各物质的反应分级数 p、q、r。

6. 计算反应速率常数 k 值（令 $p = r = 1$，$q = 0$）。

7. 利用两个温度时的 k 值，计算丙酮碘化反应的活化能。

六、思考讨论题

1. 在本实验中，将丙酮溶液加入含有碘、盐酸的容量瓶时并不立即开始计时，而注入比色皿时才开始计时，这样做是否可以？为什么？

2. 影响本实验结果精确度的主要因素有哪些？

表面与胶体化学部分

实验二十一　表面张力测定——最大气泡压力法测定溶液的表面张力

一、实验目的

1. 测定不同浓度正丁醇溶液的表面张力，根据吸附量与浓度的关系计算溶液表面的饱和吸附量以及正丁醇的分子截面积。

2. 掌握一种测定表面张力的方法——最大气泡压力法。

二、实验基本原理

处于液体表面的分子，由于受到不平衡的力的作用而具有表面张力。表面张力是指垂直作用于单位长度上使表面收缩的力，它指向表面中心，单位是 $N \cdot m^{-1}$。在表面上表面层分子比溶液内部分子有较大的表面自由能，所以，在等温等压组成不变的条件下，欲使液体表面积增加 ΔA_s，所消耗的可逆非体积功 W' 为：

$$-\delta W' = dG = \sigma dA_s \tag{1}$$

式中，W'为表面功；dG 为体系吉布斯自由能的变化值；σ 为比例系数，也叫作表面吉布斯自由能，$J \cdot m^{-2}$，液体单位表面吉布斯自由能和它的表面张力在数值上是相等的。

液体表面张力的大小与液体的种类、与其共存的另一相的性质以及温度、压力等因素有关。

缩小表面积和降低表面张力，都可以降低系统的自由能。纯液体用缩小其表面积来降低系统的自由能，而溶液是调节溶质在表面层浓度来促使系统自由能的降低。把溶质在表面层中与在本体溶液中浓度不同的现象称为溶液的表面吸附。在一定的温度和压力下，溶液表面吸附溶质的量与溶液的表面张力和加入的溶质量之间的关系可用吉布斯（Gibbs）公式表示：

$$\Gamma = -\frac{c}{RT}\left(\frac{\partial \sigma}{\partial c}\right)_T \tag{2}$$

式中，Γ 为表面过剩吸附量，$mol \cdot m^{-2}$；σ 为溶液的表面张力，$N \cdot m^{-1}$；T 为热力学温度，K；c 为溶液浓度，$mol \cdot L^{-1}$；R 为气体常数，8.314 $J \cdot K^{-1} \cdot mol^{-1}$。

$\left(\frac{\partial \sigma}{\partial c}\right)_T$ 表示在一定温度下表面张力随溶液浓度而改变的变化率。若$\left(\frac{\partial \sigma}{\partial c}\right)_T > 0$，则 $\Gamma < 0$，为负吸附，即随着溶液浓度的增加，溶液的表面张力增加，非表面活性物质属于此类；反之，$\left(\frac{\partial \sigma}{\partial c}\right)_T < 0$，则 $\Gamma > 0$，为正吸附，即随着溶液浓度的增加，溶液的表面张力降低，表面活性物质属于此类。在水溶液中，表面活性物质在溶液表面的排列情况，随溶液浓度的不同而异。当溶液的浓度增大到某一程度时，被吸附的表面活性物质占满了所有表面，形成了单分子的饱和吸附层。

图 1 表示正丁醇水溶液的表面张力与浓度关系（σ-c）曲线，从 σ-c 曲线上可求得不同

浓度时的 $\left(\frac{\partial \sigma}{\partial c}\right)$ 值，代入式（2）即可计算出各种不同浓度下溶液的表面过剩吸附量 Γ。作 Γ-c 曲线，即可求出饱和吸附量 Γ_∞（图 2）。但实际从 Γ-c 曲线外推求 Γ_∞ 比较困难，假设适用于气-固单分子层的 Langmuir 吸附等温方程对于气-液单分子层同样适用，则有：

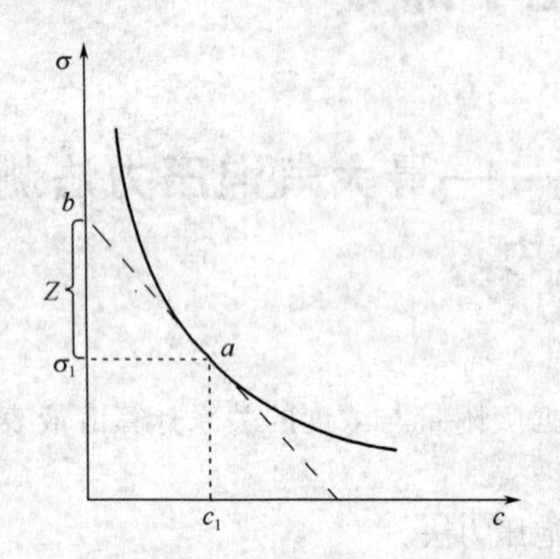

图 1　溶液表面张力与浓度的关系（σ-c）图

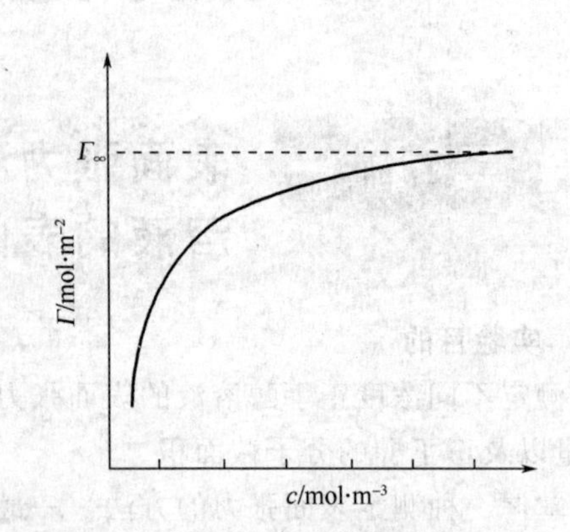

图 2　溶液吸附等温线

$$\Gamma=\Gamma_\infty\frac{Kc}{1+Kc} \tag{3}$$

式中，Γ_∞ 为饱和吸附量；K 为常数；c 为吸附平衡时溶液的浓度。

式（3）变换后可写成如下形式：

$$\frac{c}{\Gamma}=\frac{1}{K\Gamma_\infty}+\frac{1}{\Gamma_\infty}c \tag{4}$$

以 c/Γ-c 作图为一直线，斜率的倒数即为 Γ_∞。

用 N 代表 $1\mathrm{m}^2$ 表面上分子的个数，$N=\Gamma_\infty L$，L 为阿伏伽德罗常数，则每个单分子的分子截面积 S 可表示为：

$$S=\frac{1}{\Gamma_\infty L} \tag{5}$$

在本实验中，溶液的表面张力测定是应用最大气泡压力法，其实验装置如图 3 所示。

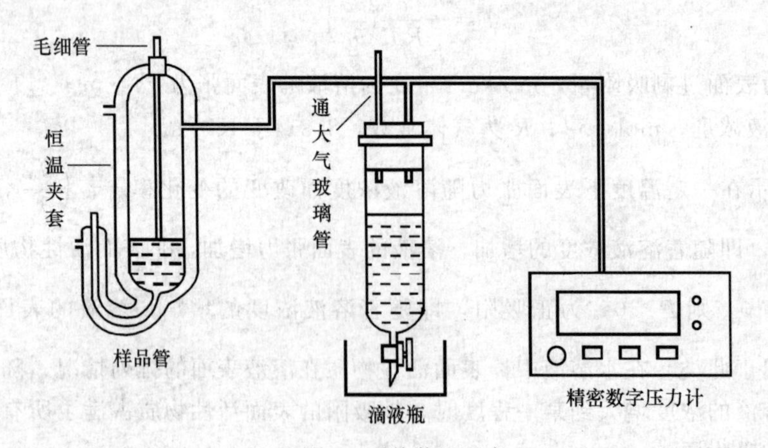

图 3　系统装置示意

将待测溶液装入样品管中，使毛细管的端面与液面相切，液面即沿毛细管上升。打开滴液瓶活塞缓慢放水（抽气），则样品管中的空气体积增大，压力逐渐减小，毛细管中液面上所受的压力大于样品管液面上的压力，此时毛细管中的液体就会被压至管口，并形成气泡。

显然，在气泡形成过程中，气泡半径由大变小，再由小变大（如图 4 所示），所以压力差 p 则由小变大，然后再由大变小。当气泡半径 R 等于毛细管半径 r 时，压力差达到最大值 p_{max}。压力差一般由精密数字压力计读出。

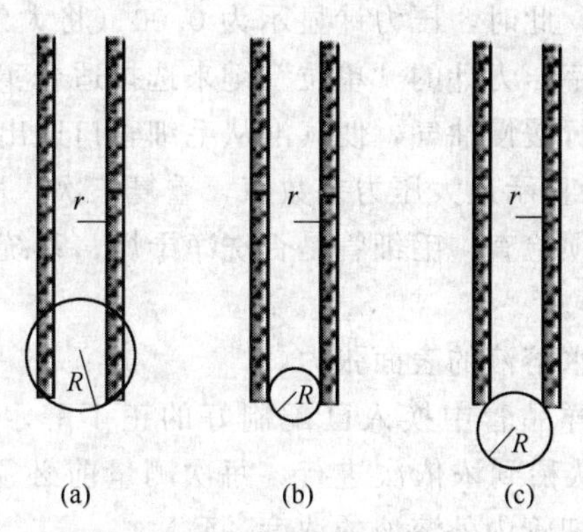

图 4 气泡形成过程中其半径的变化情况示意图

设毛细管半径为 r，气泡由毛细管口逸出时受到向下总作用力 $F=\pi r^2 p_{max}=\pi r^2(p_{大气}-p_{系统})$。

气泡在毛细管口受到表面张力引起的作用力 $F=2\pi r\sigma$。

当气泡逸出时，上述两压力相等，即

$$\pi r^2 p_{max}=2\pi r\sigma,\text{则 } p_{max}=2\sigma/r \tag{6}$$

若将表面张力为 σ_1、σ_2 的两种液体采用同一毛细管和压力计，分别测定其最大压力差，则有：

$$\frac{\sigma_1}{\sigma_2}=\frac{p_{max1}}{p_{max2}} \tag{7}$$

$$\sigma_2=\frac{p_{max2}}{p_{max1}}\sigma_1=Kp_{max2} \tag{8}$$

其中 $K=\sigma_1/p_{max1}$，称为毛细管常数。K 值可以通过测定已知表面张力的物质求得（本实验用蒸馏水作为标准，25℃时，$\sigma_{水}=0.07197\text{N}\cdot\text{m}^{-1}$）。根据式（8）可以求出其他液体的表面张力 σ_2。

三、仪器和试剂

最大气泡压力法表面张力测定装置 1 套；DP-AW 精密数字压力计 1 台。

正丁醇（AR）：摩尔质量 74.12 $\text{g}\cdot\text{mol}^{-1}$，$n_D^{20}=1.3993$ $d_4^{20}=0.8097$。

正丁醇水溶液的浓度：0.01$\text{mol}\cdot\text{L}^{-1}$、0.02$\text{mol}\cdot\text{L}^{-1}$、0.05$\text{mol}\cdot\text{L}^{-1}$、0.1$\text{mol}\cdot\text{L}^{-1}$、0.2$\text{mol}\cdot\text{L}^{-1}$、0.25$\text{mol}\cdot\text{L}^{-1}$、0.30$\text{mol}\cdot\text{L}^{-1}$、0.35$\text{mol}\cdot\text{L}^{-1}$。

四、实验步骤

1. 预压及气密性检验

按图 3 安装好测定装置图。滴液瓶中装满水，缓慢减压至一定压力，观察精密数字压力计显示值变化情况，若 1min 内显示值稳定，说明系统无泄漏。确认无泄漏后，泄压至零，并反复预压 2～3 次，方可正式测试。

2. 仪器常数的测定

（1）调节恒温槽的温度至 25℃±0.1℃。

（2）仔细洗净样品管和毛细管后，在样品管中加入适量的蒸馏水，小心调节使毛细管端面与液面恰好相切。样品管恒温 10min。注意毛细管必须与液面垂直。

（3）旋开与通大气玻璃管相连接的活塞，使系统与大气相通，按下数字压力计的“采零”键，对数字压力计采零，此时，压力计显示为 0.00（将大气压参考为 0）。再关闭与大气相通的活塞。可按精密数字压力计的“单位”键来选择适合实验的压力单位。

（4）打开滴液瓶活塞进行缓慢抽气，使气泡从毛细管口逸出。调节气泡逸出速度每分钟不超过 20 个，读出压力计所显示最大压力差数值，重复三次，取其平均值，即为 p_{max1}（若压力计显示最大数值不稳，须检查：毛细管是否洗净干燥；系统密闭性能是否良好；真空胶管内是否有水汽或污物窜入）。

3. 测定各浓度下正丁醇水溶液的表面张力

松开通大气玻璃管，在样品管中换入已配制好的正丁醇水溶液，重复步骤 2 中（3）、（4），得到 p_{max2}（注意：须从稀到浓依次进行，每次测量前必须用少量被测液洗涤样品管，尤其是毛细管部分，确保毛细管内外溶液的浓度一致）。

五、数据记录和处理

室温：________℃　　大气压：________kPa　　恒温槽温度：________℃

1. 仪器常数测定

标准物质	σ/N·m^{-1}	精密数字压力计读数 p_{max}/kPa			压力差平均值/kPa	仪器常数 K
		1	2	3		
蒸馏水						

2. 不同浓度正丁醇溶液的最大压力差、表面张力和浓度，作 σ-c 关系曲线，要求用计算机软件绘图，并将所得结果填入下表。

样品	浓度/mol·L^{-1}	p_{max}/kPa			压力差平均值/kPa	σ/N·m^{-1}
		1	2	3		
1#						
2#						
3#						
4#						
5#						
6#						
7#						
8#						

3. 在 σ-c 曲线上通过计算机软件或镜像法求出不同浓度时的 $\left(\frac{\partial \sigma}{\partial c}\right)$，由式（2）计算各

浓度下的吸附量 Γ，并绘出（画出）Γ-c 的关系图。若用镜像法，数据计算可填入下表。

浓度 $c/\text{mol}\cdot\text{L}^{-1}$		$Z=-c\left(\frac{\partial\sigma}{\partial c}\right)$	$\Gamma=\frac{Z}{RT}/\text{mol}\cdot\text{m}^{-2}$
c_1			
c_2			
c_3			
c_4			
c_5			
c_6			
c_7			
c_8			

4. 依据式（2），计算各对应的 c/Γ 值，并以 c/Γ-c 作图，由直线的斜率求 Γ_∞。并计算饱和吸附时正丁醇分子的截面积 S。

六、注意事项

1. 测定用的毛细管一定要干净，否则气泡不能连续稳定地逸出，使压力计的读数不稳，且影响溶液的表面张力。

2. 毛细管一定要保持垂直，管口端面刚好与液面相切。

3. 读取压力差时，应取气泡单个逸出时的最大值。

七、思考讨论题

1. 表面张力为什么必须在恒温条件下进行测定？温度变化对表面张力有何影响？为什么？

2. 滴定速度过快，对实验结果有何影响？为什么要读取压力差计上的最大压力差？

3. 测定中能否应用加压的方法来鼓泡？

附注：

一、各种浓度正丁醇水溶液的配制

将一个 10mL 比重瓶洗净烘干，冷却后称重，然后用干净吸管注满正丁醇后，迅速于分析天平上称重。若得 10mL 液体的质量为 m，可按下式计算其密度 $\rho(\text{g}\cdot\text{cm}^{-3})$：$\rho=m/10$。

浓度为 $0.01\text{mol}\cdot\text{L}^{-1}$、$0.02\text{mol}\cdot\text{L}^{-1}$、$0.05\text{mol}\cdot\text{L}^{-1}$、$0.1\text{mol}\cdot\text{L}^{-1}$、$0.2\text{mol}\cdot\text{L}^{-1}$、$0.25\text{mol}\cdot\text{L}^{-1}$、$0.30\text{mol}\cdot\text{L}^{-1}$、$0.35\text{mol}\cdot\text{L}^{-1}$ 的正丁醇水溶液可按下法配制：用刻度移液管吸取正丁醇（$0.74/m$）mL 于 100mL 容量瓶中，用蒸馏水稀释至刻度，则得浓度为 $0.01\text{mol}\cdot\text{L}^{-1}$ 的正丁醇水溶液。其他浓度的溶液可按同法计算配制。

二、由斜率求算吸附量 Γ 的方法

如图 1 所示，在 σ-c 图上任找一点 o，过 o 点作切线 ab，此曲线的斜率为：

$$m=\frac{Z}{0-c_1}=-\frac{Z}{c_1}$$

而

$$-\frac{Z}{c_1}=\frac{\partial\sigma}{\partial c}$$

所以

$$\Gamma=-\frac{c}{RT}\left(\frac{\partial\sigma}{\partial c}\right)_T=\frac{Z}{RT}$$

三、不同温度下水的表面张力 σ

温度/℃	20	25	30	35
表面张力 $\sigma\times10^3$/N·m^{-1}	72.75	71.97	71.18	70.38

四、用 Origin 非线性拟合处理表面张力数据方法（Origin8.0）

（一）输入数据

1. 双击“Origin”，打开 Origin 窗口。

2. 在“Book1”“Sheet1”窗口中输入实验数据。A(X) —浓度，B(Y) —压力计读数。

3. 右键点击 Sheet1 窗口空白处，选择“Add New Column”，添加新列 C(Y)。

4. 求溶液的表面张力：鼠标右键点击 C(Y)，出现快捷框，点击“Set Column Values”，出现“Set Values”窗口，在“Col(C) ＝”后填入“毛细管系数 * Col(B) ”，如 Col(C) ＝0.0001201 * Col(B)，点击 OK 即可在 C(Y) 列中得到溶液的表面张力（图 5）。

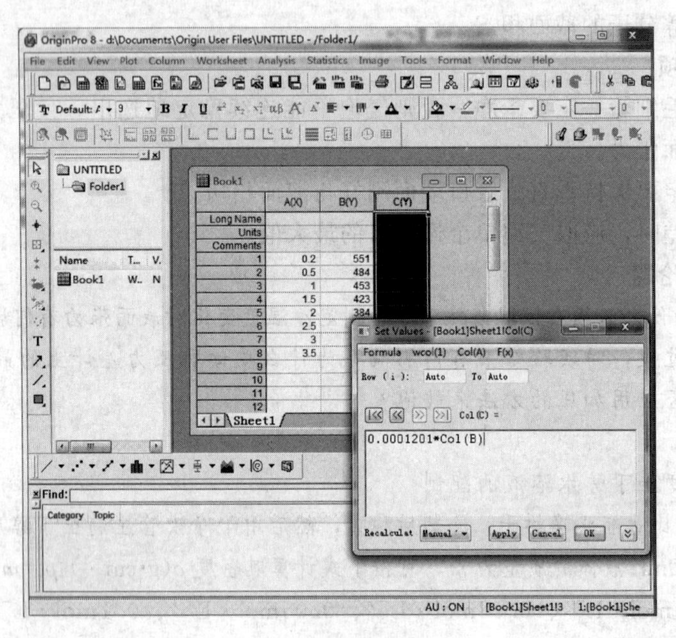

图 5　数据导入

（二）非线性拟合

1. 拉黑 C(Y) 列，在 Analysis 菜单下选择 Fitting（拟合）→Nonlinear Curve Fitt（非线性拟合）→Open Dialog，出现非线性拟合对话框（NLFit）。

2. 自定义拟合函数

①在 Settings 选项卡下选择 Function Selection 列表项，在页面中 Function 旁的下拉菜单中选择 New，出现 Fitting Function Organizer 新函数对话框（图 6）。

②分别输入：Name——函数名；Parameters Names——拟合函数中的参数个数名称（本实验中设定 3 个参数，p1、p2、p3），下面的 Function 窗口中输入本实验中用于拟合的自定义函数，y＝p1－p2 * ln(1＋p3 * x)，其中 x 为正丁醇溶液浓度；y 为表面张力；Function Form——选择 Equation，其他参数采用默认值（图 7）。

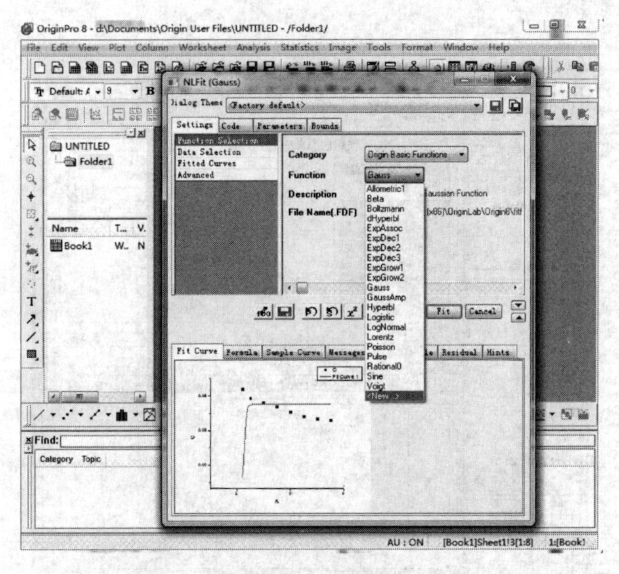

图 6　选择新函数

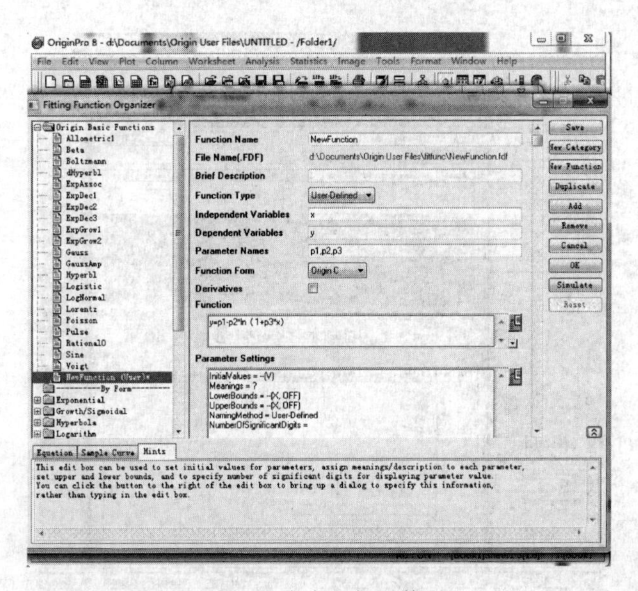

图 7　自定义新函数

③单击 Save，再单击 OK 关闭新函数对话框。

3. 指定函数变量

①在 NLFit 对话框中选择 Data Selection（选择数据范围）列表项。

②展开 Range1，分别确定 σ 和 C 数据在 Sheet1 中所处列的位置以及数据的起止范围，如图 8（若 Rows 旁方框中有钩，请去掉）。

4. 曲线拟合

①点击 Parameters 选项卡，设定 p1、p2、p3 的初始值，在 Value 中都设为 1（迭代算法的初始值）。

②然后点击 Fit 进行拟合，见图 9。

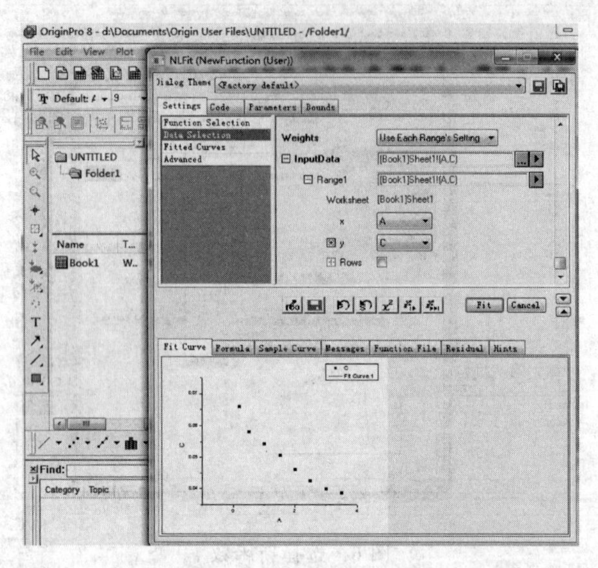

图 8　数据选择（1）

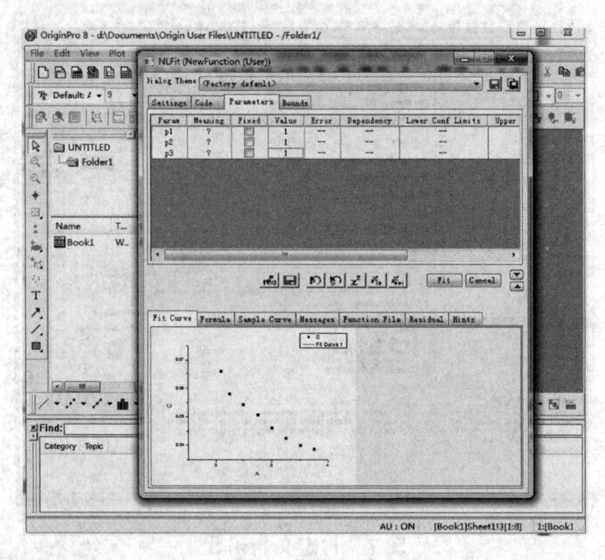

图 9　曲线拟合

③计算机拟合后，得到 FitNL1 和 FitNLCurve1 两张表格。从 FitNL1—Parameters 中可以看到 p1、p2、p3 的最优值。FitNLCurve1 表格中 A 列为浓度值，B 列为根据拟合后曲线计算出的表面张力值。FitNL1—Fitted Curves Plot 为拟合后的曲线图，双击曲线图，将其放大，在该页中双击 x、y 轴，修改坐标为 X—c（mol/L），Y—σ（N/m），修改后右键点击页面空白处，选择 copy page，将该图贴在 Word 内（图 10）。

（三）$d\sigma/dc$

1. 选中 FitNLCurve1 表格中的 B(Y1) 列，选择 Analysis（数据分析）→Mathematics→Differentiate（求导），出现求导对话框 Mathematics：Differentiate（图 11）。

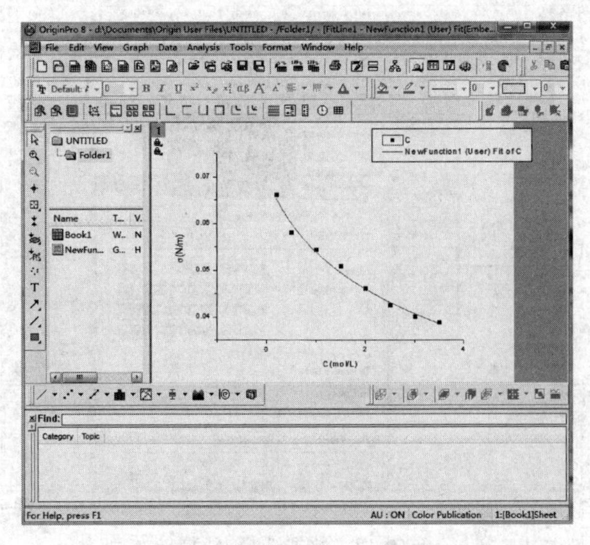

图 10 坐标设置及曲线拷贝

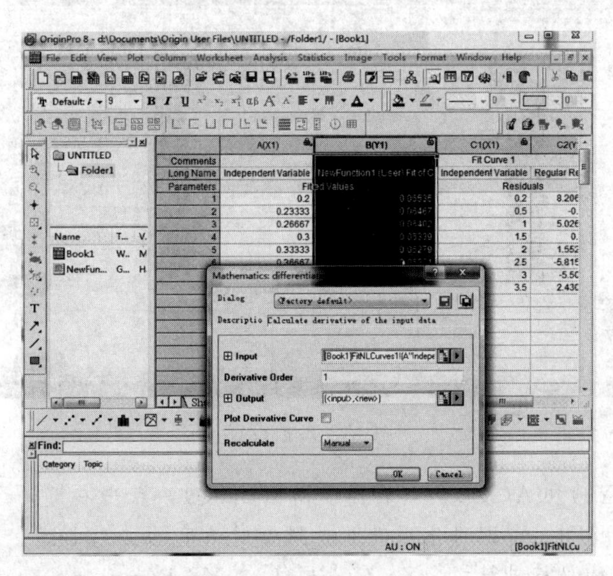

图 11 求导设置

2. 展开 Input→Range1，点击 X 和 Y 后面带箭头的按钮，分别确定拟合后曲线上的 σ 和 C 数据在 FitNLCurve1 中的所处列，X—A(X1) 列，Y—B(Y1) 列，点击 OK（图 12），在 FitNLCurve1 最后一列 C(Y3) 得到 $d\sigma/dc$ 值（图 13）。

（四）求吸附量-浓度曲线

1. 右键点击 FitNLCurve1 窗口空白处，选择“Add New Column”（添加新列），添加新列 D(Y3)。

2. 在空白栏 D(Y3) 最上一栏中单击右键，出现快捷菜单，点击“Set Column Value”，出现 Set Value 对话框。在文本框中输入公式：－col(A) * col(Derivative Y1)/(8.314 * 298)，点击“OK”即可得到表面吸附量值。

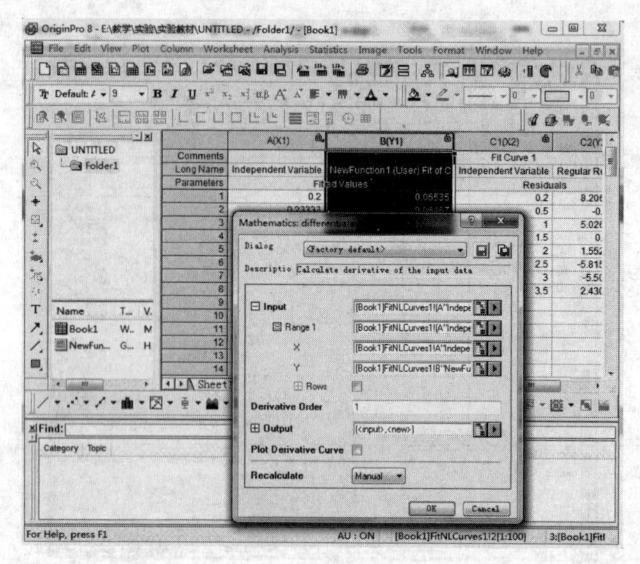

图 12　数据选择（2）

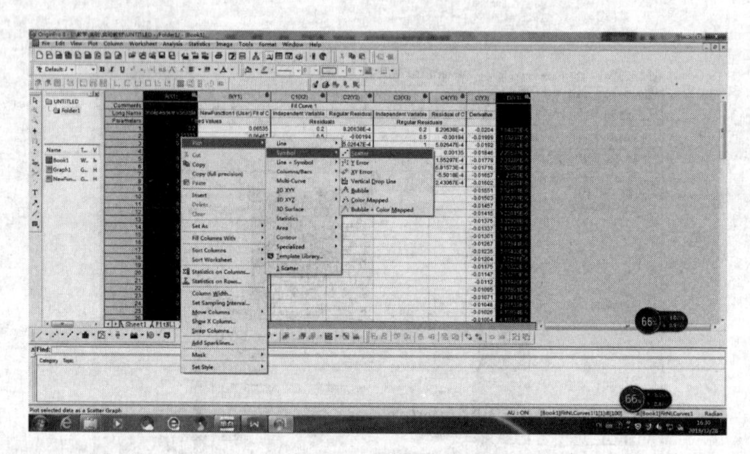

图 13　参数设置

3. 同时选中 D(Y3)和 A(X1)列（表面吸附量-浓度），点击右键，选择 Plot（画图）→Symbol→Scatter（如图 13），即可出现表面吸附量对浓度的关系曲线。双击 X 轴和 Y 轴单位，分别修改为相应的坐标轴标志，X—C(mol/L)，Y—Γ(mol/m^2)，如图 14。

（五）求最大吸附量

1. 在 FitNLCurve1 窗口空白处单击右键，出现快捷菜单，点击“Add New Column”，即出现新的一栏 E(Y3)。

2. 在空白栏 E(Y3) 最上一栏中单击右键，出现快捷菜单，点击“Set Column Value”，出现 Set Column Value 对话框。

3. 在文本框中输入公式：col(A)/col(D)（因为 A＝浓度 c，D＝吸附量 Γ），点击“OK”即可得到 c/Γ 数据。

（六）绘制 c/Γ-c 图，求 $1/\Gamma_\infty$（求分子截面积）

1. 在上述 FitNLCurve1 表格中选中 A(X1)、E(Y3) 两栏［可先选 A(X1)，然后按住 Ctrl 键选 E(Y3) 栏］。

2. 单击右键选 Plot 中的 Scatter，可出现“Graph”图，即绘制的 c/Γ-c 图（图 15）。

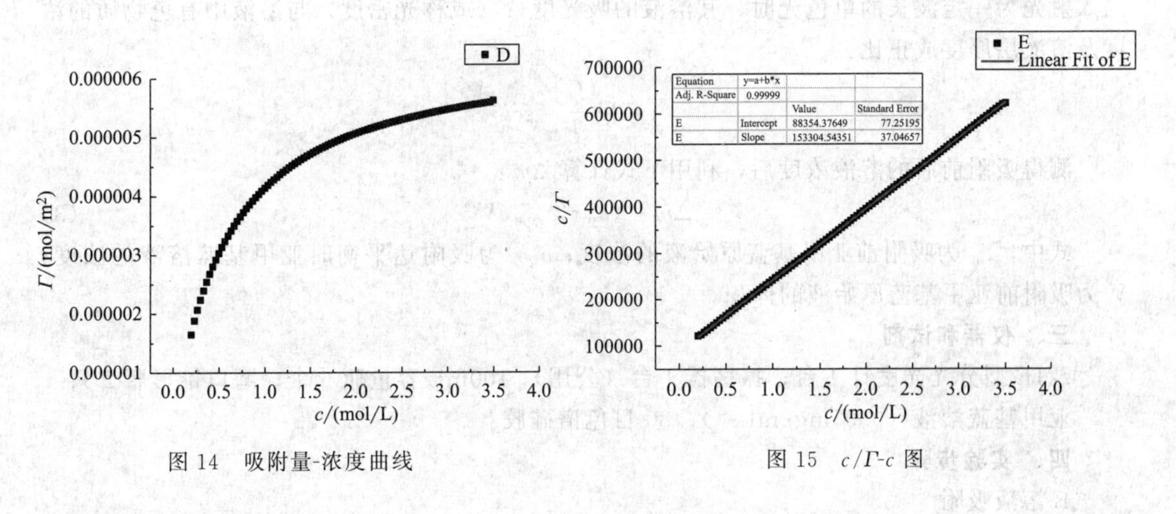

图 14　吸附量-浓度曲线　　图 15　c/Γ-c 图

3. 单击“Analysis”，选 Fit Linear，在出现的对话框中点击“OK”后可见“Graph”图红色拟合线及线性拟合公式：y= a +b * x，b 为 Slope，即是 $1/\Gamma_\infty$。

实验二十二　固体比表面的测定——溶液吸附法

一、实验目的

1. 用亚甲基蓝水溶液吸附法测定颗粒硅胶的比表面。
2. 了解溶液吸附法测定比表面的基本原理。

二、实验基本原理

固体的比表面 a_s 是单位质量的固体具有的表面积（或单位体积的固体具有的表面积）。测定固体比表面的方法很多，其中溶液吸附法仪器简单，操作方便，适用于精确度要求不太高的测量。溶液法测定结果有一定的相对误差（约 10%），主要原因在于吸附时非球形吸附质在各种吸附剂表面的取向并不都一样，因此，每个吸附分子的吸附截面积可能相差甚远，故溶液吸附法测得的数值应用其他方法加以校正。在水溶性染料中，亚甲基蓝（$C_{16}H_{18}N_3S\cdot 3H_2O$）具有较大的吸附趋向。研究表明，在一定浓度范围内，大多数固体对亚甲基蓝的吸附是单分子层吸附，即符合朗格缪尔等温吸附（如图 1 所示）。吸附剂（硅胶）的比表面可用下式表示：

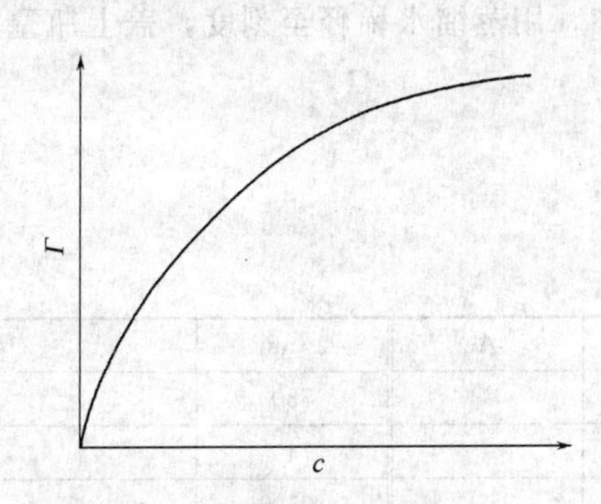

图 1　朗格缪尔吸附等温线

$$a_s=\frac{\Delta m L a_m}{mM} \tag{1}$$

式中，m 为吸附剂（硅胶）的质量；Δm 为达到单层饱和吸附时所吸附的吸附质（亚甲基蓝）的质量；M 为亚甲基蓝的摩尔质量；L 为阿伏伽德罗常数；a_m 为单个亚甲基蓝在硅胶表面的吸附截面积，取决于该分子在硅胶表面达到单层饱和吸附时排列的方式，其值一般由已知比表面 a_s 的硅胶确定（本实验取 $752.53\times10^{-20}\ m^2$）。

本实验中采用分光光度法测量吸附前后溶液中亚甲基蓝的浓度。根据朗伯-比耳定律，当入射光为一定波长的单色光时，其溶液的吸光度 A（或称光密度）与溶液中有色物质的浓度及溶液层厚度成正比：

$$A=\lg\frac{I_0}{I}=\varepsilon cl \tag{2}$$

测得吸附前后的溶液浓度后，利用下式计算 Δm：

$$\Delta m=(c_0-c_{平衡})V \tag{3}$$

式中，c_0 为吸附前亚甲基蓝原始液的浓度；$c_{平衡}$ 为吸附达平衡时亚甲基蓝溶液的浓度；V 为吸附前亚甲基蓝原始液的体积。

三、仪器和试剂

721E 型分光光度计 1 台；振荡器 1 台（公用）；100mL 容量瓶 6 个；磨口锥形瓶 2 只。

亚甲基蓝溶液（$0.05\text{mg}\cdot\text{mL}^{-1}$）；80 目色谱硅胶。

四、实验步骤

1. 溶液吸附

从干燥器中取出已准确称量 50.0mg 硅胶的磨口锥形瓶 2 只，用移液管准确移取 50mL $0.05\text{mg}\cdot\text{mL}^{-1}$ 亚甲基蓝溶液加入锥形瓶内，盖上瓶塞，放在振荡器上振荡 1.5h。

2. 配制亚甲基蓝标准溶液（表 1）

表 1

$c/\text{mg}\cdot\text{mL}^{-1}$	0.5×10^{-3}	1.0×10^{-3}	1.5×10^{-3}	2.0×10^{-3}	2.5×10^{-3}	3.0×10^{-3}
V / mL	1	2	3	4	5	6

表 1 中 V 是配制系列标准溶液所需 $0.05\text{mg}\cdot\text{mL}^{-1}$ 亚甲基蓝溶液的体积，用移液管准确移取至 100mL 容量瓶中，用蒸馏水稀释至刻度，盖上瓶塞摇匀。

3. 工作波长的选择

取适量 $2.0\times10^{-3}\text{mg}\cdot\text{mL}^{-1}$ 亚甲基蓝溶液置于比色皿内，在 550～750nm 之间每隔 10nm 测定其吸光度，由吸光度对波长作图，找出最大吸收波长 λ_{max} 作为工作波长。

4. 测量平衡液的吸光度

从振荡器上取下锥形瓶，静置后，移取上清液于试管中（注意不要倒入硅胶），用移液管准确移取 5.0mL 平衡液，加入洗净的 100mL 容量瓶中，用蒸馏水稀释至刻度，盖上瓶塞摇匀，取适量样品在选定工作波长下测量其吸光度。

五、数据记录和处理

1. 记录实验数据　　　　温度：______℃

(1) 工作波长的选择

λ/nm	A	λ/nm	A	λ/nm	A	λ/nm	A
550		610		670		730	
560		620		680		740	
570		630		690		750	
580		640		700			
590		650		710		$\lambda_{max}=$	
600		660		720			

(2)平衡液吸光度的测量

c/mg·mL^{-1}	0.5×10^{-3}	1.0×10^{-3}	1.5×10^{-3}	2.0×10^{-3}	2.5×10^{-3}	3.0×10^{-3}	$c_{平衡1}$	$c_{平衡2}$
A_1								
A_2								
A_3								
A(平均)								

2. 以 6 个标准溶液浓度 c 为横坐标，吸光度 A 为纵坐标作图，绘制工作曲线。

3. 计算平衡液浓度 c（取两个数据的平均值）。

4. 计算比表面 a_s。

六、思考讨论题

影响实验结果的因素有哪些？

实验二十三　固体比表面的测定——BET 容量法

一、实验目的

1. 了解比表面测定仪的基本构造及原理。

2. 学会用 BET 容量法测定固体物质比表面的方法。

3. 了解 BET 多层吸附理论在测定比表面中的应用。

二、实验基本原理

比表面积是指单位体积（或质量）的物质具有的表面积，包括外比表面积和内比表面积。比表面积是评价多孔材料的活性、吸附、催化等诸多性能的重要参数之一。比表面及孔隙分布测试方法根据测试思路不同分为吸附法、透气法和其他方法，透气法是将待测粉体填装在透气管内振实到一定堆积密度，根据透气速率不同来确定粉体比表面积大小，比表面测试范围和精度都很有限；其他比表面积及孔隙分布测试方法有粒度估算法、显微镜观测估算法，已很少使用；其中吸附法比较常用且精度相对其他方法较高。吸附法是让一种吸附质分子吸附在待测粉末样品（吸附剂）表面，根据吸附量的多少来评价待测粉末样品的比表面及孔隙分布大小。根据吸附质的不同，吸附法分为低温氮吸附法、吸碘法、吸汞法和吸附其他分子方法；以氮分子作为吸附质的氮吸附法由于需要在液氮温度下进行吸附，又叫低温氮吸附法，这种方法中使用的吸附质——氮分子性质稳定、分子直径小、安全无毒、来源广泛，是理想的且是目前主要的吸附法比表面及孔隙分布测试吸附质。

低温吸附法测定固体比表面和孔径分布是依据气体在固体表面的吸附规律。在恒定温度下，在平衡状态时，一定的气体压力，对应于固体表面一定的气体吸附量，改变压力可以改变吸附量。平衡吸附量随压力而变化的曲线称为吸附等温线，对吸附等温线的研究与测定不仅可以获取有关吸附剂和吸附质性质的信息，还可以计算固体的比表面和孔径分布。

(1) Langmuir 吸附等温方程——单层吸附

Langmuir 理论提出分子吸附的三点假设：吸附剂（固体）表面是均匀的；吸附粒子间

的相互作用可以忽略；单分子层吸附。

吸附等温方程（Langmuir）：

$$\frac{p}{V}=\frac{1}{V_{m}b}+\frac{p}{V_{m}} \tag{1}$$

式中，V 为气体吸附量；V_m 为单层饱和吸附量；p 为吸附质（气体）压力；b 为常数。以 $\frac{p}{V}$ 对 p 作图，为一直线，根据斜率和截距可求出 b 和 V_m，只要得到单分子层饱和吸附量 V_m，即可求出比表面积 S_g。用氮气作吸附质时，S_g 由下式求得

$$S_{g}=\frac{4.36V_{m}}{m} \tag{2}$$

式中，V_m 的单位为 mL；m 的单位为 g；得到的比表面 S_g 的单位为 m^2/g。

（2）BET 吸附等温线方程——多层吸附理论

BET（Brunauer-Emmett-Teller）理论计算是 Brunauer、Emmett 和 Teller 三人在 Langmuir 理论基础上提出的多层分子吸附概念，很好地修正了 Langmuir 理论的不足，它从经典统计理论推导出的多分子层吸附公式基础上进行比表面积的测定。测试中以氮气为吸附质，以氦气或氢气作载气，两种气体按一定比例混合，达到指定的相对压力，然后流过固体物质。当样品管放入液氮保温时，样品即对混合气体中的氮气发生物理吸附，而载气则不被吸附，这时记录仪上出现吸附峰。当液氮被移走时，样品管重新处于室温，吸附氮气脱附出来，在记录仪上出现脱附峰。最后在混合气中注入已知体积的纯氮，得到一个校正峰。根据校正峰和脱附峰的峰面积，即可算出在该相对压力下样品的吸附量。改变氮气和载气的混合比，可以测出不同相对压力下氮的吸附量，从而根据 BET 公式计算比表面。BET 公式为：

$$\frac{p}{V(p_{0}-p)}=\frac{1}{V_{m}C}+\frac{(C-1)}{V_{m}C}\times\frac{p}{p_{0}} \tag{3}$$

式中，p 为氮气分压，Pa；p_0 为吸附温度下液氮的饱和蒸气压，Pa；V_m 为样品上形成单分子层需要的气体量，mL；V 为被吸附气体的总体积，mL；C 为与吸附有关的常数。

以 $\frac{p}{V(p_{0}-p)}$ 对 $\frac{p}{p_{0}}$ 作图可得一直线，其斜率为 $\frac{(C-1)}{V_{m}C}$，截距为 $\frac{1}{V_{m}C}$，由此可得：

$$V_{m}=\frac{1}{\text{斜率}+\text{截距}} \tag{4}$$

若已知每个被吸附分子的截面积，则可求出被测样品的比表面，即：

$$S_{g}=\frac{V_{m}N_{A}A_{m}}{2240m}\times10^{-18} \tag{5}$$

式中，S_g 为被测样品的比表面，m^2/g；N_A 为阿伏伽德罗常数；A_m 为被吸附气体分子的截面积，nm^2；m 为被测样品质量，g。

根据国际纯粹与应用化学联合会（International Union of Pure and Applied Chemistry，IUPAC）对不同孔径范围的划分，孔径分为大孔（孔径大于 50nm）、中孔（孔径 2～50nm）及微孔（孔径小于 2nm）。大量研究表明 BET 方法在描述大孔和中孔材料的比表面积是非常成功的，但 BET 方法也存在自身的局限性，在描述微孔和超微孔材料等温线方面并不适合。BET 公式的适用范围为：$p/p_0=0.05\sim0.35$。当比压小于 0.05 时，压力太小不易建立起多分子层吸附的平衡，甚至连单分子层物理吸附也未完全形成；而在比压大于 0.35 时，由于毛细管凝聚变得显著起来，会破坏吸附平衡。

本实验采用ASAP2020型比表面和孔径测定仪，用BET法测定比表面，测试示意图如图1所示。

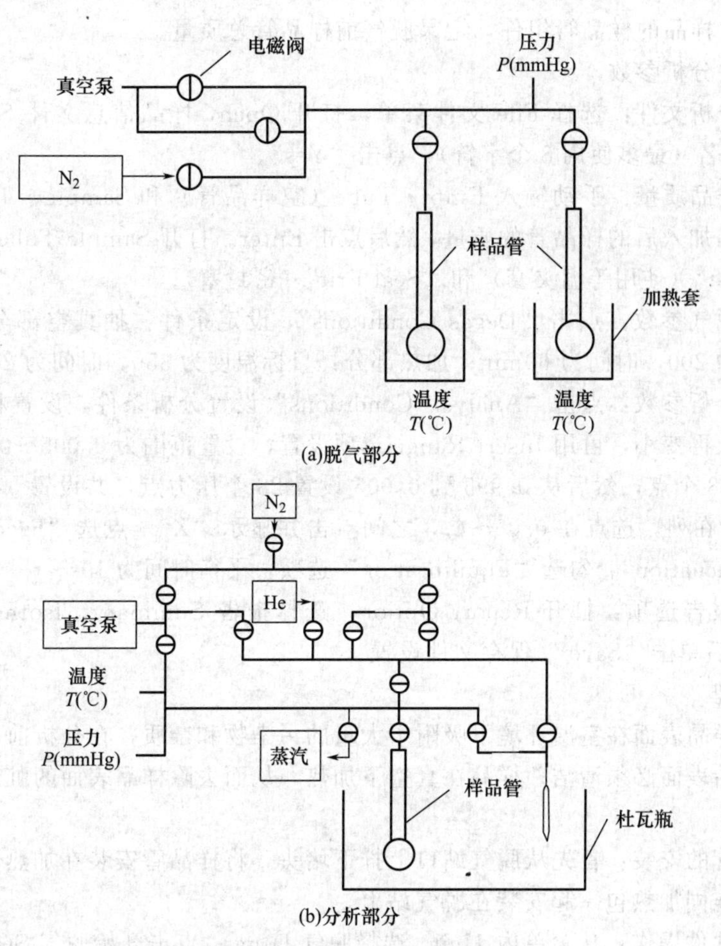

图1 ASAP 2020比表面测试示意图

三、仪器和试剂

ASAP2020型比表面和孔径测定仪1套；氮气瓶1个；氦气瓶1个；液氮罐（30L）1个；分析天平1台。

活性氧化铝；待测固体样品。

四、实验步骤

ASAP2020型比表面及孔径测定仪是以氮气为吸附质，氦气为载气，在−196℃下测定样品的比表面积、孔径及平均孔径。

1. 样品的预处理及称量

由于样品分析前状态无法控制，样品内部可能含有很多水分、有机质或腐蚀性物质。在分析前为了保证分析样品中的杂质不污染仪器，不损坏或腐蚀仪器管线，在上机分析前通常进行预处理。样品应放置在高温烘箱中，至少在110℃下烘干2h，若能放置在真空烘箱中烘干效果更好，样品自然冷却至室温，并在干燥器皿中保存；密度小的粉末样品，尽量在2MPa下压片。

在记录本上记录样品管号和塞子号。将托放在天平上称重后去皮，使天平稳定在零。将样品管组件（样品管、塞子或自动密封头、填充棒）连同托放在天平上称重。并记录样品管的空管质量。把盛样品的容器放在天平上称重后去皮，使天平稳定在零。慢慢将样品放入样品容器中并称重。取下样品管的自动密封头，使用漏斗将样品倒入样品管内底部。重新加入密封，并称量含样品的样品管组件，记录脱气前样品管总质量。

2. 建立软件分析参数

（1）建立分析文件：选择 File 文件菜单，打开 Open，样品信息文件 Sample Information，输入文件名（最多使用 8 个字符），点击“Yes”。

（2）输入样品质量：手动输入 Empty Tube（空样品管）和 Sample＋Tube，即称取的空管质量及样品加入后的样品管的质量，然后点击 Enter。打开 Sample Tube，勾选“Use Isothermal Jacket”（使用等温夹套）和“Seal Frit”（密封塞）。

（3）设定脱气参数：点击“Degas Conditions”，设定条件：抽真空部分：目标温度为 90，真空设定为 200，时间为 60min；加热部分：目标温度为 350，时间为 240。

（4）设定分析参数：点击“Analysis Conditions”设置分析条件，设置相对压力 p/p_0，按顺序从小变大再变小，可用 Insert Range 选项设置，设置范围为 0.005～0.995，从 0.005 到 0.995 设置 28 个点，然后从 0.995 到 0.005 设置 28 个压力点，共设置 55 个点。在 BET Surface Area 所在列，选点在 0.05～0.3 之间点击并显示“X”。点选“Preparation”选项，勾选“Fast Evacuation”。勾选“Equilibration”选项，平衡时间为 10s。

（5）设置报告选项：打开 Report Option，选择报告 Summary、Isotherm、BET Surface Area。最后单击“Save ”保存文件设置。

3. 脱气处理

绝大部分样品表面在室温环境下吸附了大量的污染物和杂质，在分析前一定要去除掉这些脏东西，样品表面必须清洁。样品在真空下加热，从而去除样品表面的脏东西。这一步称为样品脱气。

（1）样品管的安装：首先从脱气站口上拧下堵头，将样品管安装在加热包内，用夹子夹紧。把样品管连同加热包一起安装在脱气站上。

（2）脱气软件操作：从菜单内 Unit，选择脱气 Degas，点击开始脱气 Start Degas，点击样品 Sample 右侧的浏览键 Browse 选择脱气文件，点击开始 Start 进行脱气。

待脱气结束，将样品管冷却至室温，移开加热包的夹子和加热包，并称取脱气后样品管质量。样品管总质量减去空管质量，得到脱气后的样品质量。

4. 样品的分析

（1）样品管的安装：脱气后的样品管称重后，将样品管套上保温套管至样品管泡处，并移至安装在测试设备的分析口，将杜瓦瓶口盖安在样品管上。拧好 p_0 管并将其移到样品管的旁边，并把加满液氮的杜瓦瓶放到冷阱处和分析口后。

（2）样品参数分析操作：在 Unit 菜单中选择开始分析 Start Analysis，选择要分析的文件，点击 OK。确认分析参数，将称取的脱气后样品管的质量对分析参数中 Sample＋Tube 的参数进行修改。点击开始 Start 进行分析，数据被采集并输出图形。

五、数据记录和处理

本实验数据采用程序自身软件处理。选择要参与计算的数据之后点“确定”，软件就会自动计算得出结果。

六、注意事项

1. 气瓶出气口压力需保持在 0.1 ～0.15MPa 之间，建议 0.12MPa。

2. 倾倒液氮时注意安全，戴好防护手套。

3. 安装样品管时要垂直往上装，否则容易磕破样品管管口。

4. 样品管内样品量不要超过球泡体积，一般 0.1g 即可。

5. 电梯下面不要放置杂物，以免阻碍电梯下降。

6. 等温夹套不能耐高温，二次脱气加热时要注意将等温夹套移开。

7. 仪器使用时要注意套上保护罩。

8. 密度轻的样品，要降低抽真空的速度（建议 $2mmHg \cdot s^{-1}$ 或更低），或者在 2MPa 力下压片后再分析。

9. 脱气时加热套温度较高，注意避免烫伤。

七、思考讨论题

1. 在实验中为什么控制 p/p_0 在 0.05～0.30 之间？

2. 为什么氮气吸附要在－196℃进行分析？

3. 仪器使用过程中有哪些注意事项？

4. 利用低温氮吸附法测定多孔材料的比表面积的影响因素有哪些？

5. 低温物理吸附测量比表面积的优点和缺陷是什么？

6. 氮气吸附是本实验仪器的主要气体，但是否为唯一气体，其他气体如 CO_2 与氮气相比较优点和缺点又如何？

实验二十四　电泳

一、实验目的

1. 用电泳法测定 $Fe(OH)_3$ 溶胶的 ζ 电势。

2. 掌握电泳法测定 ζ 电势的原理和技术。

二、实验基本原理

溶胶是一种分散相粒径为 1～100nm 的固体粒子（称分散相）在液体介质（称分散介质）中形成的高分散多相系统。在胶体分散系统中，由于胶粒本身的电离，或胶粒向分散介质选择性吸附一定量的离子以及胶粒与分散介质间的相互摩擦，使得几乎所有胶体系统的颗粒都带电荷。在电场中，这些荷电的胶粒与分散介质间会发生相对运动，若分散介质不动，胶粒向阳极或阴极（视胶粒荷负电或正电而定）移动，称为电泳。

在外加电场的作用下，荷电的胶粒与周围介质做相对移动的滑移面位于紧密层与分散层的分界处，在滑动面处相对于均匀介质内部产生一个电势差，称为 ζ 电势。显然，胶粒在电场中的移动速度与 ζ 电势的大小有关，所以 ζ 电势也称为电动电势。ζ 电势的大小与胶粒的大小、浓度、介质的性质、pH 值以及温度等因素有关。ζ 电势还和溶胶的聚结不稳定性有关，ζ 电势越大，胶体系统越稳定，反之亦然，因此 ζ 电势是衡量胶体稳定性的重要参数。所以无论制备胶体或破坏胶体，通常都需要先了解有关胶体的 ζ 电势。

原则上，任何一种胶体的电动现象（电泳、电渗、流动电势和沉降电势）都可以利用来测定 ζ 电势，但最方便的方法则是通过电泳现象来测定。

电泳法又分为两类，即宏观法和微观法。宏观法是观测胶体溶液与另一不含胶粒的无色导电溶液的界面在电场中的移动速度。微观法则是直接观察单个胶粒在电场中的泳动速度。对高度分散的溶胶［如 $Fe(OH)_3$ 溶胶和 As_2S_3 溶胶］或过浓的溶胶，不易观察个别粒子的运动，只能用宏观法。对于颜色太淡或浓度过稀的溶胶，则适宜用微观法。本实验采用宏观法。

ζ 电势可用下式来计算：

$$\zeta=\frac{4\pi\eta}{\varepsilon H}u=\frac{4\pi\eta}{\varepsilon}\times\frac{u}{U/300l} \tag{1}$$

式中，u 为胶粒的移动速度（电泳速度），$u=s/t$，$cm\cdot s^{-1}$；s 为在时间 t（s）内胶粒移动的距离，cm；l 为两电极间的距离，cm，是指 U 形管内溶液的导电距离；H 为电势梯度；U 为电极两端电势差，V；η 为分散介质的黏度，Pa·s；ε 为分散介质的介电常数，当分散介质为水时，温度 293.15K 时，$\varepsilon=80.37$，$\eta=0.001002$Pa·s。

应用式（1）计算电泳速度或胶粒的 ζ 电势值时，式中电学量应使用绝对静电单位，1 绝对静电单位＝300 V，应用法定计量单位，则式（1）变为：

$$\zeta=\frac{4\pi\eta ls}{\varepsilon Ut}\times 300^2(\mathrm{V}) \tag{2}$$

式中，s、t、U、l 值均可由实验求得；ε、η 值可从手册中查到，据此可算出胶粒的 ζ 电势。

必须注意，由式 $u=s/t$ 所表示的电泳速度是随外加电压及两极间距离 l 的变化而变化的。一般文献中所记载的胶体电泳速度是指单位电势梯度下的，即由式 $\frac{s/t}{U/l}$ 所求得的胶粒电泳速度。

三、仪器和试剂

电泳实验装置（DYJ 系列）、电泳测定管 1 套；电导率仪 1 台；秒表 1 只。

$Fe(OH)_3$ 胶体溶液；稀 HCl 溶液。

四、实验步骤

1. 用电导率仪测定待测 $Fe(OH)_3$ 溶胶的电导率，并记录下该电导率的值。配制与该电导率值相同的稀盐酸备用。

2. 将洁净且干燥电泳测定管垂直固定，向其中间的小漏斗（图 1）中注入适量（3～4mL）已纯化的 $Fe(OH)_3$ 胶体。注意：将电泳管稍微倾斜使加入的胶体刚好充满活塞孔，关闭活塞（使活塞孔中充满胶体且无气泡）。如有少量胶体留在 U 形管一边，可用少量蒸馏水冲洗，然后缓慢倾斜使冲洗液流出。将电泳管固定在铁架台上，继续向小漏斗中加入胶体至漏斗管口稍低的位置。

3. 从 U 形管中加入已配好的稀盐酸 6～8mL（U 形管高度约一半），在 U 形管两边插上铂电极，然后十分小心地慢慢打开（不能全部打开）活塞，使胶体缓慢推动辅助溶液上升至浸没电极约 0.5cm 时关闭活塞。不要扰动界面。记下胶体液面的高度。用线或细丝量出电极的一端绕 U 形管到另一端的距离 l。注意：不是直线距离。

4. 轻轻将铂电极插入稀盐酸液层中，并使两极浸入液面下的深度相等，保持垂直，切勿扰动界面。

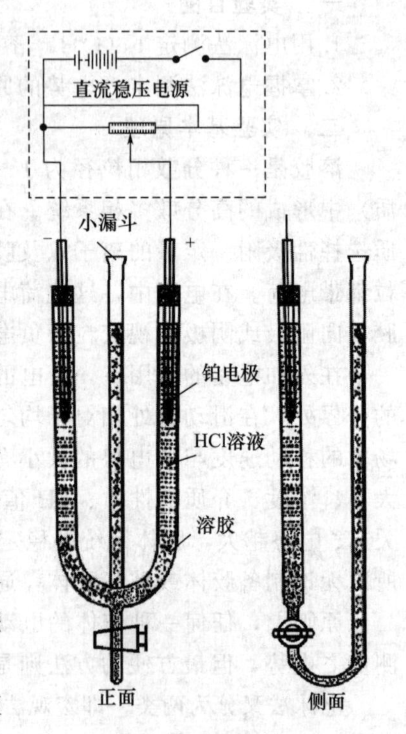

图 1 电泳仪装置示意图

5. 接两铂电极于直流稳压电源上，开启电源，将电压调至 30～40V，记录下胶体液面的高度。按仪器面板上的“计时”按钮，当胶体液面上升 1cm 时记录下时间和电压读数。改变电压到 40～50V，用同样方法记录胶体液面移动 1cm 距离所需时间与电压读数。

6. 量出两电极间的距离（不是直线距离，而是 U 形管内溶液的导电距离），用式(2)计算出 $Fe(OH)_3$ 胶粒的 ζ 电势。

五、数据记录和处理

1. 原始数据记录

室温：________ ℃

电泳时间 t/s	电压 U/V	两电极间距离 l/cm	胶体界面移动距离 s/cm

2. 根据式(2)计算出 $Fe(OH)_3$ 胶粒的 ζ 电势。

电泳时间 t/s	电压 U/V	两电极间距离 l/cm	s/cm	电动电势 ζ/V	$\bar{\zeta}$/V

3. 根据胶体界面移动的方向说明胶粒带何种电荷。

六、注意事项

1. 加入稀盐酸时，最关键的是开始 3 ～ 4 滴管盐酸溶液的加入一定是每滴管溶液的加入时间不得少于 3min，当加入的稀盐酸液面高于胶体界面 1 ～ 2cm 后，可以稍微加快一些，但每滴管溶液的加入时间也不得少于 2min，否则溶胶与稀盐酸的界面将不清晰，而影响实验。

2. 加入稀盐酸后，若觉得 $Fe(OH)_3$ 胶体溶液加少了，可以再从电泳测定管的小漏斗中缓缓加入（注意一定得慢）$Fe(OH)_3$ 胶体溶液。

七、思考讨论题

1. 要测定胶粒的电动电势必须注意哪些问题？

2. 本实验中所用的稀盐酸的电导率为什么必须和所测溶胶的电导率尽量一致？

3. 胶粒移动速度和哪些因素有关？

附注：氢氧化铁溶胶的制备与纯化

(1) 用水解法制备 $Fe(OH)_3$ 溶胶：在 250mL 烧杯中加 100mL 蒸馏水，加热至沸，慢慢地滴入 10% $FeCl_3$ 溶液 5mL，并不断搅拌，加完后继续沸腾 5min，由于水解，得到红棕色的 $Fe(OH)_3$ 溶胶。在溶液冷却时，反应要逆向进行，因此所得的 $Fe(OH)_3$ 溶胶必须进行渗析处理。

(2) 渗析半透膜的制备：选一个内壁光滑的 250mL 锥形瓶，洗净、烘干并冷却后，在瓶中倒入约 30mL 火棉胶溶液（溶剂为 1∶3 乙醇-乙醚液）。小心地转动锥形瓶，使火棉胶液黏附在锥形瓶内形成均匀薄层，倾出多余的火棉胶液于回收瓶中。此时锥形瓶仍需倒置并不断旋转，待剩余的火棉胶液流尽，并将其中的乙醚蒸发完（可用电吹风冷风吹锥形瓶口，以加快蒸发）直至嗅不出乙醚的气味为止。如此时用手指轻触胶膜粘手，则可再用电吹风热风吹 5min。将锥形瓶放正，在其中灌注蒸馏水至满（若乙醚未蒸发完而加水过早，半透膜呈白色，则不能用；若吹风时间过长，使膜变为干硬，易裂开），将膜浸于水中约10min，使膜中剩余的乙醇溶去。倒去瓶内之水，然后用刀在瓶口上割开薄膜，用手指轻挑，使膜与瓶口脱离，再慢慢地将水注入夹层中，使膜脱离瓶壁，轻轻取出即成半透膜袋。将膜袋灌水而悬空，袋中之水应能逐渐渗出。本实验要求水渗出的速度不小于每小时4mL，否则不符合要求而需重新制备。制好的半透膜袋，不用时需在水中保存，否则袋发脆易裂，且渗析能力显著降低。

(3) 用热渗析法纯化 $Fe(OH)_3$ 溶胶：将水解法制得的 $Fe(OH)_3$ 溶胶置于火棉胶半透膜袋内，用线拴住袋口，置于800mL的清洁烧杯内。在烧杯内加蒸馏水约300 mL，保持温度在60～70℃之间，不断搅拌，进行热渗析。每半小时换一次水，并取出1mL水检查其中的 Cl^- 及 Fe^{3+}（分别用1% $AgNO_3$ 及1% KCNS溶液进行检验），直至不能检查出 Cl^- 和 Fe^{3+} 为止（注意：纯化时间一般要24h以上，因此夜间渗析时不要加热）。将纯化过的 $Fe(OH)_3$ 溶胶移置于250mL清洁干燥的试剂瓶中，放置一段时间进行老化，老化后的 $Fe(OH)_3$ 溶胶可供电泳等实验使用。

实验二十五　电渗

一、实验目的

1. 用电渗法测定 SiO_2 对水的 ζ 电势。
2. 学会电渗仪的使用。
3. 了解电渗原理和电渗实验的基本方法。

二、实验基本原理

电渗是胶体常见的电动现象中的一种。多孔固体在与液体接触的界面处因吸附离子或本身电离而带电荷，液体则带相反的电荷，所以在电场的作用下，液体将通过多孔固体而运动，这就是电渗现象。因此，通过电渗实验，可以测定多孔固体界面吸附层和液体介质间的电势差（ζ 电势），从而了解多孔固体界面吸附层的性质。

为导出电渗速度与 ζ 电势的关系，设电渗发生在一个半径为 r 的毛细管中，如果在充满液体而长度为 l 的毛细管（图1）的两端加上一电势差 $U=\varphi_1-\varphi_2$，那么毛细管内的液体将对固体做相对运动，此时滑动面不在固体的表面，而是在液体本体之中，即距固体表面 δ 处（图1中的 AA' 和 BB' 面），AA' 面（或 BB' 面）与溶液深处的电势差即是 ζ 电势。显然 δ 是与毛细管管壁紧密相连的吸附层的厚度。若毛细管的表面电荷密度为 σ，加于长为 l 的毛细管两端的电势差 U，则界面单位面积上所受的静电力 F 为：

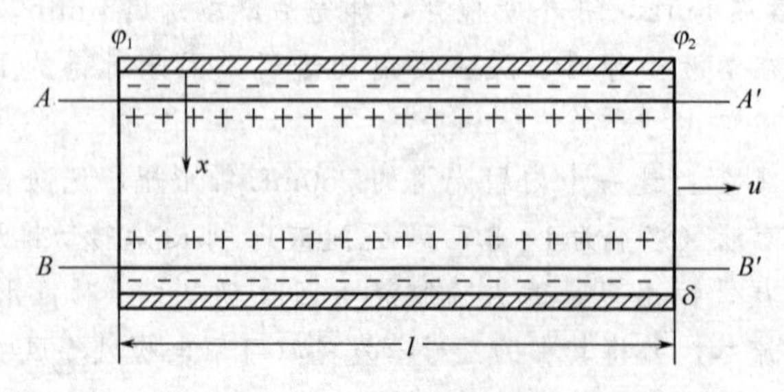

图1　毛细管电渗图

$$F=\sigma\frac{U}{l} \tag{1}$$

当液体在毛细管中流动时，单位面积上所受到的阻力 f 为：

$$f=\eta\frac{\mathrm{d}u}{\mathrm{d}x}=\eta\frac{u}{\delta} \tag{2}$$

式中，u 为电渗速度；η 为液体的黏度。

当液体匀速流动时 $F=f$，即：

$$\sigma\frac{U}{l}=\eta\frac{u}{\delta} \tag{3}$$

故可得：

$$u=\frac{U\sigma\delta}{\eta l} \tag{4}$$

假如界面处的电荷分布情况类似于一个处在介电常数为 ϵ 的液体中的平板电容器上的电荷分布，则其电容为：

$$C=\frac{Q}{\zeta}=\frac{\varepsilon S'}{4\pi\delta} \tag{5}$$

式中，Q 为电荷量；ε 为液体介质的介电常数；S' 为面积。

从式（5）可得：

$$\sigma=\frac{Q}{S'}=\frac{\varepsilon\zeta}{4\pi\delta} \tag{6}$$

将式（6）代入式（4）中得：

$$u=\frac{\varepsilon\zeta U}{4\pi\eta l} \tag{7}$$

设毛细管的截面积为 S，电渗速度为 u，单位时间内流过毛细管的液体量为 V_s，则：

$$V_s=Su=\frac{S\varepsilon\zeta U}{4\pi\eta l} \tag{8}$$

由于：

$$U=IR=I\frac{1}{\kappa}\times\frac{l}{S}=\frac{Il}{\kappa S} \tag{9}$$

式中，I 为通过两电极的电流；R 为两电极间的电阻；κ 为液体介质的电导率。

将式（9）代入式（8）得：

$$\zeta=\frac{4\pi\eta\kappa V_s}{\varepsilon I} \tag{10}$$

利用式（10）计算 ζ 电势，可用实验方法测得 V_s、κ 和 I 值，而 η、ε 值可从手册中查得（当分散介质为水时，温度 293.15K 时，$\varepsilon=81$，$\eta=0.001005\mathrm{Pa\cdot s}$）。式（10）中所有电学量必须用绝对静电单位表示。采用我国法定计量单位时，若 κ 单位为 $\Omega^{-1}\cdot\mathrm{cm}^{-1}$，$I$ 为 A，V_s 为 $\mathrm{cm^3\cdot s^{-1}}$，$\eta$ 为 Pa·s，ζ 为 V 时，则式（10）应为：

$$\zeta=300^2\times\frac{40\pi\eta\kappa V_s}{\varepsilon I}=3.6\times10^6\times\frac{\pi\eta\kappa V_s}{\varepsilon I} \tag{11}$$

上述推导过程中，忽略了毛细管壁的表面电导。本实验中，由于纯水的电导率较低，故采用式（10）或式（11）计算时将引入一些误差。

三、仪器和试剂

DC-M 电渗仪 1 套；电导率仪 1 台；秒表 1 只。

$0.001\mathrm{mol\cdot L^{-1}}$ NaCl 溶液。

四、实验步骤

1. 用蒸馏水将玻璃电渗仪洗净，并用少量 $0.001mol \cdot L^{-1}$ NaCl 溶液润洗，然后在其中注入适量的 $0.001mol \cdot L^{-1}$NaCl 溶液。用弯嘴滴管从计量管（图 2）管口注入一小气泡。

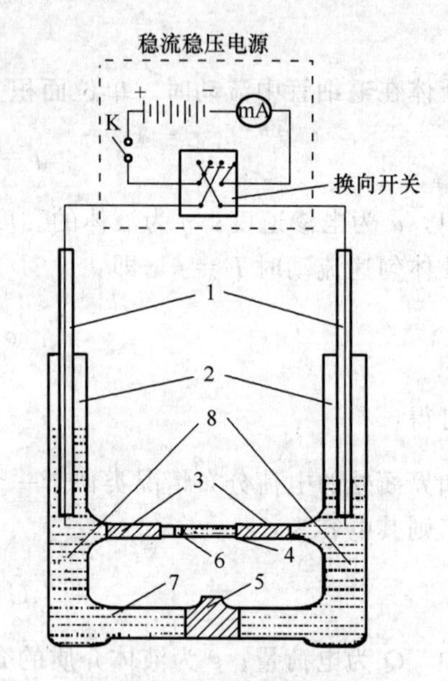

图 2 电渗仪装置

1—Pt 电极；2—电极管；3—优质乳胶管；4—计量管；5—样品；6—指示气泡；7—样品玻璃管；8—溶液

2. 打开电源，按下“稳定选择”按钮，调节“输出调节”旋钮，使输出电流稳定在 4mA 左右。用秒表记录计量管中气泡移动 15 小格所需的时间。切换“极性选择”使电流方向与上次相反。关闭电源 1min，摇动两电极，使电极底部的气泡逸出。再打开电源，用秒表记录计量管中气泡移动 15 小格所需时间。重复测定两个往返时间。然后用同法固定电流为 6mA 与 8mA 左右，再进行测定，每固定一次电流要测定 3 个往返时间。

3. 用电导率仪测定 $0.001mol \cdot L^{-1}$NaCl 溶液的电导率。

4. 实验初始与实验结束各测定一次 $0.001mol \cdot L^{-1}$ NaCl 溶液的温度。

5. 实验结束后，在电渗仪中注入 $0.001mol \cdot L^{-1}$ NaCl 溶液，并固定好。

五、数据记录和处理

1. 数据记录

实验开始温度：________℃；实验结束温度：________℃

NaCl 溶液的电导率 κ：________$S \cdot m^{-1}$

I/mA											
t/s											

2. 数据处理

实验平均水温：________℃；实验温度下水的黏度 η：________Pa·s

NaCl 溶液的电导率 κ：________$S \cdot m^{-1}$

I/mA			
$\overline{V}_s/cm^3 \cdot s^{-1}$			
ζ/V			
ζ 平均值/V			

测定时注意水流的方向和两个电极的极性，从而确定 ζ 的极性。

六、思考讨论题

1. 从实验的结果看，SiO_2 胶粒是显正电性还是负电性？

2. 实验过程中电极的底部为何会有气泡产生？如果不去除产生的气泡，对实验有何影响？

3. 实验中哪些因素影响 ζ 电势的测定结果，试讨论之。

结构化学部分

实验二十六　黏度法测定高聚物分子量

一、实验目的

1. 测定聚乙烯醇分子量的平均值。

2. 掌握用乌氏黏度计测定黏度的方法。

二、实验基本原理

在高聚物的研究中，分子量是一个不可缺少的重要数据。因为它不仅反映了高聚物分子的大小，而且关系到高聚物的物理性能。但与一般的无机物或低分子的有机物不同，高聚物多是分子量不等的混合物，因此通常测得的分子量是一个平均值。高聚物分子量测定方法很多，比较起来，黏度法设备简单，操作方便，并有很好的实验精度，是常用的方法之一。

高聚物在稀溶液中的黏度是它在流动过程所存在的内摩擦的反映，这种流动过程中的内摩擦主要有：溶剂分子之间的内摩擦、高聚物分子与溶剂分子之间的内摩擦以及高聚物分子之间的内摩擦。其中溶剂分子之间的内摩擦又称为纯溶剂的黏度，以 η_0 表示。三种内摩擦的总和称为高聚物溶液的黏度，以 η 表示。实践证明，在同一温度下，高聚物溶液的黏度一般要比纯溶剂的黏度大些，即有 $\eta > \eta_0$。为了比较这两种黏度，引入增比黏度的概念，以 η_{sp} 表示。

$$\eta_{sp} = \frac{\eta - \eta_0}{\eta_0} = \frac{\eta}{\eta_0} - 1 = \eta_r - 1 \tag{1}$$

式中，η_r 为相对黏度，它是溶液黏度与溶剂黏度的比值，反映的仍是整个溶液黏度的行为。

η_{sp} 则反映出扣除了溶剂分子之间的内摩擦以后仅仅是纯溶剂与高聚物分子之间以及高聚物分子之间的内摩擦。显而易见，高聚物溶液的浓度变化将会直接影响到 η_{sp} 的大小，浓度越大，黏度也越大。为此，常常用单位浓度下呈现的黏度来进行比较，从而引入比浓黏度的概念，以 $\frac{\eta_{sp}}{c}$ 表示。又 $\frac{\ln\eta_r}{c}$ 定义为比浓对数黏度。因为 η_r 和 η_{sp} 是无量纲量，$\frac{\eta_{sp}}{c}$ 和 $\frac{\ln\eta_r}{c}$ 的单位由浓度 c 的单位而定，通常采用 $g \cdot cm^{-3}$。为了进一步消除高聚物分子间内摩擦的作用，必须将溶液无限稀释。当浓度 c 趋近于零时，比浓黏度趋近于一个极限值，即：

$$\lim_{c \to 0} \frac{\eta_{sp}}{c} = [\eta] \tag{2}$$

$[\eta]$ 主要反映了高聚物分子与溶剂分子之间的内摩擦作用，称为高聚物溶液的特性黏度。其数值可通过实验求得。因为根据实验，在足够稀的溶液中有：

$$\frac{\eta_{sp}}{c}=[\eta]+k[\eta]^2c \tag{3}$$

$$\frac{\ln\eta_r}{c}=[\eta]-\beta[\eta]^2c \tag{4}$$

这样以 $\frac{\eta_{sp}}{c}$ 和 $\frac{\ln\eta_r}{c}$ 对 c 作图得两条直线，这两条直线在纵坐标轴上相交于同一点（图1），可求出［η］数值。为了方便绘图，引进相对浓度 c'，即 $c'=\frac{c}{c_1}$。其中，c 表示溶液的真实浓度，c_1 表示溶液的起始浓度，由图1可知：

$$[\eta]=\frac{A}{c_1} \tag{5}$$

式中，A 为截距。

由溶液的特性黏度［η］还无法直接获得高聚物分子量的数据，目前常用的由半经验的麦克（H. Mark）非线性方程求得，即：

$$[\eta]=KM^{\alpha} \tag{6}$$

式中，M 为高聚物分子量的平均值；K、α 为常数，与温度、高聚物性质、溶剂等因素有关，可通过其他方法求得。

实验证明，α 值一般在0.5～1之间。聚乙烯醇的水溶液在25℃时，$\alpha=0.76$，$K=2\times10^{-2}$；在30℃时，$\alpha=0.64$，$K=6.66\times10^{-2}$。式（6）适用于非支化的、聚合度不太低的高聚物。

由上述可以看出高聚物分子量的测定最后归结为溶液特性黏度［η］的测定。而黏度的测定可以按照液体流经毛细管的速度来进行，根据泊塞勒（Poiseuille）公式：

$$\eta=\frac{\pi r^4 thg\rho}{8lV} \tag{7}$$

式中，V 为流经毛细管液体的体积；r 为毛细管半径；ρ 为液体密度；l 为毛细管长度；t 为流出时间；h 是作用于毛细管中液体上的平均液柱高度，$h=\frac{1}{2}(h_1+h_2)$（图2）；g 为重力加速度。

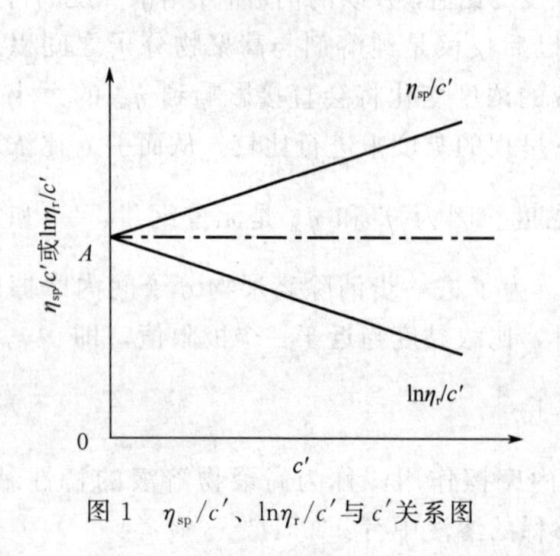

图1 η_{sp}/c'、$\ln\eta_r/c'$ 与 c' 关系图

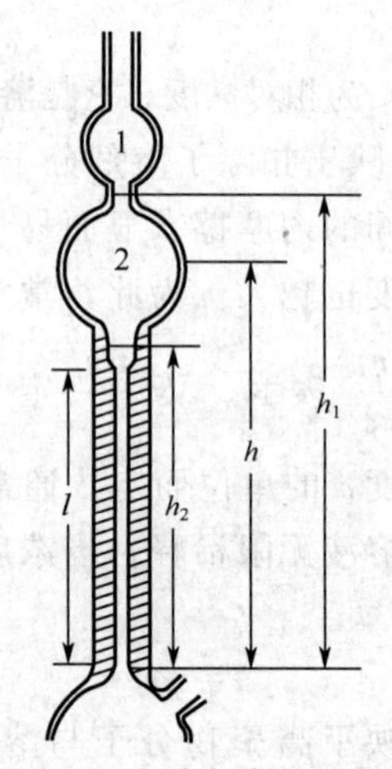

图2 黏度计各参数示意图

液体在毛细管内靠液柱的重力流动，它所具有的位能，除了消耗于克服分子内摩擦的阻力外，同时使液体本身获得了动能，使实际测得的液体黏度偏低。如果液体的流速较大时，动能消耗的能量可达20%。因此对泊塞勒公式必须进行修正。当液体流动较慢时，动能消耗很小，可以忽略。这时对于同一黏度计来说 h、r、l、V 是常数，则式（7）有：

$$\eta = K'\rho t \tag{8}$$

考虑到通常测定是在高聚物的稀溶液下进行，溶液的密度 ρ 与纯溶剂的密度 ρ_0 可视为相等，则溶液的相对黏度就可表示为：

$$\eta_r = \frac{\eta}{\eta_0} = \frac{K'\rho t}{K'\rho_0 t_0} \approx \frac{t}{t_0} \tag{9}$$

由此可见，由黏度法测高聚物分子量，最基础的测定是 t_0、t、c，实验的成败和准确度取决于测量液体所流经时间的准确度、配制溶液浓度的准确度和恒温槽的恒温程度、安装黏度计的垂直位置的程度以及外界的震动等因素。

黏度法测定高聚物分子量时要注意以下几点。

（1）溶液浓度的选择。随着溶液浓度的增加，聚合物分子链之间的距离逐渐缩短，因而分子间作用力增大。当溶液浓度超过一定限度时，高聚物溶液的 $\frac{\eta_{sp}}{c}$ 或 $\frac{\ln\eta_r}{c}$ 与 c 不成线性关系。通常选用 $\eta_r = 1.2 \sim 2.0$ 之间的浓度范围。

（2）溶剂的选择。高聚物的溶剂有良溶剂和不良溶剂两种。在良溶剂中，高分子线团伸展，链的末端距离增大，链段密度减小，溶液的［η］值较大。在不良溶剂中则相反，且溶解很困难。在选择溶剂时要注意考虑溶解度、价格、来源、沸点、毒性、分解性和回收等方面的因素。

（3）毛细管黏度计的选择。常用毛细管黏度计有乌氏黏度计和奥氏黏度计两种，测分子量一般选用乌氏黏度计。对球2体积为5mL的黏度计，一般要求溶剂流出时间 $t_0 = 100 \sim 130$s。

（4）恒温槽。温度波动直接影响溶液黏度的测定，国家规定用黏度法测定分子量的恒温槽的温度波动为±0.05℃。

（5）黏度测定中异常现象的近似处理。在特性黏度测定过程中，有时并非操作不慎，而出现如图3的异常现象。在式（3）中的 k 和 $\frac{\eta_{sp}}{c}$ 值与高聚物结构和形态有关。而式（4）其物理意义不太明确。因此出现异常现象时，以 $\frac{\eta_{sp}}{c}$-c 曲线求［η］值。

三、仪器和试剂

恒温槽1套；乌氏黏度计1支；秒表1块；洗耳球1个；容量瓶（100mL）1个；容量

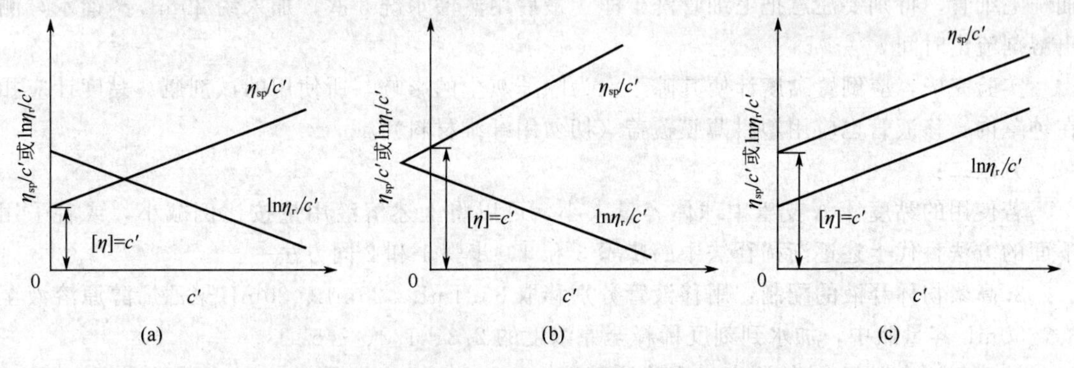

图3　异常现象中的 η_{sp}/c'、$\ln\eta_r/c'$ 与 c' 关系图

瓶（50mL）4 个；烧杯（100mL）1 个；移液管若干支；3 号玻璃砂芯漏斗。

聚乙烯醇；正丁醇。

四、实验步骤

方法一：

1. 高聚物原溶液的配制。称取 0.25g 聚乙烯醇放入 100mL 烧杯中，注入约 60mL 蒸馏水，稍加热使其溶解。待冷至室温，加入 2 滴正丁醇（去泡剂），并移入 100mL 容量瓶中，加水至刻度。如果溶液中有固体杂质，用 3 号玻璃砂芯漏斗过滤后待用。不能用滤纸过滤，以免纤维混入。

2. 安装黏度计。所用黏度计必须洁净，有时微量的灰尘、油污等会产生局部的堵塞现象，影响溶液在毛细管中的流速而导致较大的误差。所以实验之前应彻底洗净黏度计，并放在烘箱中干燥。然后在侧管 C 上端套一软管，并用夹子加紧使之不漏气。调节恒温槽至 25℃。把黏度计垂直放入恒温槽中，使球 1 完全浸没在水中，放置位置要合适，便于观察液体的流动情况。恒温槽的搅拌速率应置于“慢”挡，以免产生剧烈震动，影响测定的结果。

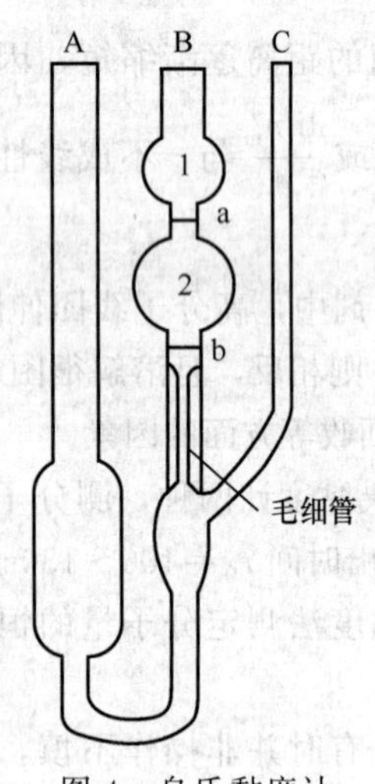

图 4　乌氏黏度计

3. 溶液流出时间的测定。准确量取 20mL 已配好的聚乙烯醇水溶液，由 A 管（如图 4 所示）加到黏度计内，用洗耳球从 B 管口将溶液吸至 2 球再将溶液推下去，反复推吸 3 次，将溶液混合均匀。恒温 10min。用洗耳球由 B 管将溶液经毛细管慢慢吸至球 1 一半的位置，（注意：液体不能吸到球内），然后除去吸球使管 B 与大气相通并打开侧管 C 的夹子，让溶剂依靠重力自由流下。当液面达到刻度线 a 时，立刻按秒表开始计时，当液面下降到刻度线 b 时，再按秒表，记录溶剂流经毛细管的时间 t_1，此时溶液浓度为 $c_1=c_0$（$c'_1=1$），（c_0 是溶液的原始浓度）。重复三次，每次相差不应超过 0.3s，取其平均值。（如果相差过大，则应检查毛细管有无堵塞现象；察看恒温槽是否符合要求）。

测 c_2 对应的流出时间 t_2。准确量取 10mL 蒸馏水，通过 A 管加到黏度计中，混合均匀，此时浓度为 $c_2=2c_0/3$（$c'_2=2/3$）。按上述方法测 t_2。再分两次加入蒸馏水各 10mL，浓度分别变为 $c_3=c_0/2$（$c'_3=1/2$）和 $c_4=2c_0/5$（$c'_4=2/5$），流出时间分别为 t_3、t_4。（如果第 4 个浓度溶液量过多，可以在混匀后，倒去少量的溶液）。

4. 溶剂流出时间的测定。倒出黏度计中的溶液，先用自来水冲洗黏度计多次，每次都要抽洗毛细管，特别要注意把毛细管洗干净。最后用蒸馏水洗 3 次，加入约 20mL 蒸馏水，测出溶剂流出时间 t_0。

实验完毕，应倒置黏度计使其晾干。为除掉灰尘的影响，所使用的试剂瓶、黏度计应扣在钟罩内，移液管也应用塑料薄膜覆盖（切勿用纤维材料）。

方法二：

若使用的黏度计 A 支管中球体容量太小，可以将上述溶液用量按比例减小，或者采用下面的方法替代上述逐渐稀释法中的步骤 3 和 4，步骤 1 和 2 同方法一。

3. 高聚物稀释液的配制：用移液管分别移取 33.4mL、25mL、20mL 聚乙烯醇原溶液至 3 个 50mL 容量瓶中，加水到刻度稀释至原浓度的 2/3、1/2、2/5。

4. 溶剂流出时间 t_0 的测定：用移液管取 15mL $c'=2/5$ 的聚乙烯醇水溶液由 A（图 4）

注入黏度计中。待恒温后，利用洗耳球由B处将溶剂经毛细管吸入球2和球1中（注意：液体不能吸到洗耳球内），然后除去洗耳球使管B与大气相同，与此同时打开侧管C的夹子，让溶剂依靠重力自由流下。当液面达到刻度线a时，立刻按秒表开始计时，当液面下降到刻度线b时，再按秒表，记录溶剂流经毛细管的时间t_4。重复三次，每次相差不应超过0.2s，取其平均值。如果相差太大，则应检查毛细管有无堵塞现象，查看恒温槽温度是否符合要求。依此类推，分别测定已配制好的$c'=1/2c$、$2/3c$、$1c$溶液的流出时间t_3、t_2、t_1。

5. 溶液流出时间的测定：倒出黏度计中的溶液，先用自来水冲洗黏度计多次，每次都要抽洗毛细管，特别要注意把毛细管洗干净。最后用蒸馏水洗3次，加入约15mL蒸馏水，测出溶剂流出时间t_0。重复三次，每次相差不应超过0.2s，取其平均值。

实验完毕，黏度计应洗净，并倒置使其晾干。为除掉灰尘的影响，所使用的试剂瓶、黏度计应扣在钟罩内，移液管也应用塑料薄膜覆盖（切勿用纤维材料）。

五、数据记录和处理

1. 将实验数据记录于下表中。

室温：________℃，恒温槽温度：________℃

	流出时间				η_r	η_{sp}	$\frac{\eta_{sp}}{c'}$	$\ln\eta_r$	$\frac{\ln\eta_r}{c'}$
	测量值			平均值					
	1	2	3						
溶剂				$t_0=$					
$c'=1$				$t_1=$					
$c'=2/3$				$t_2=$					
$c'=1/2$				$t_3=$					
$c'=2/5$				$t_4=$					

2. 作$\frac{\eta_{sp}}{c'}$-c'图和$\frac{\ln\eta_r}{c'}$-c'图，并外推至$c'=0$，从截距求出[η]值。

3. 由$[\eta]=KM^{\alpha}$求出聚乙烯醇的分子量M_r。

六、思考讨论题

1. 特性黏度[η]值是怎样测定的？

2. 为什么$\lim\limits_{c\to 0}\frac{\eta_{sp}}{c}=\lim\limits_{c\to 0}\frac{\ln\eta_r}{c}$？

3. 分析实验成功与失败的原因。

实验二十七　摩尔折射度的测定

一、实验目的

1. 了解分子偶极矩及其形成原因。

2. 了解分子极化率与摩尔折射度的关系。

3. 掌握利用摩尔折射度确定分子结构的方法。

二、实验基本原理

分子偶极矩是对分子中电荷分布情况的量度。对于中性分子，由于分子中正、负电荷的数量相等，整个分子表现出电中性。当分子中正、负电荷中心不重叠时，就会使分子中局部带正电，局部带负电，此时分子具有偶极矩。这种偶极矩是分子的固有属性，与外界环境无关，通常称为永久偶极矩。而分子在外加电场的作用下所产生的分子诱导极化，称为诱导偶极矩。它一般包括两个部分：一是电子极化，由电子与核的相对位移所引起；二是原子极化，由原子核间产生相对位移，即键长和键脚的改变所引起。

诱导偶极矩（$\mu_{诱}$）可表示为

$$\mu_{诱}=\alpha E \tag{1}$$

式中，E 为外加电场强度；α 为分子的极化率，$J^{-1}\cdot C^2\cdot m^2$。极化率 α 与摩尔折射度 R 呈正比。所以通常用摩尔折射度来反映分子极化率的大小。在分子极化率中，电子极化占绝大多数，而原子极化所占比例很小，常常忽略不计。

极化率 α 与摩尔折射度 R 的关系可表示为

$$R=N_A\alpha/3\varepsilon_0 \tag{2}$$

式中，N_A 为阿伏伽德罗常数；ε_0 为真空介电常数。

摩尔折射度 R 又可表示为

$$R=\frac{(n^2-1)M}{(n^2+2)\rho} \tag{3}$$

式中，M 为分子量；ρ 为物质的密度；n 为物质的折射率。

摩尔折射度具有加和性，即某分子的摩尔折射度等于该分子中各化学键的折射度之和。例如，$CHCl_3$ 中包括一个 C—H 键和三个 C—Cl 键，该分子的摩尔折射度即为所有键折射度之和，即 $R=1.676+3\times6.51=21.21cm^3\cdot mol^{-1}$。利用此计算值与实验测量结果进行比较，从而可以确定化合物的结构，还可用于鉴别化合物以及分析混合物的组成等。若干化学键的折射度 R 如表 1 所示。

表 1　若干化学键的折射度 $R/cm^3\cdot mol^{-1}$

化学键	R	化学键	R	化学键	R	化学键	R	化学键	R
C—H	1.67	C—F	1.45	C—O	1.54	C—N	1.57	N—O	2.43
C—C	1.296	C—Cl	6.51	C═O	3.32	C═N	3.75	N═O	4.00
C═C	4.17	C—Br	9.39	O—H(醇)	1.66	C≡N	4.82	N—N	1.99
C≡C	5.87	C—I	14.61	O—H(酸)	1.80	N—H	1.76	N═N	4.12
C_6H_5	25.46	C—S	4.61	C═S	11.91	S—S	8.11		

三、仪器和试剂

阿贝折光仪 1 台；密度瓶 7 个。

二氯甲烷；氯仿；四氯化碳；乙醇；乙酸乙酯；乙腈；N,N-二甲基甲酰胺。

四、实验步骤

1. 液体密度的测定。用密度瓶法测定上述液体样品的密度。

2. 折射率的测定。用阿贝折光仪测定上述样品的折射率。

五、数据记录和处理

1. 利用表 1 的数据，计算出上述各化合物摩尔折射度的计算值（理论值）。

2. 将各化合物所测定的密度和折射率数据代入式（3）中，计算出摩尔折射度的实验值。

3. 将上述理论值及实验值列入表中，并计算实验值的相对误差。将实验测得的数据填入下表 2 和表 3 中并处理。

表 2

物质名称	折射率 n_D				容量瓶质量/g	加入溶剂后质量/g
	1	2	3	平均值		
CH_2Cl_2						
$CHCl_3$						
CCl_4						
C_2H_5OH						
$CH_3COOC_2H_5$						
CH_3CN						
$HCON(CH_3)_2$						

表 3

物质名称	溶剂质量/g	容量瓶体积/mL	溶剂密度/$g·mL^{-1}$	摩尔质量/$g·mol^{-1}$	R 实验值	R 理论值	误差/%
CH_2Cl_2							
$CHCl_3$							
CCl_4							
C_2H_5OH							
$CH_3COOC_2H_5$							
CH_3CN							
$HCON(CH_3)_2$							

六、思考讨论题

1. 分析摩尔折射度的实验值与理论值之间产生误差的原因。

2. 如何用测定摩尔折射度的方法确定混合溶剂的组成？

实验二十八　偶极矩和介电常数的测定

一、实验目的

1. 用溶液法测定乙酸乙酯的介电常数和偶极矩。

2. 了解偶极矩与分子电性质的关系。

3. 掌握溶液法测定偶极矩的主要实验技术。

二、实验基本原理

1. 偶极矩与极化度

分子结构可以近似地看作由电子云和分子骨架（原子核及内层电子）所构成。由于其空间构型的不同，其正负电荷中心可以是重合的，也可以不重合。前者称为非极性分子，后者称为极性分子。

1912 年德拜提出“偶极矩”μ 的概念来度量分子极性的大小，如图 1 所示，其定义为：

$$\mu = \mathrm{qd} \tag{1}$$

式中，q 为正负电荷中心所带的电量；d 为正负电荷中心之间的距离；μ 为一个矢量，其方向规定为从正到负。

因分子中原子间距离的数量级为 10^{-10} m，电荷的数量级为 10^{-20}C，所以偶极矩的数量级是 10^{-30}C·m。

通过偶极矩的测定，可以了解分子结构中有关电子云的分布和分子的对称性，从而可以用来鉴别几何异构体和分子的立体结构等。

极性分子具有永久偶极矩，但由于分子的热运动，偶极矩指向某个方向的机会均等，所以偶极矩的统计值等于零。若将极性分子置于均匀的电场 E 中，则偶极矩在电场的作用下，如图 2 所示趋向电场方向排列，这时称这些分子被极化了。极化的程度可用摩尔转向极化度 $P_{转向}$ 来衡量。

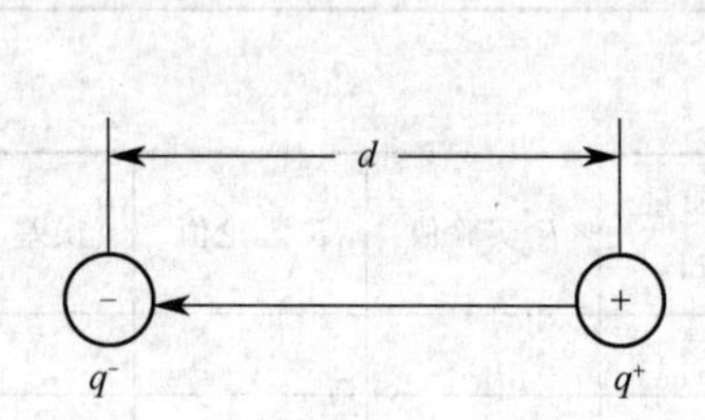

图 1　电偶极矩示意图

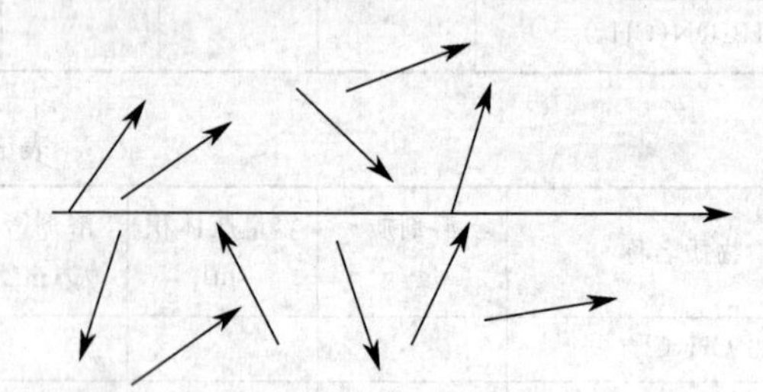

图 2　极性分子在电场作用下的定向

$P_{转向}$ 与永久偶极矩 μ^2 的值成正比，与热力学温度 T 成反比。

$$P_{转向} = \frac{4}{3}\pi N_A \frac{\mu^2}{3kT} = \frac{4}{9}\pi N_A \frac{\mu^2}{kT} \tag{2}$$

式中，k 为玻耳兹曼常数；N_A 为阿伏伽德罗常数；T 为热力学温度；μ 为分子的永久偶极矩。

在外电场作用下，不论极性分子或非极性分子，都会发生电子云对分子骨架的相对移动，分子骨架也会发生形变，这称为诱导极化或变形极化。用摩尔诱导极化度 $P_{诱导}$ 来衡量。显然 $P_{诱导}$ 可分为两项，即电子极化度 $P_{电子}$ 和原子极化度 $P_{原子}$，因此：

$$P_{诱导} = P_{电子} + P_{原子} \tag{3}$$

$P_{诱导}$ 与外电场强度成正比，与温度无关。

如果外电场是交变场，极性分子的极化情况则与交变场的频率有关。当处于频率小于 10^{10} Hz 的低频电场或静电场中，极性分子所产生的摩尔极化度 P 是转向极化、电子极化和原子极化的总和：

$$P = P_{转向} + P_{电子} + P_{原子} \tag{4}$$

当频率增加到 $10^{12} \sim 10^{14}$ Hz 的中频（红外频率）时，电子的交变周期小于分子偶极矩的松弛时间，极性分子的转向运动跟不上电场的变化，即极性分子来不及沿电场方向定向，

故 $P_{转向}=0$，此时极性分子的摩尔极化度等于摩尔诱导极化度 $P_{诱导}$。

当交变电场的频率进一步增加到 $>10^{15}$ Hz 的高频（可见光和紫外频率）时，极性分子的转向运动和分子骨架变形都跟不上电场的变化。此时极性分子的摩尔极化度等于电子极化度 $P_{电子}$。

因此，原则上只要在低频电场下测得极性分子的摩尔极化度 P，在红外频率下测得极性分子的摩尔诱导极化度 $P_{诱导}$，两者相减得到极性分子摩尔转向极化度 $P_{转向}$，然后代入式(2) 即可算出极性分子的永久偶极矩 μ。

2. 摩尔极化度的测定

克劳修斯、莫索和德拜从电磁场理论得到了摩尔极化度 P 与介电常数 ε 之间的关系式：

$$P=\frac{\varepsilon-1}{\varepsilon+2}\times\frac{M}{\rho} \tag{5}$$

式中，M 为被测物质的摩尔质量；ρ 为被测物质的密度；ε 是介电常数，可以通过实验测定。

式（5）是假定分子与分子间无相互作用而推导得到的，因此它只适用于温度不太低的气相体系。但对某些物质甚至根本无法获得气相状态，这个公式无法适用。为解决这一问题，后来提出了一种溶液法。溶液法的基本想法是：在无限稀释的非极性溶剂的溶液中，溶质分子所处的状态和气相时相近，于是无限稀释溶液中溶质的摩尔极化度 P_2^{∞} 就可以看作式（5）中的 P。

海德斯特兰首先利用稀溶液的近似公式：

$$\varepsilon_{溶}=\varepsilon_1(1+\alpha x_2) \tag{6}$$

$$\rho_{溶}=\rho_1(1+\beta x_2) \tag{7}$$

再根据溶液的加和性，推导出无限稀释时溶质摩尔极化度的公式：

$$P=P_2^{\infty}=\lim_{x_2\to 0}P_2=\frac{3\alpha\,\varepsilon_1}{(\varepsilon_1+2)^2}\times\frac{M_1}{\rho_1}+\frac{\varepsilon_1-1}{\varepsilon_1+2}\times\frac{M_2-\beta M_1}{\rho_1} \tag{8}$$

上述式（6）、式（7）、式（8）中，$\varepsilon_{溶}$、$\rho_{溶}$ 分别是溶液的介电常数和密度；M_2、x_2 分别是溶质的分子量和物质的量分数；ε_1、ρ_1、M_1 分别是溶剂的介电常数、密度和分子量；α、β 是分别与 $\varepsilon_{溶}$-x_2 和 $\rho_{溶}$-x_2 直线斜率有关的常数，即作 $\varepsilon_{溶}$-x_2 图，根据式（6）由直线测得斜率 α，截距 ε_1；作 $\rho_{溶}$-x_2 图，并根据式（7）由直线测得斜率 β，截距 ρ_1，代入式(8) 得 $\overline{P_2^{\infty}}$。

3. 由折射度计算电子极化度 $P_{电子}$

上面已经提到，在红外频率的电场下，可以测得极性分子摩尔诱导极化度：

$$P_{诱导}=P_{电子}+P_{原子}$$

但是在实验中由于条件的限制，很难做到这一点。所以一般总是在高频电场下测定极性分子的电子极化度 $P_{电子}$。

根据光的电磁理论，在同一频率的高频电场作用下，透明物质的介电常数 ε 与折射率 n 的关系为：

$$\varepsilon=n^2 \tag{9}$$

习惯上用摩尔折射度 R_2 来表示高频区测得的极化度，而此时，$P_{转向}=0$，$P_{原子}=0$，则：

$$R_2=P_{电子}=\frac{n^2-1}{n^2+2}\times\frac{m}{\rho} \tag{10}$$

在稀溶液情况下，还存在近似公式：

$$n_{溶}=n_1(1+\gamma x_2) \tag{11}$$

同样，从式（10）可以推导出无限稀释时，溶质的摩尔折射度的公式：

$$R_2^{\infty}=\lim_{x_2\to 0}R_2=\frac{n_1^2-1}{n_1^2+2}\times\frac{M_2-\beta M_1}{\rho}+\frac{6n_1^2M_1\gamma}{(n_1^2+2)^2\rho_1} \tag{12}$$

式（11）、式（12）中，$n_{溶}$是溶液的折射率；n_1 是溶剂的折射率；γ 是与 $n_{溶}$-x_2 直线斜率有关的常数，即作 $n_{溶}$-x_2 图，根据式（11）由直线测得斜率 γ，截距 n_1。

4.偶极矩的测定

考虑到原子极化度通常只有电子极化度的 5%～15%，而且 $P_{转向}$ 又比 $P_{原子}$ 大得多，故常常忽视原子极化度。

从式（2）、式（4）、式（8）和式（12）可得：

$$P_2^{\infty}-R_2^{\infty}=\frac{4}{9}\pi N_A\frac{\mu^2}{kT} \tag{13}$$

上式把物质分子的微观性质偶极矩和它的宏观性质介电常数、密度、折射率联系起来，分子的永久偶极矩就可用下面的简化式计算：

$$\mu=0.04274\times 10^{-30}\sqrt{(P_2^{\infty}-R_2^{\infty})T}\quad \mathrm{C\cdot m} \tag{14}$$

在某种情况下，若需要考虑 $P_{原子}$ 影响时，只需对 R_2^{∞} 作部分修正就行了。

上述测求极性分子偶极矩的方法称为溶液法。溶液法测溶质偶极矩与气相测得的真实值间存在偏差。造成这种现象的原因是由于非极性溶剂与极性溶质分子相互间的作用——“溶剂化”作用。这种偏差现象称为溶剂法测量偶极矩的“溶剂效应”。

此外测定偶极矩的方法还有多种，如温度法、分子束法、分子光谱法及利用微波谱的斯诺克法等。有兴趣的可以自己查阅，这里就不一一介绍。

5.介电常数的测定

介电常数是通过测定电容计算而得的。

如果在电容器的两个极板间充以某种电解质，电容器的电容量就会增大。如果维持极板上的电荷量不变，那么充电解质的电容器两极板间电势差就会减少。设 C_0 为极板间处于真空时的电容量，C 为充以电解质时的电容量，则 C 与 C_0 之比值 ε 称为该电解质的介电常数。

$$\varepsilon=\frac{C}{C_0} \tag{15}$$

法拉第在 1837 年就解释了这一现象，认为这是由于电解质在电场中极化而引起的。极化作用形成一反向电场，如图 3 所示，因而抵消了一部分外加电场。

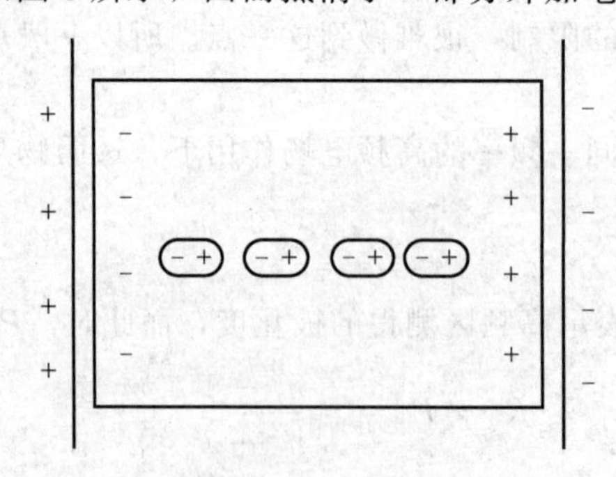

图 3　电解质在电场作用下极化而引起的反向电场

测定电容的方法一般有电桥法、拍频法和谐振法，后二者为测定介电常数所常用，抗干扰性能好，精度高，但仪器价格较贵。本实验中采用电桥法。实际所测得的电容 C_x 是样品的电容 $C_{样}$ 和整个测试系统中的分布电容 C_d 之和，即：

$$C_x = C_{样} + C_d \tag{16}$$

显然，$C_{样}$ 值随介质而异，而 C_d 对同一台仪器而言是一个定值，称为仪器的本底值。如果直接将 C_x 值当作 $C_{样}$ 值来计算，就会引进误差。因此，必须先求出 C_d 值，并在以后的各次测量中给予扣除。

测定 C_d 的方法如下：用一个已知介电常数的标准物质测得电容 $C'_{标}$：

$$C'_{标} = C_{标} + C_d \tag{17}$$

再测电容池中不放样品时的电容：

$$C'_{空} = C_{空} + C_d \tag{18}$$

上述式（17）、式（18）中 $C_{标}$、$C_{空}$ 分别为标准物质和空气的电容。近似地可认为 $C_{空} \approx C_0$，则：

$$C'_{标} - C'_{空} = C_{标} - C_0 \tag{19}$$

因为：

$$\varepsilon = \frac{C_{标}}{C_0} \approx \frac{C_{标}}{C_{空}} \tag{20}$$

由式（18）、式（19）、式（20）可得：

$$C_0 = \frac{C'_{标} - C'_{空}}{\varepsilon_{标} - 1} \tag{21}$$

$$C_d = C'_{空} - C_0 = C'_{空} - \frac{C'_{标} - C'_{空}}{\varepsilon_{标} - 1} \tag{22}$$

计算出 C_d、C_0 之后，根据式（15）和式（16）可得样品的介电常数：

$$\varepsilon_{样} = \frac{C_x - C_d}{C_0} \tag{23}$$

三、仪器和试剂

电容测定仪 1 台；电容池 1 只；阿贝折光仪 1 台；超级恒温水浴 1 台；容量瓶（10mL）5 个；移液管（5mL 带刻度）1 只；烧杯（10mL）5 个；干燥器 1 只；电吹风 1 个；电子天平 1 台。

环己烷（分析纯）；乙酸乙酯（分析纯）。

四、实验步骤

1. 溶液配制

将 5 个干燥的容量瓶编号，分别放到电子天平上称量，读数稳定后归零。在 2～5 号空瓶内分别加入 0.5mL、1.0mL、1.5mL 和 2.0mL 的乙酸乙酯，称重，记下各自质量，归零。然后在 1～5 号的 5 个瓶内加环己烷至刻度，称重并记下各自质量。操作时应注意防止溶质、溶剂的挥发以及吸收极性较大的水汽。为此，溶液配好后应迅速盖上瓶塞，并置于干燥器中。

2. 折射率的测定

用阿贝折光仪测定环己烷及各配制溶液的折射率。测定前先用少量样品清洗棱镜镜面两次，用洗耳球吹干镜面。测定时滴加的样品应均匀分布在镜面上，迅速闭合棱镜，调节反射镜，使视场明亮。转动上边的消色散旋钮，使镜筒内呈现一条清晰的明暗临界线。转动下边调节旋钮，使临界线移动至准丝交点上，此时可在镜筒内读取折射率读数。每个样品要求测定两次，每次读取两个读数，这些数据之间相差不能超过 0.0003。

3. 介电常数的测定

(1) 接好介电常数测量仪的配套电源线，打开电源开关，预热 5min；用配套测试线将数字介电常数测量仪与电容池连接起来；待显示稳定后，按下校零按钮，数字表头显示为零。

(2) 电容 C_0 和 C_d 的测定：本实验采用环己烷为标准物质，其介电常数的温度公式为：

$$\varepsilon_{标}=2.203-0.0016(t-20) \qquad \varepsilon_{环己烷}=2.052-1.55\times10^{-3}t \tag{24}$$

式中，t 为实验室温度，℃。

用电吹风将电容池加样孔吹干，旋紧盖子，将电容池与介电常数测量仪接通。读取介电常数测量仪上的数据。重复三次，取平均值。用移液管取 1mL 纯环己烷加入电容池的加样孔中，盖紧盖子，按上述方法测量。倒去液体，吹干，重新装样，按上述方法再测量两次，取三次测量平均值。

(3) 溶液电容的测量：测定方法与环己烷的测量方法相同。每个溶液均应重复测定三次，三次数据差值应小于 0.05 pF。所测电容读数平均值，减去 C_d，即为溶液的电容 $C_{溶}$。由于溶液易挥发而造成浓度改变，故加样时动作要迅速，加样后迅速盖紧盖子。

(4) 将 $C'_{空}$、$C'_{环己烷}$ 值代入式 (21)、式 (22)，可解出 C_0 和 C_d 值。

五、数据记录和处理

1. 计算环己烷的密度 ρ_1、各溶液的密度 $\rho_{溶}$ 及物质的量分数 x_2（表 1）。

$$M_{环己烷}=84.6\text{g}\cdot\text{mol}^{-1}, \qquad M_{CH_3COOC_2H_5}=88.11\text{g}\cdot\text{mol}^{-1}$$

表 1　密度和物质的量分数的测定值

项目	编号				
	1	2	3	4	5
容量瓶容积/mL	10	10	10	10	10
乙酸乙酯质量/g					
环己烷质量/g					
溶液质量/g					
密度 ρ/g·mL^{-1}					
物质的量分数 x_2					

2. 环己烷及各溶液的折射率 n（表 2）。

表 2　溶液折射率的测定值

折射率	编号				
	1	2	3	4	5
n_1					
n_2					
n					

3. 计算 C_0、C_d 及各溶液的介电常数 ε（表 3）。

表 3　溶液介电常数的测定值

电容及介电常数	空气	编号				
		1	2	3	4	5
C'_1						
C'_2						
C'						
ε						

$C_0=$ ________；

$C_d=$ ________。

4. 作 $\varepsilon_{溶}$-x_2 图，由直线斜率求得 α。
   作 $\rho_{溶}$-x_2 图，由直线斜率求得 β。
   作 $n_{溶}$-x_2 图，由直线斜率求得 γ。
5. 将 ρ_1、ε_1、α、β 值代入式（8），求得 P_2^{∞}。
   将 ρ_1、ε_1、β、γ 值代入式（12），求得 R_2^{∞}。
6. 将 $P_2{}^{\infty}$、$R_2{}^{\infty}$ 值代入式（14），计算乙酸乙酯的永久偶极矩 μ。

六、思考讨论题

1. 试分析本实验中误差的主要来源，如何改进？
2. 准确测定溶质摩尔极化度和摩尔折射度时，为什么要外推至无限稀释？
3. 属于什么点群的分子有偶极矩？

实验二十九　磁化率的测定

一、实验目的

1. 掌握古埃（Gouy）磁天平测定物质磁化率的实验原理和技术。
2. 通过对一些络合物磁化率的测定，计算中心离子的不成对电子数，并判断 d 电子的排布情况和配位体场强的强弱。

二、实验基本原理

物质在磁场中被磁化，在外磁场强度 H 的作用下，产生附加磁场 H'。该物质内部的磁感应强度 B 为外磁场强度 H 与附加磁场强度 H'之和：

$$B=H+H'=H+4\pi\chi H=\mu H \tag{1}$$

式中，χ 为物质的体积磁化率，表示单位体积物质的磁化能力，是无量纲的物理量；μ 为磁导率，与物质的磁化学性质有关。

由于历史原因，目前磁化学在文献和手册中仍多半采用静电单位（CGSE），磁感应强度的单位用高斯（G），它与国际单位制中的特斯拉（T）的换算关系是：

$$1T=10000G$$

磁场强度与磁感应强度不同，是反映外磁场性质的物理量，与物质的磁化学性质无关。习惯上采用的单位为奥斯特（Oe），它与国际单位 $A \cdot m^{-1}$ 的换算关系为：

$$1Oe=\frac{1}{4\pi \times 10^{-3}} A \cdot m^{-1}$$

由于真空的磁导率被定义为：$\mu=4\pi \times 10^{-7} Wb \cdot A^{-1} \cdot m^{-1}$，而空气的磁导率 $\mu_{空} \approx \mu_0$，因而：

$$B=\mu H=1\times 10^{-4} Wb \cdot m^{-2}=1\times 10^{-4} T=1G$$

这就是说 1Oe 的磁场强度在空气介质中所产生的磁感应强度正好是 1G，二者单位虽然不同，但在量值上是等同的。习惯上用测磁仪器测得的“磁场强度”实际上都是指在某一介质中的磁感应强度，因而单位用高斯，测磁仪器也称为高斯计。

除 χ 外，化学上常用单位质量磁化率 χ_m 和摩尔磁化率 χ_M 来表示物质的磁化能力：

$$\chi_m=\chi/\rho \tag{2}$$

$$\chi_M=M\chi_m=M\chi/\rho \tag{3}$$

式中，ρ 和 M 是物质的密度，$g \cdot cm^{-3}$ 和分子量；χ_m 的单位取 $cm^3 \cdot g^{-1}$；χ_M 的单位取 $cm^3 \cdot mol^{-1}$。物质在外磁场作用下的磁化有如下三种情况。

①$\chi_M<0$，这类物质称为逆磁性物质。

②$\chi_M>0$，这类物质称为顺磁性物质。

③少数的 χ_M 与外磁场 H 有关，其值随磁场强度的增加而剧烈增加，并且还伴有剩磁现象，如铁、钴、镍等，这类物质称为铁磁性物质。

物质的磁性与组成物质的原子、离子、分子的性质有关。原子、离子、分子中电子自旋已配对的物质一般是逆磁性物质。这是由于电子的轨道运动受外磁场作用，感应出“分子电流”，从而产生与外磁场相反的附加磁场。这个现象类似于线圈中插入磁铁会产生感应电流，并同时产生与外磁场方向相反的磁场的现象。

磁化率是物质的宏观性质，分子磁矩是物质的微观性质，用统计力学的方法可以得到摩尔顺磁化率 χ_μ 和分子永久磁矩 μ_m 之间的关系：

$$\chi_\mu=\frac{N_A\mu_m^2}{3KT}=\frac{C}{T} \tag{4}$$

式中，N_A 为阿伏伽德罗常数，$6.022\times 10^{23} mol^{-1}$；$K$ 为玻耳兹曼常数，$1.3806\times 10^{-23} J \cdot K^{-1}$；$T$ 为热力学温度。

物质的摩尔顺磁化率与热力学温度成反比这一关系，称为居里定律，是 P. Curie 首先在实验中发现的，C 为居里常数。

原子、离子、分子中具有自旋未配对电子的物质都是顺磁性物质。这些不成对电子的自旋产生了永久磁矩 μ_m，微观的永久磁矩与宏观的摩尔磁化率 χ_M 之间存在联系，这一联系可以表达为：

$$\mu_m=797.7\sqrt{\chi_\mu T}\mu_B \approx 797.7\sqrt{\chi_M T}\mu_B \tag{5}$$

$$\mu_m=\sqrt{n(n+2)}\mu_B \tag{6}$$

式中，μ_B 为 Bohr 磁子，其物理意义是单个自由电子自旋所产生的磁矩。$\mu_B=eh/4\pi mc=9.274\times 10^{-21} erg \cdot G^{-1}=9.274\times 10^{-24} J \cdot T^{-1}$，$e$、$m$ 为电子电荷和静止质量；c 为光速；

$h = 6.6256 \times 10^{-27}$ erg·s $= 6.6256 \times 10^{-34}$ J·s，为 Plank 常数。

通过实验可以测定物质的 χ_M，代入式（5）求得 μ_m（因为 $\chi_M \approx \mu_m$），再根据式（6）求得不成对的电子数 n，这对于研究配位化合物中心离子的电子结构是很有意义的。

例如，Cr^{3+}，其外层电子构型 $3d^3$，由实验测得其磁矩 $\mu_m = 3.77\mu_B$，则由式（6）可算得 $n \approx 3$，即表明有 3 个未成对电子。又如，测得黄血盐 $K_4[Fe(CN)_6]$的 $\mu_m = 0$，则 $n = 0$，可见黄血盐中的 $3d^6$ 电子不是如图 1(a)的排布，而是如图 1(b)的排布。

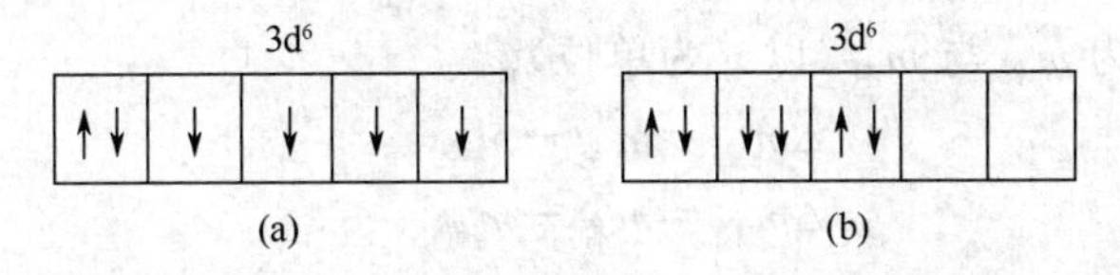

图 1 Fe^{2+} 外层电子排布图

在没有外磁场的情况下，由于原子、分子的热运动，永久磁矩指向各个方向的机会相等，所以磁矩的统计值为零。在外磁场作用下，这些磁矩会像小磁铁一样，使物质内部的磁场增强，因而顺磁性物质具有摩尔顺磁化率 χ_μ。另一方面顺磁性物质内部同样有电子轨道运动，因而也有摩尔逆磁化率 χ_0，故摩尔磁化率 χ_M 是 χ_μ 与 χ_0 两者之和：

$$\chi_M = \chi_\mu + \chi_0 \tag{7}$$

由于 $\chi_\mu \geqslant |\chi_0|$，所以顺磁性物质的 $\chi_M > 0$，且可近似认为 $\chi_M \approx \chi_\mu$。

根据配位场理论，过渡元素离子 d 轨道与配位体分子轨道按对称性匹配原则重新组合成新的群轨道。在 ML_6 正八面体配位化合物中，M 原子处在中心位置，点群对称性 O_h，中心原子 M 的 s、p_x、p_y、p_z、$d_{x^2-y^2}$、d_{z^2} 轨道与和它对称性匹配的配位体 L 的 σ 轨道组合成成键轨道 a_{1g}、t_{1u}、e_g。M 的 d_{xy}、d_{yz}、d_{xz} 轨道的极大值方向正好和 L 的 σ 轨道错开，基本上不受影响，是非键轨道 t_{2g}。因 L 电负性值较高而能级低，配位体电子进入成键轨道，相当于配键。M 的电子安排在三个非键轨道 t_{2g} 和两个反键轨道 e_g^* 上，低的 t_{2g} 和高的 e_g^* 之间能级间隔称为分裂能 Δ，这时 d 电子的排布需要考虑电子成对能 P 和轨道分裂能 Δ 的相对大小。

对强场配位体，例如 CN^-、NO^{2-}，$P < \Delta$，电子将尽可能占据能量较低的 t_{2g} 轨道，形成强场低自旋型配位化合物（LS）。

对弱场配位体，例如 H_2O、卤素离子，分裂能较小，$P > \Delta$，电子将尽可能分占五个轨道，形成弱场高自旋型配位化合物（HS）。

Fe^{2+} 的外层电子组态为 $3d^6$，与 6 个 CN^- 形成低自旋型配位离子$[Fe(CN)_6]^{4-}$，电子组态为 $t_{2g}^6 e_g^{*0}$，表现为逆磁性。当与 6 个 H_2O 形成高自旋型配位离子$[Fe(H_2O)_6]^{2+}$时，电子组态为 $t_{2g}^4 e_g^{*2}$，表现为顺磁性。

通常采用 Gouy 磁天平测定物质磁化率，本实验采用的是 MT-1 型磁天平，其实验装置如图 2 所示。

将装有样品的平底玻璃管悬挂在天平的一端，样品的底部处于永磁铁两极中心，此处磁场

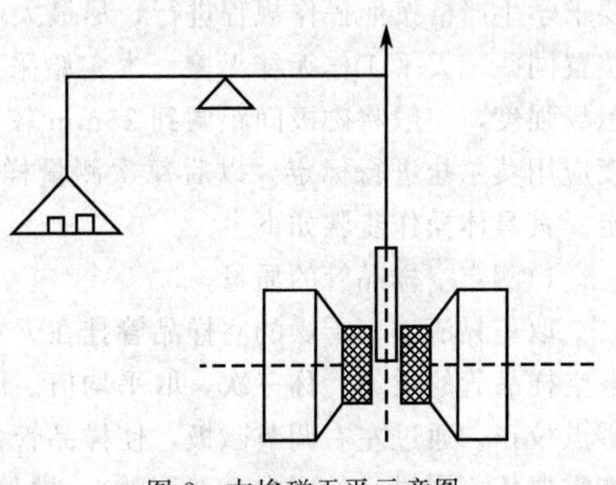

图 2 古埃磁天平示意图

强度最强。样品的另一端应处在磁场强度可忽略不计的位置，此时样品管处于一个不均匀磁场中，沿样品管轴心方向，存在一个磁场强度梯度 dH/dS。若忽略空气的磁化率，则作用于样品管上的力 f 为：

$$f=f_{0}^{H}\chi AH\frac{dH}{dS}dS=\frac{1}{2}\chi H^{2}A \tag{8}$$

式中，A 为样品管的截面积。

设空样品管在不加磁场与加磁场时称量分别为 $m_{空}$ 与 $m'_{空}$，样品管装样品后在不加磁场与加磁场时称量分别为 $m_{样}$ 与 $m'_{样}$(以 g 为单位)。

则

$$\Delta m_{空}=m'_{空}-m_{空}$$

$$\Delta m_{样}=m'_{样}-m_{样}$$

因 $f=(\Delta m_{样}-\Delta m_{空})g=\frac{1}{2}\chi H^{2}A$，故

$$\chi=2(\Delta m_{样}-\Delta m_{空})g/H^{2}A \tag{9}$$

由 $\chi_{M}=M\chi/\rho$，$\rho=m/(hA)$，则

$$\chi_{M}=2(\Delta m_{样}-\Delta m_{空})ghM/(mH^{2}) \tag{10}$$

式中，h 为样品的实际高度，cm；m 为样品的质量（$m=m_{样}-m_{空}$），g；M 为样品分子量；g 为重力加速度；H 为磁场两极中心处的磁场强度，可用高斯计直接测量，也可用已知质量磁化率的标准样品间接标定，本实验采用摩尔盐进行标定，其质量磁化率为：

$$\chi_{m}=\frac{9500}{T+1}\times4\pi\times10^{-9}\ m^{3}\cdot kg^{-1} \tag{11}$$

式中，T 为热力学温度。

三、仪器和试剂

MT-1 型磁天平 1 台（上方配一台电光分析天平）；平底软质玻璃样品管 1 支（长 100mm，外径 10mm）；装样品工具 1 套（包括研钵、角匙、小漏斗、不锈钢针或竹针、脱脂棉、玻璃棒、橡皮垫等）。

莫尔盐$(NH_4)_2SO_4\cdot FeSO_4\cdot 6H_2O$（分析纯）；$K_3[Fe(CN)_6]$（分析纯）；$K_4[Fe(CN)_6]\cdot 3H_2O$（分析纯）；$FeSO_4\cdot 7H_2O$（分析纯）。

四、实验步骤

磁天平中磁场可由电磁铁或永久磁铁产生，电磁铁通过调节励磁电流来改变磁场强度，调节范围大，但要求励磁电流极其稳定。本实验就是采用设备复杂且笨重的电磁铁来完成，要求学生严格按照操作规程进行，尽最大可能使测定时的励磁电流稳定、样品管悬挂中心轴位置同一、天平工作无绊无擦。本实验采用 Sm-Co 合金磁体，可通过改变磁极间距来调节磁场强度，一般将磁极间距调到 25mm 较为合适，此时 H 为 1500～1900G，准确的磁场强度应用莫尔盐进行标定。以后每次测量样品时，不得变动两磁极间的距离，否则要重新标定。其具体操作步骤如下。

1. 测定空样品管的质量

取一只清洁、干燥的空样品管挂在天平下穿孔引线的钩线橡皮塞上，在无磁场情况下称取空样品管的质量，称三次，取平均值。因分析天平左称量盘事先已加上橡皮塞，无需进行零点校正。通过左右调节磁极，使样品管处在两磁极中心位置（可能由老师先调好了，也可能需要依不同样品的要求重新调整），样品管底部正好与磁极水平中心线齐平，样品管不能

与磁极有任何摩擦（一般应左右距离相等）。先在励磁电流为零时称重，然后缓缓调节电流强度，在励磁电流为 2A 的磁场下停顿 5min 称重，再缓缓调至 3A，停顿 2min 称重，再缓缓调至 4A 或者 5A，停顿 2min 称重。然后将励磁电流反方向调至 3A，停顿 2min 称重，调至 2A，停顿 2min 称重，再停顿 3min 后缓缓调至 0A，停顿 2min 称重。每次称重三次，取平均值。注意样品管在磁场中的位置，然后拔盖取下样品管。

注意：在操作过程中，不要用手、脚、胳膊或身子碰挤或挪动操作台和天平。

2. 用莫尔盐标定磁场强度

将预先用研钵研细的莫尔盐通过小漏斗装入样品管，边装边用玻璃棒压紧，使粉末样品均匀填实，上下一致，端面平整。样品高度 70mm 左右为宜。记录用直尺准确量出的样品的高度 h（精确到毫米）。在无磁场时称得空样品管加样后的质量，然后缓缓将励磁电流加至 2A，足足停顿 5min，再缓缓将励磁电流加到需要的强度，停顿 2min 称重，共称三次，取平均值。

注意：减弱或去掉磁场时，也是缓缓往小调，停顿，再缓缓往小调，在 2A 处足足停顿 5min，再缓缓调至零。

测定完毕，用竹针或不锈钢针将样品松动，倒入回收瓶，然后用脱脂棉擦净内外壁备用。记下实验温度（实验开始、结束时各记一次温度，取平均值）。

3. 同法测定 $FeSO_4 \cdot 7H_2O$、$K_4[Fe(CN)_6] \cdot 3H_2O$、$K_3[Fe(CN)_6]$

在标定磁场强度用的同一样品管（或同材质同壁厚同内外径同高同重的标准管）中，装入测定样品，重复上述步骤 2，实验数据按下表记录。

五、数据记录和处理

1. 数据记录

平均室温________℃，样品高度________cm，悬丝空质量________g

样品名称	$m_{空}$/g	$m'_{空}$/g	$m_{样}$/g	$m'_{样}$/g	Δm/g	m/g	h/cm

2. 由莫尔盐的质量磁化率和实验数据，计算磁场强度。

3. 由 $FeSO_4 \cdot 7H_2O$、$K_4[Fe(CN)_6] \cdot 3H_2O$、$K_3[Fe(CN)_6]$ 的实验数据，根据式（9）、式（6）、式（4）计算它们的 χ_M、μ_m 及 n（若为逆磁性物质，$\mu_m=0$，$n=0$）。

4. 根据未成对电子数 n，讨论这三种配位化合物中心离子的 d 电子结构及配位体场强的强弱。

六、注意事项

1. 天平称量时，必须关上磁极架外面的玻璃门，以免空气流动对称量的影响。

2. 励磁电流的变化应平稳、缓慢，调节电流时不宜用力过大。加上或去掉磁场时，勿改变永磁体在磁极架上的高低位置及磁极间距，使样品管处于两磁极的中心位置，磁场强度前后一致。

3. 装在样品管内的样品要均匀紧密、上下一致、端面平整，高度测量要准确。

七、思考讨论题

1. 本实验为什么要用已知磁化率的物质校正磁天平？

2. 样品在玻璃管中的填充密度对测量有何影响？

3. 用古埃磁天平测定磁化率的精密度与哪些因素有关？

4. 不同磁场强度下测得样品的摩尔磁化率是否相同？为什么？

实验三十 X射线粉末衍射法物相定性分析

一、实验目的

1. 学习了解X射线衍射仪的结构和工作原理。

2. 掌握利用X射线粉末衍射进行物相定性分析的原理。

3. 练习用计算机自动检索程序检索PDF（ASTM）卡片库，对多相物质进行相定性分析。

二、实验基本原理

粉末衍射也称为多晶体衍射，主要是对以晶体为主的具有固态结构的物质进行的定性定量分析。此法准确度高，分辨能力强。每一种晶体的粉末图谱，几乎同人的指纹一样，其衍射线的分布位置和强度有着特征性规律，因而成为物相鉴定的基础。

当X射线（电磁波）射入晶体后，在晶体内产生周期性变化的电磁场，迫使晶体内原子中的电子和原子核跟着发生周期振动。原子核的这种振动比电子要弱得多，所以可忽略不计。振动的电子就成为一个新的发射电磁波波源，以球面波方式往各个方向散发出频率相同的电磁波，入射X射线虽按一定方向射入晶体，但和晶体内电子发生作用后，就由电子向各个方向发射射线。

当波长为λ的X射线射到这族平面点阵时，每一个平面点阵都对X射线产生散射，如图1所示。

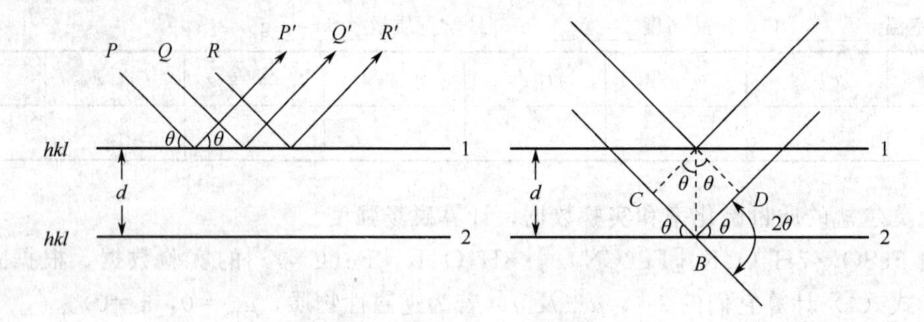

图1 晶体的Bragg衍射

通过晶体的布喇菲点阵中任意3个不共线的格点作一平面，会形成一个包含无限多个格点的二维点阵，通常称为晶面。相互平行的诸晶面叫做一晶面族。一晶面族中所有晶面既平行且各晶面上的格点具有完全相同的周期分布。因此，它们的特征可通过这些晶面的空间方位来表示。要标示一晶面族，需说明它的空间方位。晶面的方位（法向）可以通过该面在3个基矢上的截距来确定。

对于固体物理学原胞，基矢为$\boldsymbol{a}_1$、$\boldsymbol{a}_2$、$\boldsymbol{a}_3$，设一晶面族中某一晶面在3个基矢上的交点的位矢分别为$r\boldsymbol{a}_1$、$s\boldsymbol{a}_2$、$t\boldsymbol{a}_3$，其中r、s、t叫截距，则晶面在3个基矢上的截距的倒数之比为：

$$\frac{1}{r}:\frac{1}{s}:\frac{1}{t}=h_1:h_2:h_3$$

其中h_1、h_2、h_3为互质整数，可用于表示晶面的法向，称$h_1h_2h_3$为该晶面族的面指数，记为 $(h_1h_2h_3)$。最靠近原点的晶面在坐标轴上的截距为 a_1/h_1、a_2/h_2、a_3/h_3。同族的其他晶面的截距为这组最小截距的整数倍。

在实际工作中，常以结晶学原胞的基矢 **a**、**b**、**c** 为坐标轴表示面指数。此时，晶面在 3 个坐标轴上的截距的倒数比记为：

$$\frac{1}{r}:\frac{1}{s}:\frac{1}{t}=h:k:l$$

整数 h、k、l 用于表示晶面的法向，称 hkl 为该晶面族的密勒指数，记为 (hkl)。

若某一晶面在 **a**、**b**、**c** 坐标轴的截距分别为 4、1、2，则其倒数之比为 $\frac{1}{4}:\frac{1}{1}:\frac{1}{2}=1:4:2$，该晶面族的密勒指数为 (142)；若某一截距为无限大，则晶面平行于某一坐标轴，相应的指数就是零；当截距为负数时，在指数上部加一负号，如某一晶面的截距为 −2、3、∞，则密勒指数为 $(\bar{3}20)$。一组密勒指数 (hkl) 代表无穷多互相平行的晶面，所有等价的晶面 (hkl) 用 $\{hkl\}$ 来统一表示。一组晶面的面间距用 d_{hkl} 表示。图 2 (a) 为一简单立方 (111) 面的示意图。

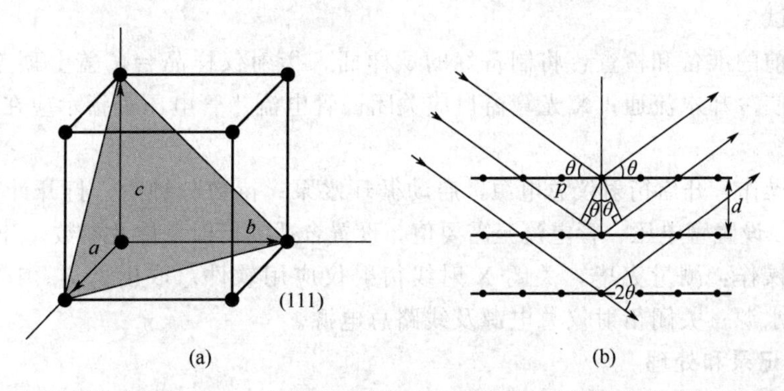

图 2　简单立方 (111) 面的示意图 (a) 和平面点阵族的衍射方向 (b)

晶体的空间点阵可以划分成若干个平面点阵族。平面点阵族是一组相互平行、间距相等的平面。X 射线入射到这族平面点阵上，若入射线与点阵平面的交角为 θ，并满足以下的关系时：

$$2d_{hkl}\sin\theta=n\lambda\ (n\ 为整数，h、k、l\ 为晶面指标) \tag{1}$$

各个点阵平面的散射波在入射波关于晶面法线对称的方向相互加强产生衍射。式 (1) 称为 Bragg 方程。

每一种结晶物质都有各自独特的化学组成和晶体结构。没有任何两种物质，它们的晶胞大小、质点种类及其在晶胞中的排列方式是完全一致的。因此，当 X 射线被晶体衍射时，每一种结晶物质都有自己独特的衍射花样，它们的特征可以用各个衍射晶面间距 d 和衍射线的相对强度 I/I_0 来表征。其中晶面间距 d 与晶胞的形状和大小有关，相对强度则与质点的种类及其在晶胞中的位置有关。所以任何一种结晶物质的衍射数据 d 和 I/I_0 是其晶体结构的必然反映，因而可以根据它们来鉴别结晶物质的物相。

三、仪器和试剂

X 射线衍射仪 (HZG41B-PC)；计算机；玛瑙研钵。

锐钛矿型二氧化钛。

四、实验步骤

1. 样品制备

取一定量的粉末样品，在玛瑙研钵中研磨一定时间。定性分析时粒度应小于 44μm（350 目），定量分析时应将试样研细至 10μm 左右。较方便地确定 10μm 粒度的方法是，用拇指和中指捏住少量粉末，并碾动，两手指间没有颗粒感觉的粒度大致为 10μm。

常用的粉末样品架为玻璃试样架，在玻璃板上蚀刻出试样填充区为 20mm×18mm。玻璃样品架主要用于粉末试样较少时（约少于 $500mm^3$）使用。充填时，将试样粉末一点一点地放进试样填充区，重复这种操作，使粉末试样在试样架里均匀分布并用玻璃板压平实，要求试样面与玻璃表面齐平。如果试样的量少到不能充分填满试样填充区，可在玻璃试样架凹槽里先滴一薄层用乙酸戊酯稀释的火棉胶溶液，然后将粉末试样撒在上面，待干燥后测试。

2. 测试条件选择

X 射线管：Cu K_α 靶；Ni 滤波单色标识；

X 射线波长：1.54051Å（1Å=0.1nm）；管压：40 kV；管电流：80 mA；

扫描角度：10°～80°；扫描速度（2θ）：$0.05° \cdot s^{-1}$。

3. 样品测试

（1）开机前的准备和检查：将制备好的试样插入衍射仪样品台，盖上顶盖关闭防护罩；开启水龙头，使冷却水流通；X 光管窗口应关闭，管电流、管电压表指示应在最小位置；接通总电源。

（2）开机操作：开启衍射仪总电源，启动循环水泵；待数分钟后，打开计算机 X 射线衍射仪应用软件，设置管电压、管电流至需要值，设置合适的衍射条件及参数，开始样品测试。

（3）停机操作：测量完毕，关闭 X 射线衍射仪应用软件；取出试样；15min 后关闭循环水泵，关闭水源；关闭衍射仪总电源及线路总电源。

五、数据记录和处理

1. 测试完毕，可将样品测试数据存入磁盘供随时调出处理。原始数据需经过曲线平滑、Ka2 扣除、谱峰寻找等数据处理步骤，最后打印出待分析试样衍射曲线和 d 值、2θ、强度、衍射峰宽等数据供分析鉴定。

2. 物相定性分析：利用计算机进行自动检索。计算机自动检索的原理是利用庞大的数据库，尽可能地储存全部相分析卡片资料，然后将实验测得的衍射数据输入计算机，根据三强线原则，与计算机中所存数据一一对照，粗选出三强线匹配的卡片 50～100 张，然后根据其他曲线的吻合情况进行筛选，最后根据试样中已知的元素进行筛选，一般就可给出确定的结果。以上步骤都是在计算机中自动完成的。一般情况下，对于计算机给出的结果再进行人工检索，校对，最后得到正确的结果。

六、思考讨论题

1. 简述 X 射线衍射分析的特点和应用？
2. 简述 X 射线衍射仪的结构和工作原理？
3. 如何选择 X 射线管及管电压和管电流？
4. X 射线谱图分析鉴定应注意什么问题？粉末样品制备有几种方法，应注意什么问题？

第三部分　综合设计性实验

实验三十一　固、液体可燃物燃烧热的测定

一、实验目的

1. 对于液体或不易点燃的固体可燃物设计一至两种实验方法，利用氧弹式量热计测定其燃烧热。

2. 测定一种固体与一种液体可燃物的燃烧热。

二、实验基本原理

燃烧热是指 1mol 物质完全燃烧时所放出的热量。由热力学第一定律可知：在不做非膨胀功情况下，摩尔恒容反应热 $Q_{V,m}=\Delta_c U_m$，摩尔恒压反应热 $Q_{p,m}=\Delta_c H_m$。在氧弹式量热计中所测燃烧热为 $Q_{V,m}$，而一般热化学计算用的值为 $Q_{p,m}$，这两者可通过下式进行换算：

$$Q_{p,m}=Q_{V,m}+\sum\nu_{B(g)}RT \qquad (1)$$

式中，$\sum\nu_{B(g)}$ 为反应前后生成物与反应物中气体的物质的量之差；R 为摩尔气体常数；T 为反应温度，K。

式（1）中，$Q_{V,m}$ 可直接测定，其计算公式为：

$$\frac{m}{M_r}Q_{V,m}=W_{卡}\Delta T-Q_{点火丝}m_{点火丝} \qquad (2)$$

式中，m 为待测物的质量，g；M_r 为待测物的分子量；$Q_{V,m}$ 为待测物的摩尔恒容燃烧热，$kJ\cdot mol^{-1}$；$W_{卡}$ 为量热计的水当量，$kJ\cdot ℃^{-1}$；ΔT 为样品燃烧前后量热计的温度变化值；$Q_{点火丝}$ 为点火丝的燃烧热（若点火丝为镍丝，$Q_{点火丝}=3.245kJ\cdot g^{-1}$）；$m_{点火丝}$ 为点火丝的质量，g。

对于较易挥发的液体可燃物，若进行密封测定燃烧热时，密封物质（如密封胶囊）的燃烧热还应扣除。

$$\frac{m}{M_r}Q_{V,m}=W_{卡}\Delta T-Q_{点火丝}m_{点火丝}-m_{胶囊}Q_{胶囊} \qquad (3)$$

式中，m 为待测物的质量，g；M_r 为待测物的分子量。

计算出 $Q_{V,m}$ 再代入式（1）就可计算出待测物的 $Q_{p,m}$。

三、仪器和试剂

氧弹式量热计 1 套；氧气钢瓶及减压阀 1 只；台秤 1 台；电子天平 1 台（0.0001g）；SWC-Ⅱ$_D$ 精密数字温差仪 1 台。

苯甲酸；乙醇；辛烷；煤油；汽油；柴油；煤；石蜡；葡萄糖；蔗糖。

点火丝；0 号医用胶囊。

四、实验要求

1. 测定上述一种固体物质与一种液体（其中至少有一种为混合物）的燃烧热。

2. 查阅相关资料确定各被测物质的燃烧热（汽油、煤油、柴油、石蜡的燃烧热以 $45\times10^3\ \mathrm{kJ\cdot kg^{-1}}$ 为参考值，煤的燃烧热以 $30\times10^3\ \mathrm{kJ\cdot kg^{-1}}$ 为参考值），并确定各被测物的实验用量，列出实验的操作步骤。

3. 将实验结果与文献值进行比较，如果是混合物，其燃烧热至少测 3 遍，并计算平均值。

五、思考讨论题

1. 被测物质的实验用量应如何确定？被测物太多或太少对实验有何影响？

2. 对于汽油、煤油、柴油、煤、石蜡这样的混合物能否测得 $Q_{V,\mathrm{m}}$ 与 $Q_{p,\mathrm{m}}$？为什么？如何利用计算机来帮你计算混合物的燃烧热？

3. 有些固体物质仅用点火丝不太容易引燃，还有什么引燃方法吗？

4. 在使用计算机处理实验数据时，“棉线的燃烧热”及“棉线的质量”提示对话框可以用来填写哪些数据？

六、参考文献

1. 东北师范大学等. 物理化学实验. 第 3 版. 北京：高等教育出版社，2014.

2. 闫学海，朱红. 液体试样燃烧热的测定方法. 化学研究，2000，11（4）：50.

3. 戴镇泽，鲍慈光，洪品杰. 液体物质燃烧热测定的一种简便方法. 云南大学学报，1985，7（4）：457.

4. 黄成，彭敬东. 燃烧热测定实验技术的改进. 西南师范大学学报（自然科学版），2013，38（5）：169.

5. 杨晓梅，周利鹏. 热值法测定汽油燃烧热的实验教学研究. 实验室科学，2018，21（5）：1.

实验三十二 液体摩尔蒸发焓的测定

一、实验目的

1. 根据所学的物理化学知识及实验方法，设计出测定液体的摩尔蒸发焓的实验方案。

2. 用静态法测定两种液体的饱和蒸气压，并计算其在常温常压下的摩尔蒸发焓。

二、实验基本原理

在一定温度下，某纯液体的蒸发速度与其蒸气的凝结速度相等时，达到了动态平衡，平衡时的蒸气压就是该物质的饱和蒸气压。液体的饱和蒸气压与物质的性质及温度有关。纯液体的饱和蒸气压与温度之间的关系可用克劳修斯-克拉贝龙方程（简称克-克方程）表示：

$$\frac{\mathrm{d}(\ln p)}{\mathrm{d}T}=\frac{\Delta_{\mathrm{vap}}H_{\mathrm{m}}}{RT^2} \tag{1}$$

式中，p 为液体的饱和蒸气压；T 为温度；$\Delta_{\mathrm{vap}}H_{\mathrm{m}}$ 为液体的摩尔蒸发焓。若温度变化范围不大，$\Delta_{\mathrm{vap}}H_{\mathrm{m}}$ 可视为常数，式（1）积分后可得到：

$$\ln p=-\frac{\Delta_{\mathrm{vap}}H_{\mathrm{m}}}{RT}+C \tag{2}$$

式中，C 为积分常数。由该式可知：$\ln p$-$1/T$ 作图为一直线，斜率 $m=-\frac{\Delta_{vap}H_m}{R}$，由此直线的斜率可求得 $\Delta_{vap}H_m$。测定液体饱和蒸气压的常用方法有动态法和静态法。若测定不同恒定外压下样品的沸点，则称为动态法，该法一般适用于蒸气压较小的液体。静态法是将被测液体放在一密闭容器中，在一定的温度下，调节被测系统的压力，使之与液体的饱和蒸气压相等，直接测量其平衡的气相压力，此法适用于蒸气压比较大的液体。本实验中需要针对样品的试剂情况选择合适的方法。

三、仪器和试剂

液体饱和蒸气压测定装置 1 套。

乙酸；乙二醇；正丙醇；苯胺；四氯化碳；水。

四、实验要求

1. 查阅相关文献，根据本实验所提供的仪器与试剂，确定饱和蒸气压测定的温度范围，设计出测定液体蒸发焓的实验方案，列出实验的具体步骤。

2. 将实验结果与文献值进行比较，计算相对误差，并讨论产生误差的原因。

五、思考讨论题

1. 在测定液体的饱和蒸气压实验中，实验的温度范围选在多少为宜？依据是什么？

2. 某些液体对金属物质有腐蚀性，而饱和蒸气压测定装置中的缓冲储气罐是金属制品，在实验中，为防止腐蚀性液体倒吸入缓冲储气罐中，应采取什么措施？

3. 能从实验测得的 $\lg p$-$1/T$ 图中直接得到该液体的正常沸点吗？

实验三十三　凝固点降低法测弱电解质的电离平衡常数

一、实验目的

1. 根据稀溶液凝固点降低原理及电离学说，设计一至两种实验方案，测定弱电解质的电离平衡常数。

2. 用凝固点测定仪测定一种固体和一种液体弱电解质的电离平衡常数。

二、实验基本原理

稀溶液凝固点降低公式：

$$\Delta T_{f(计算)}=K_{f(水)}\times b_B \tag{1}$$

计算值与实验值对于非电解质比较吻合。但对于电解质，其实验值总比计算值大，原因是电解质在水溶液中发生了电离，溶液中的质点（包括分子与离子）数增多。为使公式（1）也能适用于电解质稀溶液，现将其进行校正，设 i 为校正系数，则有：

$$i=\Delta T_{f(电解质)}/\Delta T_{f(计算)} \tag{2}$$

对于 1-1 型弱电解质（HA）而言，设其电离度为 α，则达电离平衡时有：

$$\begin{array}{lccc} & HA & \rightleftharpoons & H^+ + A^- \\ 平衡时 & c-c\alpha & & c\alpha \quad c\alpha \end{array}$$

所以平衡时总质点的浓度为 $c+c\alpha$ 或 $b_B+b_B\alpha$（b_B 为质量摩尔浓度，c 为体积摩尔浓度，当浓度很小时可用 b_B 代替 c），这样将总质点浓度代入式（1）得：

$$\Delta T_{f(电解质)}=K_f(b_B+b_B\alpha) \tag{3}$$

再将式（1）、式（3）代入式（2）得：

$$i = 1 + \alpha \tag{4}$$

再由公式：
$$K_{电离} = \frac{c\alpha^2}{1-\alpha} \tag{5}$$

就可以计算出1-1型弱电解质的电离平衡常数。

三、仪器和试剂

SWC-Ⅱ数字贝克曼温度计；NGC-Ⅲ凝固点测定仪；压片机；台秤1台；分析天平1台（0.0001g）；移液管。

一氯乙酸；二氯乙酸；异丁酸；甲酸；乙酸；乳酸；氨水；食盐。

四、实验要求

1.测定上述一种固体物质和一种液体弱电解质的电离平衡常数。

2.查阅资料确定各被测物质的电离平衡常数及用量，列出实验步骤。

3.将实验结果与手册值进行比较，计算相对误差，并讨论产生误差的原因。

五、思考讨论题

1.被测物质的实验用量应如何确定？被测物太多或太少对实验有何影响？

2.本实验测定的是0℃左右的电离平衡常数，而一般的手册值是25℃时的，本实验没有考虑温度的影响可以吗？

3.本实验误差主要来源于过冷程度的控制，在实验过程中如何控制使过冷程度最小？

4.本实验能测定非1-1型弱电解质的电离平衡常数吗？

5.实验时将冷冻管放入空气套管中之前为何一定要擦干？

实验三十四 醋酸极限摩尔电导率的测定

一、实验目的

1.了解电解质极限摩尔电导率的测定原理。

2.设计方案测定醋酸的极限摩尔电导率。

二、实验基本原理

醋酸属弱电解质，因此其水溶液具有一定的导电性，但它的极稀溶液不符合科尔劳施（Kohlrausch F）公式，即它的极稀溶液的摩尔电导率与浓度的平方根不是直线关系。因此用摩尔电导率的测定方法无法直接测得其极限摩尔电导率（Λ_m^∞）。但根据离子独立运动定律：在无限稀释的溶液中，离子彼此独立运动，互不影响，无限稀释电解质的摩尔电导率（即极限摩尔电导率）等于无限稀释时阴、阳离子的摩尔电导率之和。因此醋酸的极限摩尔电导率可由强电解质HCl、CH_3COONa及NaCl的极限摩尔电导率计算出来：

$$\Lambda_m^\infty(CH_3COOH) = \Lambda_m^\infty(CH_3COO^-) + \Lambda_m^\infty(H^+) = \Lambda_m^\infty(HCl) + \Lambda_m^\infty(CH_3COONa) - \Lambda_m^\infty(NaCl) \tag{1}$$

由于电解质溶液的摩尔电导率与电导率之间的关系为：

$$\Lambda_m = \kappa / c \tag{2}$$

因此用电导率仪测定已知浓度的电解质溶液的电导率，便可计算出摩尔电导率，再根据科尔劳施（Kohlrausch F）公式：

$$\Lambda_m = \Lambda_m^{\infty} - A\sqrt{c} \tag{3}$$

可见由 Λ_m-$\sqrt{c}$ 图用外推法，便可求得强电解质的 Λ_m^{∞}。

三、仪器和试剂

电导率测定装置一套。

醋酸；盐酸；醋酸钠；氯化钠。

四、实验要求

1. 查阅相关文献，确定各物质电导率测定的浓度范围，设计出测定醋酸极限摩尔电导率的实验方案，列出实验的具体步骤。

2. 将实验所得各物质的极限摩尔电导率与文献值进行比较，计算相对误差，并讨论产生误差的原因。

五、思考讨论题

1. 为什么不能用外推的方法得到弱电解质的极限摩尔电导率？

2. 在实验中，HCl、CH_3COONa 及 NaCl 溶液的浓度范围大约为多少？是如何确定的？

六、参考文献

凌小红，刘丞志. 求解醋酸溶液极限摩尔电导率的一种方法——线性回归分析. 首都师范大学学报（自然科学版），2006，27（1）：55.

实验三十五　电动势法测络合物的稳定常数

一、实验目的

1. 设计一种用电位差计测定络合物稳定平衡常数的实验方法。

2. 用电动势法测定$[Ag(S_2O_3)_3]^{5-}$的稳定常数。

二、实验基本原理

硫代硫酸合银络合物的各级累积稳定常数分别为：$\lg\beta_1 = 8.82$，$\lg\beta_2 = 13.46$，$\lg\beta_3 = 14.15$。可见其二级、三级络合物的稳定常数较大，但二者的差别不大。为此实验中应使配离子 $S_2O_3^{2-}$ 的浓度远大于中心离子 Ag^+ 的浓度（$S_2O_3^{2-}$ 的浓度应大于 Ag^+ 的浓度 10000 倍左右），以便使二者间只形成三级络合物。即溶液中只有如下反应存在：

$$Ag^+ + 3S_2O_3^{2-} \rightleftharpoons [Ag(S_2O_3)_3]^{5-}$$

故$[Ag(S_2O_3)_3]^{5-}$的稳定常数为：

$$\lg\beta_3 = \lg a_{[Ag(S_2O_3)_3]^{5-}} - \lg a_{Ag^+} - 3\lg a_{S_2O_3^{2-}}$$

即：

$$\lg a_{Ag^+} = \lg a_{[Ag(S_2O_3)_3]^{5-}} - 3\lg a_{S_2O_3^{2-}} - \lg\beta_3 \tag{1}$$

式中，a 为物质的活度。

为测定$[Ag(S_2O_3)_3]^{5-}$的稳定常数，可设计如下电池：

$$Ag(s)\,|\,[Ag(S_2O_3)_3]^{5-}(b_1),\ Na_2S_2O_3\ (b_2)\,\|\,\text{饱和甘汞电极 (SCE)}$$

该电池的电动势为：

$$\begin{aligned} E &= \varphi(SCE) - \varphi(Ag^+|Ag) \\ &= \varphi^{\ominus}(SCE) - \varphi^{\ominus}(Ag^+|Ag) - 2.303\frac{RT}{F}\lg a_{Ag^+} \end{aligned} \tag{2}$$

已知饱和甘汞电极电势、标准银电极电势与温度的关系分别为：

$$\varphi(\mathrm{SCE})/\mathrm{V}=0.2415-7.6\times10^{-4}(t/℃-25)$$

$$\varphi(\mathrm{Ag}^{+}|\mathrm{Ag})/\mathrm{V}=0.7991-9.88\times10^{-4}(t/℃-25)$$

令 $E'=\varphi^{\ominus}(\mathrm{SCE})-\varphi^{\ominus}(\mathrm{Ag}^{+}|\mathrm{Ag})$，并将式（1）代入式（2）得：

$$E=E'-\frac{RT}{F}\times2.303\times(\lg a_{[\mathrm{Ag(S_2O_3)_3}]^{5-}}-3\lg a_{\mathrm{S_2O_3^{2-}}}-\lg\beta_3)$$

所以：$$\lg\beta_3=(E-E')\times\frac{F}{2.303RT}+\lg a_{[\mathrm{Ag(S_2O_3)_3}]^{5-}}-3\lg a_{\mathrm{S_2O_3^{2-}}}$$

即：$$\lg\beta_3=(E-E')\times\frac{F}{2.303RT}+\lg b_1\gamma_{\pm}-3\lg b_2\gamma_{\pm} \tag{3}$$

式中，$\gamma_{\pm}$ 为 $Na_2S_2O_3$ 溶液的离子平均活度系数。

由于实验时其他离子的浓度比 $Na_2S_2O_3$ 的浓度小很多，故溶液中离子的平均活度系数只考虑 $Na_2S_2O_3$ 的。

可见只要测得了上述电池的电动势 E，并将 E 值与 $[Ag(S_2O_3)_3]^{5-}$ 的浓度 b_1（实际为配制的 $AgNO_3$ 浓度）代入式（3），就可计算出 $[Ag(S_2O_3)_3]^{5-}$ 的稳定常数 $\lg\beta_3$。

三、仪器和试剂

SDC-Ⅱ数字电位差综合测试仪 1 台；饱和甘汞电极 1 支；银电极 1 支；电极管 1 支；1/10 温度计 1 支。

$Na_2S_2O_3$；$AgNO_3$；饱和 KNO_3 溶液。

四、实验要求

查阅相关文献，根据本实验原理及所提供的仪器与药品，设计出测定 $[Ag(S_2O_3)_3]^{5-}$ 的稳定常数的实验步骤，要求 $Na_2S_2O_3$ 溶液配制三个以上浓度（即至少配制三个不同的 b_2 溶液），且 b_2 远远大于 b_1。并将测得的 $[Ag(S_2O_3)_3]^{5-}$ 的稳定常数与手册值进行比较，计算相对误差。

五、思考讨论题

1. Ag^{+} 与 $S_2O_3^{2-}$ 在一定浓度时可以形成沉淀，在 $[Ag(S_2O_3)_3]^{5-}$ 溶液的配制过程中，如何避免沉淀的形成？

2. 本实验不仅可以测定 $[Ag(S_2O_3)_3]^{5-}$ 的稳定常数，还可以测定 $[Ag(S_2O_3)_3]^{5-}$ 的配位数，你可以通过本实验将它测定出来吗？

3. 除了本实验介绍的电池可以用来测定 $[Ag(S_2O_3)_3]^{5-}$ 的稳定常数，你还可以设计出其他类似的电池吗？

实验三十六 表面活性物质分子截面积的测定

一、实验目的

1. 了解表面活性物质分子截面积的测定方法。

2. 设计方案测定表面活性物质的分子截面积。

二、实验基本原理

低级脂肪醇、酸虽不属于表面活性剂，但也具有一定的表面活性，这一点可以从它们溶液的表面张力-浓度图中看出。低级脂肪醇、酸在水溶液表面一般呈正吸附，且随着溶液浓度的增加，表层浓度开始时增加较快，随后逐渐变缓，最终接近极限值，称为饱和吸附量（Γ_∞）。此时可以近似地看作是在单位表面上定向排列呈单分子层吸附时溶质的物质的量，因而通过测定 Γ_∞ 可以计算出每个被吸附的表面活性物质分子在表面上所占的面积即分子截面积。

由溶液的吉布斯等温吸附式：

$$\Gamma=-c/RT\times\frac{\mathrm{d}\sigma}{\mathrm{d}c} \tag{1}$$

只要测得一定温度、一定浓度时的$\frac{\mathrm{d}\sigma}{\mathrm{d}c}$，就可知此时溶质在溶液表层的超额或称为表层超量。

在一般情况下，表面活性物质的表面超量与浓度的关系也可用朗格缪尔单分子层吸附等温经验公式来表示。

$$\Gamma=\Gamma_\infty\frac{kc}{1+kc} \tag{2}$$

式中，k 为经验常数。将上式整理得

$$\frac{c}{\Gamma}=\frac{c}{\Gamma_\infty}+\frac{1}{k\Gamma_\infty} \tag{3}$$

由式（3）知，由直线$\frac{c}{\Gamma}$-c 的斜率可求得醋酸的饱和吸附量 Γ_∞。

由于 Γ_∞ 的定义得分子的截面积（A）与 Γ_∞ 之间的关系为：

$$A=\frac{1}{\Gamma_\infty L} \tag{4}$$

式中，L 为阿伏伽德罗常数。因而，实验的关键是要测得一定温度、一定浓度时的$\frac{\mathrm{d}\sigma}{\mathrm{d}c}$。

对于大多数非离子型的有机化合物，如短链的脂肪酸、醇、醛类的水的稀溶液，其溶液的表面张力与浓度之间的关系可用希什科夫斯基经验公式来表示：

$$\sigma=\sigma_0-a\ln(1+bc) \tag{5}$$

式中，σ_0 为纯水的表面张力；a、b 皆为常数。

可见若测得了一定温度下，不同浓度表面活性物质溶液的表面张力，则其表面张力-浓度曲线一定服从式(5)。因而用计算机软件（如 Origin）对数据进行处理，可较方便地求得分子的截面积。

三、仪器和试剂

最大气泡压力法表面张力测定装置一套。

乙酸；正丁酸；正丙醇。

四、实验要求

1. 查阅相关文献，根据本实验所提供的仪器和试剂，确定测定表面张力的表面活性物质浓度范围，设计出测定分子截面积的实验方案，列出实验的具体步骤。

2. 将实验结果与文献值进行比较，计算相对误差，并讨论产生误差的原因。

五、思考讨论题

1. 在测定分子截面积实验中，表面活性物质的浓度范围大约为多少？是如何确定的？

2. 为求得 Γ_{∞}（其单位为：$mol \cdot m^{-2}$），浓度单位一定要采用 $mol \cdot m^{-3}$ 吗？为什么？

六、参考文献

成忠，张立庆. 表面张力测定数据的模型拟合及 MATLAB 处理. 大学化学，2015，30（4）：42.

实验三十七 普通洗衣粉临界胶束浓度的测定

一、实验目的

1. 通过实验了解表面活性剂临界胶束浓度（CMC）的意义及常用的测定方法。

2. 用两种实验方法测定普通洗衣粉溶液的 CMC。

二、实验基本原理

凡能显著改变系统表面（或界面）状态的物质都称为表面活性剂。洗衣粉是常见的清洁产品，与生活密切相关，其活性成分为阴离子型和非离子型表面活性剂。由于表面活性剂分子的双亲结构特点，有自水中逃离水相而吸附于界面上的趋势，但当表面吸附达到饱和后，浓度再增加，表面活性剂分子无法再在表面上进一步吸附，这时为了降低系统的能量，活性剂分子会相互聚集，形成胶束。开始明显形成胶束的浓度称为临界胶束浓度（CMC）。

CMC 可以看作是表面活性剂溶液表面活性的一种量度。CMC 越小，则表示表面活性剂形成胶束所需浓度越低，达到表面饱和吸附的浓度越低。也就是说只要很少的表面活性剂就可以起到湿润、乳化、加溶、起泡等作用。对于洗衣粉，其 CMC 越小，去污效率越高。临界胶束浓度还是表面活性剂水溶液的性质发生显著变化的一个"分水岭"。系统的多种性质在 CMC 附近都会发生一个明显的变化，可由此来确定 CMC。测定 CMC 的方法有很多，如电导率法、电阻法（与电导率法相似，只是所用仪器不同）、表面张力法、黏度法等。

有资料表明普通洗衣粉的临界胶束含量一般为 0.2%，即 $2g \cdot L^{-1}$，因此，在实验中可以此作为溶液浓度的配制范围。在测定过程中，电导率法、电阻法、黏度法还可以采用逐步稀释的方式进行测试。

三、仪器和试剂

电导率测试装置 1 套；惠斯登电桥 1 套；最大气泡表面张力测试装置 1 套；溶液黏度测试装置 1 套。

普通洗衣粉。

四、实验要求

查阅相关文献，根据本实验所提供的仪器与试剂，设计出 2 种测定 CMC 的实验步骤。并用这些方法测定普通洗衣粉的 CMC，对 2 种方法测得的数据进行比较，据此分析两种方法的优缺点。

五、思考讨论题

1. 普通洗衣粉中含有少量不溶性物质，在溶液的配制过程中你是如何处理的？

2. 表面活性剂的临界胶束浓度的测定，除了上面介绍的几种方法以外，还有哪些方法？

六、参考文献

1. 陈斌. 物理化学实验. 北京：中国建材工业出版社，1998.
2. 东北师范大学等. 物理化学实验. 第2版. 北京：高等教育出版社，1989.
3. 陈振江，王绍芬. 表面活性剂CMC的测定及应用. 中国中药杂志. 1994，19（12）：728.
4. 周德藻，胡伟敏. 我国浓缩洗衣粉质量分析. 日用化学工业. 1995，（5）：24.

第四部分　研究性实验

实验三十八　环糊精与十二烷基硫酸钠包结作用研究

一、实验目的

1. 设计一种用表面张力法测定主客体包结物包合常数的实验方法。

2. 设计一种用电导法测定主客体包结物包合常数的实验方法。

3. 用表面张力法和电导法分别在不同温度下测定 β-环糊精与十二烷基硫酸钠形成 1∶1 型包结物的包合常数。

二、实验基本原理

环糊精（CD）是由葡萄糖基以 1,4-糖苷键连成的中空筒状化合物，天然环糊精有 α、β、γ 三种结构，它们分别由 6、7、8 个葡萄糖分子构成。环糊精具有疏水的内腔和亲水的外表面，通过范德华力、疏水作用、氢键力等，能与多种化合物形成超分子系统，可有效地包结各种客体分子，从而改变客体分子的状态、稳定性、溶解度等理化性能。

在水溶液中，环糊精可与离子、两性及非离子型表面活性剂形成包结物。环糊精包结物的包合常数 K_a 值是决定环糊精包合性质的一个重要参数。十二烷基硫酸钠是一种阴离子型表面活性剂，能明显改变水溶液的表面活性，降低水的表面张力，而 β-CD 及 β-CD 与十二烷基硫酸钠形成的包结物几乎没有表面活性。利用这一特性，基于表面张力法可以数学计算出二者形成 1∶1 型包结物的包合常数。

此外，十二烷基硫酸钠是一种离子型表面活性剂，水溶液具有一定的导电性；而 β-CD 及 β-CD 与十二烷基硫酸钠形成的包结物导电性较弱。利用这一特性，基于电导法可以计算出二者形成 1∶1 型包结物的包合常数。

在形成胶束以前，β-CD、十二烷基硫酸钠与包结物间存在以下定量关系，即：

$$\mathrm{CD} + \mathrm{S} \rightleftharpoons \mathrm{CDS}$$

$$K_a = \frac{[\mathrm{CDS}]}{[\mathrm{CD}][\mathrm{S}]} \tag{1}$$

$$CD_0 = [\mathrm{CD}] + [\mathrm{CDS}] \tag{2}$$

$$S_0 = [\mathrm{S}] + [\mathrm{CDS}] \tag{3}$$

式中，K_a 代表包结物的包合常数；CDS 和 S 分别表示包结物和游离的十二烷基硫酸钠分子；CD_0 和 S_0 分别表示 β-CD 与十二烷基硫酸钠的总浓度。

数学变换式（1）、式（2）、式（3），可得到下列式子：

$$K_a = \frac{S_0 - [\mathrm{S}]}{(CD_0 - S_0 + [\mathrm{S}])[\mathrm{S}]} \tag{4}$$

$$\frac{1}{K_a}=\frac{CD_0-S_0+[S]}{S_0-[S]}[S]=\frac{CD_0-S_0+[S]}{S_0/[S]-1} \tag{5}$$

$$S_0-[S]=-\frac{1}{K_a}(\frac{S_0}{[S]}-1)+CD_0 \tag{6}$$

从式（6）可知，对于1∶1型包结物，若以（S_0－［S］）对S_0/［S］作图，得到一条直线，其斜率为$-1/K_a$，即可计算出β-CD与十二烷基硫酸钠形成1∶1型包结物的包合常数K_a。

三、仪器和试剂

最大气泡压力法测定表面张力装置1套；超级恒温槽1套；电子天平1台。

β-CD（分析纯）；十二烷基硫酸钠（分析纯）。

四、实验要求

1. 查阅相关文献资料，根据本实验提供的实验仪器与试剂，设计出详细的实验步骤。

2. 每个同学选择一个温度，测定出β-CD与十二烷基硫酸钠形成1∶1型包结物的包合常数K_a值。要求β-CD溶液至少配制三个不同的浓度，在每一个浓度β-CD溶液中分别改变十二烷基硫酸钠的浓度，分别测定系统的表面张力，即可得到三条表面张力与十二烷基硫酸钠的浓度关系曲线。对此曲线的分析与数学处理可得到三条(S_0－[S])-S_0/[S]线性关系图，由直线斜率求出各K_a值，然后计算平均值及相对标准偏差。

五、思考讨论题

1. 依据文献知识，查出配制β-CD与十二烷基硫酸钠溶液的大致浓度范围是多少？

2. 若要得到β-CD与十二烷基硫酸钠形成1∶1型包结物后，游离的十二烷基硫酸钠浓度S值，需要作出哪些浓度关系曲线，求出S值的依据是什么？

3. 温度对表面张力和K_a值有哪些影响？

六、参考文献

1. 刘芸，潘景浩. 环糊精-卟啉超分子体系研究进展. 分析化学，2005，33（1）：129.

2. Ruhua Lu，Jingchen Hao，Hanqing Wang，Linhui Tong. Determination of association constants for cyclodextrin-surfactant inclusion complexex. Journal of Colloid and Interface Scince，1997，192：37.

3. 朱峰，周新腾. 环糊精及其包合物的应用进展. 中国医药报，2002，8：33.

4. 王亚珍，环糊精与中性红包结作用的循环伏安法研究. 华中师范大学学报（自然科学版），2009，43（3）：448.

实验三十九　磁性壳聚糖的制备及其吸附性能研究

一、实验目的

1. 了解壳聚糖的结构及络合、吸附性能。

2. 进一步熟悉可见分光光度计的使用方法。

3. 理解还原沉淀法制备Fe_3O_4的基本原理以及了解基本操作步骤。

二、实验基本原理

在水污染中，染料废水由于其高COD、高色度、有机成分复杂、微生物降解程度低等诸多因素，一直是工业废水处理中的一大难题。水中的染料主要包括酸性偶氮、甲基橙、甲基蓝、活性黑、活性金黄等。常用的吸附剂如活性炭和活性硅藻土等，虽然具有良好的吸附性能，但再生困难，使用成本高，不易普及。壳聚糖（chitosan，简称 CTS）作为性能最为优异的天然高分子材料之一，是甲壳素脱乙酰基的产物，一般把脱乙酰度大于 60%的甲壳素称为壳聚糖，其分子链中含有大量反应性基团—NH_2、—OH，结构见图 1，在酸性溶液中会形成阳离子聚电解质，显示出良好的絮凝性能。此外，壳聚糖还具有良好的络合作用，使得其能与水中的过渡金属离子、腐殖酸类物质及表面活性剂等产生络合作用，并能实现对水溶性有机污染物的脱除。这样壳聚糖就兼有絮凝、金属离子吸附及水溶性有机物脱除等综合性能。但是壳聚糖在实际应用中也存在着不足之处，特别是对污染物经吸附脱除后，有时很难有效快速地从水体中分离，如果赋予壳聚糖颗粒磁性，可使其具有良好的分离性能，这无疑为其回收再生提供了便利条件。目前，磁性壳聚糖纳米粒子制备方法最常用的是化学共沉淀原位合成法，但这种方法需要在氮气等惰性气体保护下进行，制备过程繁杂。因此本实验采用无需氮气保护的还原沉淀法制备磁性壳聚糖，即先使壳聚糖溶液螯合 Fe^{3+}，使用还原剂（如 Na_2SO_3）将 Fe^{3+} 部分还原成 Fe^{2+}，再添加碱液氨水将它们沉淀，生成 Fe_3O_4 粒子与壳聚糖的复合物，相关反应式为：

甲壳素　　壳聚糖

图 1　甲壳素和壳聚糖的结构示意

$$CTS\text{-}Fe^{3+} + e^- \Longrightarrow CTS\text{-}Fe^{2+}$$

$$CTS\text{-}Fe^{2+} + CTS\text{-}2Fe^{3+} + 8OH^- \Longrightarrow CTS\text{-}Fe_3O_4 \downarrow + 4H_2O$$

然后以活性艳红 X-3B 为模拟印染废水，初步考察所制备磁性壳聚糖的吸附性能。

三、仪器和试剂

可见分光光度计；干燥箱；机械搅拌器；电子天平；250mL 烧杯若干；容量瓶若干。

壳聚糖（脱乙酰度 91%）；活性艳红 X-3B；六水合氯化铁（A. R.）；亚硫酸钠（A. R.）；浓氨水；盐酸；蒸馏水。

四、实验要求

1. 查阅文献，了解壳聚糖的溶解性，以成功配制壳聚糖溶液（实验时 CTS 质量为 0.5g）。

2. 质量比 CTS：Fe＝2：1，Fe^{3+} 初始浓度为 0.15$mol \cdot L^{-1}$，物质的量比为 Fe^{3+}：SO_3^{2-}＝3：1，计算所需六水合氯化铁及亚硫酸钠的用量。

3. 查阅文献，初步了解活性艳红 X-3B 染料的最大吸收波长以及吸附性能的测试方法。

4. 依据所给原理和条件设计具体实验方案（包括材料制备步骤和吸附性能实验步骤），实验结束后对实验结果进行总结和讨论。

五、思考讨论题

1. 本实验中配制壳聚糖溶液用哪种酸更好？

2. 与其他方法相比，还原沉淀法制备磁性壳聚糖的优点有哪些？

3. 影响磁性壳聚糖吸附性能的因素有哪些？

六、参考文献

1. Cao C H, Xiao L, Chen C H, et al. In situ preparation of magnetic Fe_3O_4/chitosan nanoparticles via a novel reduction-precipitation method and their application in adsorption of reactive azo dye. Powder Technology, 2014, 60: 90.

2. 马珊等. 良分散性磁性壳聚糖纳米粒子的制备及吸附性能研究. 离子交换与吸附, 2010, 26 (3): 272.

3. 涂国荣，刘翔峰，杜光旭等. Fe_3O_4 纳米材料的制备与性能研究. 精细化工，2004，21 (9)：641.

4. Qu S C, Yang H B, Ren D W, et al. Magnetite Nanoparticles Prepared by Precipitation from Partially Reduced Ferric Chloride Aqueous Solutions. Journal of Colloid and Interface Science, 1999, 215: 190.

5. 王开峰，彭娜，涂常青等. 非活体生物质对水中活性艳红 X-3B 的吸附研究. 环境工程学报，2010，4 (2)：309.

实验四十　溶胶形成条件的探索及 Zeta 电位的测定

一、实验目的

1. 通过实验了解溶胶的常见制备方法及溶胶 Zeta 电位的测定方法。

2. 制备出氢氧化系溶胶包括氢氧化铁、氢氧化铜、氢氧化锌溶胶中的 1～2 种，并寻找该溶胶 Zeta 电位测定的实验条件。

二、实验基本原理

当分散系统的分散相粒子半径落在 1～100nm 之间时称为胶体分散系统。由于胶体分散系统从外表看，和通常的真溶液无甚差别，因此也称为溶胶。由于溶胶是热力学上不稳定、不可逆的系统，因此要形成溶胶必须使分散相粒子的大小落在胶体分散系统的范围之内，同时系统中应有适当的稳定剂存在才能使其具有足够的稳定性。溶胶的制备方法大致分为两类，即分散法和凝聚法，前者使固体的粒子变小，后者使分子或离子聚结成胶粒。分散法是用适当的方法使大块物质在有稳定剂存在时分散成胶体粒子的大小。通常有研墨法、胶溶法、超声波分散法和电弧法等。凝聚法是先制成难溶物的分子或离子的过饱和溶液，再使之互相结合成胶体粒子而得到溶胶。通常有化学凝聚法和物理凝聚法两种。

氢氧化系溶胶的制备方法文献报道最多的是使用化学凝聚法制备，即通过盐类的水解反应使生成物呈过饱和状态，然后粒子再结合成溶胶，最后利用胶体粒子不能透过半透膜，而分子、离子能通过的特点，用渗析法除去多余的电解质即可纯化制得的溶胶。但这类溶胶由于其对应的胶核即氢氧化物的溶解度和颜色不同，在制备过程中存在一些相同和不同的地方，如水解用的盐类浓度可能不都是饱和溶液等。

几乎所有胶体体系的颗粒都带有电荷。在外加电场中，这些荷电的胶粒与分散相介质间会发生相对运动，若分散介质不动，胶粒向阳极或阴极做定向移动，称为电泳。荷电的胶粒与分散介质间的电势差称为 Zeta 电位。显然，胶粒在电场中的移动速度和 Zeta 电位的大小相关，所以 Zeta 电位也称为电动电势。原则上，任何一种胶体的电动现象（电泳、电渗、流动电势和沉降电势）都可以利用来测定 Zeta 电位，但最方便的是通过电泳来测定。

三、仪器和试剂

电泳测定装置 1 套；电导率仪；电炉若干；渗析用半透膜若干；大小不等的烧杯若干；玻璃棒若干；秒表。

氯化铁；氯化铜；硫酸锌；氯化钠；乙酸钠；$(NH_4)_2SO_4$；NaAc；火棉胶；$AgNO_3$；KCNS。

四、实验要求

查阅相关文献，根据本实验所提供的仪器与试剂，设计出 1～2 种制备氢氧化系溶胶的实验步骤。并用电泳法测定所制得溶胶的 Zeta 电位。

五、思考讨论题

1. 通过盐类水解法制备溶胶时，若条件控制不好很容易形成絮状的沉淀物，在实验过程中你是如何处理的？

2. Zeta 电位的测定过程中，电泳速度的测定是至关重要的一点，要准确测定溶胶的电泳速度，需注意哪些问题？

六、参考文献

1. 黄桂萍，万东北，胡跃华. Fe $(OH)_3$ 溶胶及其纯化半透膜制备的探讨. 赣南师范学院学报，2003，6：103.

2. 高明国，范国康. $Fe(OH)_3$ 胶体电泳实验的两则改进. 太原科技，2003，1：19.

3. 罗雪容. 提高电泳速度的研究. 化学教育，2004，1：51.

4. 钱亚兵，袁红霞，鲍正荣，黄会林. Fe $(OH)_3$ 胶体电泳实验再探索. 四川师范学院学报（自然科学版），2002，23（3）：310.

5. 李明皓，徐开俊，余丹妮. 用绿色化学的观念改进胶体制备实验. 化学教育，2015，36（2）：39.

实验四十一 纳米分散系统在电化学中的应用

一、实验目的

1. 了解低维纳米材料的超声分散技术。

2. 掌握 CHI660B 型电化学工作站的使用方法。

3. 掌握一套完整的电化学方法所包含的实验内容。

二、实验基本原理

低维功能材料由于其结构的特殊性以及在纳米尺度下的一系列特殊的效应，而呈现出许多不同于传统材料的独特性能。碳纳米管是一种新型的低维功能材料，属富勒碳系，是一种具有特殊结构（径向尺寸为纳米量级，轴向尺寸为微米量级，管子两端基本上都封口）的一维量子材料。一般而言，纳米碳管有两种结构形式：单壁碳管和多壁碳管。单壁碳管是由单层石墨卷集而成，直径在 1～2nm；而多壁碳管则是由多层石墨卷集而成，直径在 2～50nm 之间。尽管纳米碳管是由石墨转化而来，但它与石墨有着截然不同的性质。比如它在一定尺寸范围内具有导体及半导体特性、高的力学强度及溶液中的非线性光学特性等。由于它具有好的导电性和完整的表面结构，高的力学强度和较强的化学稳定性以及它具有明显的促进电子传递作用，因而是一种很有潜力的传感器材料。但碳纳米管较高的机械强度和较强的化学稳定性也决定了它不溶于几乎所有的溶剂，因此如何选择特定的手段把碳纳米管“溶解”在特定的溶剂里并制备成均匀的薄膜材料是该实验项目的关键点。表面活性剂是一类具有特殊性质的物质，而最突出的性质便是它的分子结构中即有亲水基团又有疏水基团，具有“双亲”性质，随着其浓度的不同，在溶液中表现出不同的排列形式。研究表明，一些长链的表面活性剂分子如 SDS、DHP 等通过超声分散能将碳纳米管“溶解”，并在电极表面形成均匀稳定的薄膜。

本设计实验旨在将碳纳米管超声分散在表面活性剂的水溶液中，并滴涂在玻碳电极表面，制成碳纳米管薄膜修饰的电极，考察一些环境污染物在修饰电极上的传感特性。

三、仪器和试剂

CHI660B 电化学工作站 1 台；CHI830 电化学分析仪 1 台；超声波清洗器 1 台；红外灯 1 台；干燥箱 1 台；电子分析天平 1 台；双蒸馏水器 1 台；玻碳电极 3 支；甘汞电极 3 支。

碳纳米管（中国科学院成都有机化学有限公司）；十二烷基硫酸钠；吐温-80；冰醋酸；乙酸钠；磷酸二氢钾；磷酸氢二钠；硝酸铅；氯化镉；铁氰化钾；硫酸；硝酸；盐酸；氢氧化钠（以上试剂均为分析纯）。

四、实验要求

1. 查阅文献，选择合适的碳纳米管分散系统，通过滴涂法制备出合格的碳纳米管薄膜修饰电极。

2. 研究一些常见的重金属离子在修饰电极上的传感特性，并对实验条件进行优化。

3. 依据上述实验方案写出一篇完整的小论文，并对所得的实验结果进行讨论。

五、思考讨论题

1. 碳纳米管的结构有什么特点，在电化学中是应用碳纳米管的哪些特点？

2. 玻碳电极的表面清洁是如何表征的？

3. 循环伏安法与线性扫描伏安法有何异同？

六、参考文献

1. 董绍俊. 化学修饰电极. 北京：科学出版社，2004.

2. Chengguo Hu，Kangbing Wu，Xuan Dai，Shengshui Hu. Simultaneous determination of lead(Ⅱ) and cadmium(Ⅱ) at a diacetyldioxime modified carbon paste electrode by differential pulse stripping voltammetry. Talanta，2003，60：17.

3. 易洪潮，吴康兵，胡胜水. 离子交换伏安法同时测定水体中的镉、汞. 分析科学学报，2001，17 (4)：275.

4. Kangbin Wu，Shengshui Hu. Mercury-free simultaneous determination of cadmium and lead at a glassy carbon electrode modified with mutli-wall carbon nanotubes. Analytica Chimica Acta，2003，489:215.

5. 王亚珍. 基于乙炔黑/壳聚糖膜修饰电极的阳极溶出伏安法测定 Pb^{2+} 含量. 冶金分析，2011，31 (12):29.

6. 李鑫，覃浩，曹文杰，徐俊晖，王亚珍. 基于石墨烯/纳米氧化铝修饰电极的溶出伏安法测定土壤中铜. 冶金分析，2017，37 (11):34.

实验四十二 金属有机框架材料的合成及其电容性能测试

一、实验目的

1. 学会利用水热法合成1～2种无机金属有机框架材料（MOFs）。

2. 学会用循环伏安法对合成的MOFs材料进行电化学性能表征。

二、实验基本原理

金属有机骨架（metal-organic frameworks，MOFs）系由金属离子与有机配体通过配位作用形成的多孔网状骨架结构材料。与传统的多孔材料相比，MOFs具有结构多样、孔隙率高、比表面积大、孔容可调控、孔表面易功能化等优点。由于MOFs在气体存储、电化学、分离、催化、传感等众多领域具有潜在应用价值，这类新型多孔材料在过去的十几年里受到人们广泛的关注。一方面，MOFs具有丰富的相互贯穿型孔道结构，便于电子和离子的传输；另一方面，MOFs属于晶态材料，结构高度有序，活性位点均匀分散，暴露的活性位点有利于参与能量转换过程，最终可以有效地实现电化学性能的提升。

MOFs合成方法包括水热/溶剂热法、微波辅助水热法、超声波法、搅拌合成法、分层扩散法等。其中水热/溶剂热法是MOFs材料的合成中广泛使用的方法之一。一般情况下以硝酸盐、硫酸盐和氯化盐等无机盐作为典型的金属离子前驱体，以多齿的有机配体，比如羧酸盐、咪唑类和腈类作为有机连接体。将有机配体和无机金属盐放入密闭的聚四氟乙烯反应釜中，加热到一定的温度（一般在25～250℃，在自生压力（可高达1MPa）下反应。由于水热/溶剂热法通常是在反应釜下完成，因此此法不会受配体和金属盐是否溶解的约束，比较适合于难溶有机配体配位聚合物的合成。

三、仪器和试剂

水热反应釜；干燥箱；电化学工作站；饱和甘汞电极；Pt片电极。

硝酸镍；硝酸锌；均苯三甲酸；DMF；无水乙醇；氢氧化钾；泡沫镍；导电炭黑；PVDF。

四、实验步骤

1. 选择反应物，确定合适的反应计量比及反应物添加顺序等。

2. 按照实验设计将反应物混合搅拌。

3. 将混合物装入釜内，封闭高压釜并置入烘箱。

4. 设定反应温度、反应时间及升降温速率，溶剂热反应自发进行。

5. 取釜并得到实验样品，将其过滤、洗涤并干燥。

6. 电极的制备：将泡沫镍用蒸馏水、乙醇清洗后烘干，使用前剪成1cm×2cm的大小并记录原始质量m_1。按照活性物质：导电炭黑：PVDF＝8：1：1（质量比）的比例，准确称取共100mg混合物置于玛瑙研钵中研磨均匀。加入适量无水乙醇继续研磨，使系统呈浆状。将该混合浆状物均匀涂在泡沫镍上，涂覆面积为1cm×1cm，置于80℃真空干燥箱中烘4h。将干燥后的泡沫镍置于粉末压片机上于10MPa压力下保持10s，然后取出称量其质量m_2。涂到泡沫镍上电极活性物质的质量约为m_2-m_1，约为2.0mg。将涂有活性物质的泡沫镍片用电极夹固定，且使涂有活性物质的部分镍片方向朝外，制成工作电极。

7. 将制得的电极作为工作电极，Pt片电极为对电极，饱和甘汞电极为参比电极，放入$6mol·L^{-1}$的KOH溶液中，在不同的扫速下（$10mV·s^{-1}$、$25mV·s^{-1}$、$50mV·s^{-1}$、

75mV·s^{-1}、100mV·s^{-1}）进行循环伏安测试，记录循环伏安曲线。

五、数据记录和处理

根据循环伏安曲线，可以计算超级电容器比容量的大小，其计算公式如下：

$$C=\frac{1}{2}\left(\frac{1}{mv\Delta V}\int_{V_a}^{V_b} I\,\mathrm{d}V\right)$$

式中，C 是超级电容器的质量比电容，F·g^{-1}；m 为泡沫镍片上所涂活性材料的质量，g；v 为循环伏安测试的扫描速度，V·s^{-1}；V_b、V_a 分别为循环伏安测试中的高电位点和低电位点；ΔV 为 V_b、V_a 的差（$\Delta V=V_b-V_a$）；I 为测试过程中的电流，A。

六、思考讨论题

1. 水热合成反应中需要注意些什么？

2. 结合所做的实验，试说明影响超级电容器比电容的因素有哪些？

七、参考文献

1. 郝丽敏. 金属有机骨架材料的制备及其在锂离子电池中的应用. 硕士学位论文，长安大学，2015.

2. 苏燕平. Ni-BTC MOFs 衍生材料及其性能研究. 硕士学位论文，中国科学技术大学，2017.

3. Jie Yang，Peixun Xiong，Cheng Zheng，Heyuan Qiu，Mingdeng Wei. Metal-organic frameworks：a new promising class of materials for a high performance supercapacitor electrode. Journal of Materials Chemistry A，2014，2：16640.

4. 曹文杰，胡传正，蔡俊，徐俊晖，鲁珍，王亚珍. 不同摩尔比对镍基金属有机骨架材料的电容性能影响研究. 江汉大学学报（自然科学版），2018，46（6）：485.

5. Wenjie Cao，Miaomiao Han，Lin Qin，Qikang Jiang，Junhui Xu，Zhen Lu，Yazhen Wang. Synthesis of zeolitic imidazolate framework-67 nanocube wrapped by graphene oxide and its application for supercapacitors. Journal of Solid State Electrochemistry，2019，23（1）：325.

实验四十三 表面活性剂增敏催化动力学光度法研究

一、实验目的

1. 了解表面活性剂的结构以及催化动力学光度法的特点。

2. 进一步熟悉可见和紫外可见分光光度计的使用方法。

3. 灵活应用物理化学实验中测定表观活化能和表观速率常数的方法。

二、实验基本原理

催化动力学光度法是在普通光度法的基础上发展起来的一种高灵敏度光度法，具有快速、操作简单、灵敏度高、选择性好、成本低、无须大型仪器、便于推广等优点，是具有发展前景的分析方法。它适合测定水质、食品等物质中痕量的亚硝酸根。此法的主要原理是依据在酸性介质中，以氧化剂（主要是溴酸钾）氧化有色染料，而亚硝酸根对此反应有灵敏的催化作用，通过研究此指示反应的动力学条件，根据有色染料褪色的快慢来建立测定一种亚硝酸根含量的新方法。由于在酸性介质中，一些阳离子表面活性剂如十六烷基三甲基溴化铵等对该反应有增敏作用，通过研究其动力学条件，对诸如试剂用量、反应温度、反应时间等实验条件的优化，在最优化实验条件下，确立动力学方程（$\lg A_0/A$ 对 $1/T$ 作图），结合 Arrhenius 公式，即可计算出该催化反应的表观速率常数和表观活化能，最终实现实际样品中亚硝酸盐含量的测定。

三、仪器和试剂

721E 型可见分光光度计 1 台；紫外-可见分光光度计 1 台；电子分析天平 1 台；双蒸馏水器 1 台；容量瓶若干；比色管若干等。

溴酸钾；亚硝酸钠；一些常见水溶性有色染料；一些常见表面活性剂；硫酸；硝酸；磷酸（以上试剂均为分析纯）。

四、实验要求

1. 查阅文献，选择合适的染料和合适的表面活性剂，配制不同浓度的基准溶液。

2. 选用紫外可见分光光度法确定有色染料的最大吸收波长，然后再利用可恒温的 721E 型可见分光光度计研究一些实验条件对 ΔA 的影响（ΔA 为非催化体系的吸光度 A_0 和催化系统的吸光度 A 的差值，即 $\Delta A = A_0 - A$），从而确定最优化的实验条件。

3. 依据实验条件，确定动力学方程［$\lg(A_0/A)$ 对 $1/T$ 作图］，结合 Arrhenius 公式计算出该催化反应的表观速率常数和表观活化能。

五、思考讨论题

1. 各溶液浓度的配制有何实验依据，浓度的选择大致范围是多少？

2. 催化动力学光度法的原理是什么，有什么优点？

3. ΔA 的值主要与哪些实验条件相关；在优化实验条件时，你是如何选择实验条件的？

4. 表面活性剂的选择有什么依据？

六、参考文献

1. 伍正清，李建平，周敏等. 测定亚硝酸根的表面活性剂增敏催化动力学光度法. 分析测试学报，1998，17(6):78.

2. 卢菊生，田久英，缪小青. 溴酸钾-甲基红-CTMAC 增敏催化光度法测定食品中痕量亚硝酸根. 食品科技，2007，7(3):222-224.

3. 张爱梅，王术皓，崔慧. 表面活性剂增敏催化光度法测定痕量亚硝酸根. 分析化学，2001，29(2):202.

4. 郑肇生，吴和舟，庄艳娇等. 溴酸钾氧化酸性品红催化光度法测定亚硝酸根. 分析实验室，1995，(2):56.

5. 王亚珍，何如意. 表面活性剂增敏苏丹红 B 褪色反应光度法测定亚硝酸根. 华中师范大学学报（自科版），2013，47（5）：666.

实验四十四 可见光催化剂 g-C_3N_4 的制备及分解水制氢性能的研究

一、实验目的

1. 了解光催化分解水制氢的基本原理。

2.学习利用X射线行射仪、紫外-可见吸收光谱仪、扫描电子显微镜和氮吸附仪等表征物质的基本结构。

3.学习光催化分解水制氢反应的基本操作。

二、实验基本原理

利用太阳能分解水制氢是基础研究的前沿课题，它在能源和环境领域的重要科学意义一直受到化学、材料等很多学科师生的关注。由于太阳能中紫外线的能量约占4%，可见光能量占43%，因此开发可见光响应的半导体光催化剂用来光解水制氢一直是光催化科研领域的研究热点。半导体是一种介于导体和绝缘体之间的固体，其最高占据轨道（HOMO）相互作用形成价带（VB），最低未占据轨道（LUMO）相互作用形成导带（CB）。对于本征半导体，价带顶和导带底之间的带隙不存在电子状态，这种带隙称为禁带，其宽度称为禁带宽度（用E_g表示）。当以光子能量高于半导体禁带宽度的光照射半导体时，半导体的价带电子发生带间跃迁，从价带跃迁至导带，在导带产生电子（e^-），在价带生成空穴（h^+）。光生电子和空穴因库仑相互作用被束缚形成电子-空穴对，这种电子-空穴对根据其能量具有一定的氧化和还原能力。当电子迁移到光催化剂表面被捕获后，在适合的条件下会与相邻的介质发生还原反应：而空穴则会与相邻的介质发生氧化反应。从热力学的角度考虑，理论上分解纯水的半导体的禁带宽度要大于1.23eV。但除此之外，实际上还有电子空穴传输、反应活性位构建、反应物吸附、产物脱附等多方面的要求。首先，半导体的导带和价带位置必须与水的还原及氧化电位相匹配。构成半导体导带的最上层能级必须比水的还原电位（$\varphi_{H^+/H_2}=0$，标准氢电极）更负，而构成半导体价带的最下层能级必须比水的氧化电位（$\varphi_{O_2/H_2O}=+1.23eV$，标准氢电极）更正，这样电子和空穴才具有足够的能力进行还原和氧化水的反应。基本原理如图1所示。

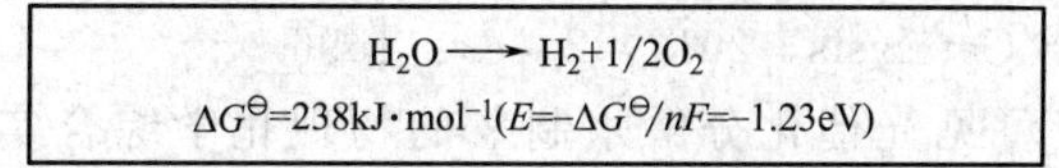

$$H_2O \longrightarrow H_2 + 1/2O_2$$
$$\Delta G^{\ominus}=238kJ\cdot mol^{-1}(E=-\Delta G^{\ominus}/nF=-1.23eV)$$

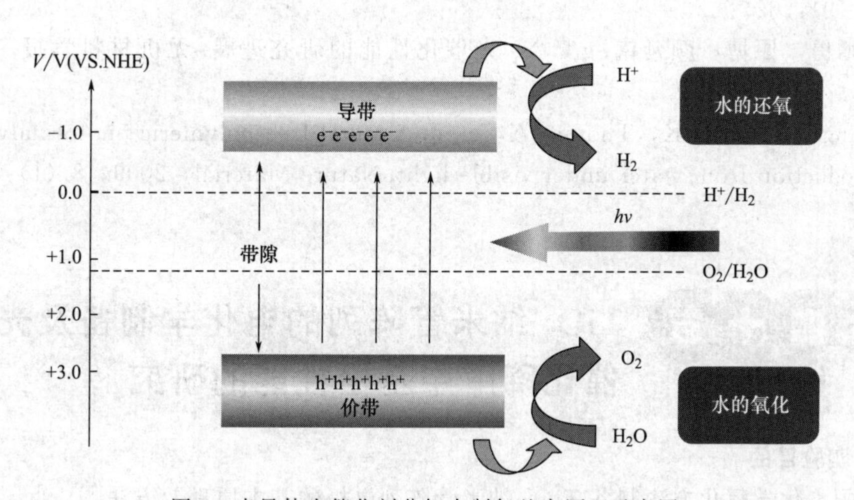

图1　半导体光催化剂分解水制氢基本原理示意图

石墨型氮化碳（$g-C_3N_4$）是一种化学性质稳定且几乎没有毒性的半导体材料，可以通过简单的三聚氰胺热聚合的方法制备，结构上是以三嗪环为基本结构单元的层状化合物，结构内的C、N原子通过 sp^2 杂化形成高度离域的π共轭系统。其中，C_{2p} 轨道组成 g-C_3N_4 的导带，N_{2p} 轨道组成其价带，两者间的禁带宽度约为2.7eV，能够吸收太阳光中波长小于475nm的蓝紫光，即可吸收可见光。理论计算和实验研究表明，g-C_3N_4 具有适中的半导体带边位置，其LUMO和HOMO分别位于－1.4V和＋1.3V，满足光解水产氧、产氢的要求。

三、仪器和试剂

马弗炉；光催化反应装置；X射线衍射仪；紫外-可见分光光度计；扫描电子显微镜；氮吸附仪。

三聚氰胺（A.R.）；氯铂酸（A.R.）；无水乙醇（A.R.）；蒸馏水。

四、实验要求

1. 查阅文献，了解三聚氰胺热聚合法制备 g-C_3N_4 的步骤和要点，选取两个煅烧温度制备 g-C_3N_4。

2. 了解 g-C_3N_4 光催化剂的表征方法。

3. 查阅文献，学习光催化分解水制氢的基本操作，选择合适的催化剂用量及辅助试剂等条件。

4. 依据所给原理和条件设计具体实验方案（包括材料制备步骤和光解水制氢实验步骤），实验结束后对实验结果进行总结和讨论。

五、思考讨论题

1. 石墨型氮化碳（g-C_3N_4）的常见制备方法有哪些？

2. 影响光解水制氢效率的因素主要有哪些？

六、参考文献

1. Wang X，Blechert S，Antonietti M. Polymeric graphitic carbon nitride for. heterogeneous photocatalysis. ACS Catalysis，2012，2（8）：1596.

2. 刘钢，朱万春. 基于可见光催化分解水制氢的物理化学综合实验设计. 大学化学，2016，31（9）：62.

3. 楚增勇，原博，颜延南. g-C_3N_4 光催化性能的研究进展. 无机材料学报，2014，29（8）：789.

4. Wang X，Maeda K，Thomas A，et al. A metal-free polymeric photocatalyst for hydrogen production from water under visible light. Nature Material，2009，8（1）：76.

实验四十五 TiO_2 纳米管阵列的电化学制备及光电催化降解甲基橙性能的研究

一、实验目的

1. 学习电化学氧化方法制备 TiO_2 纳米管阵列电极的基本原理及方法。

2. 利用分光光度计测定甲基橙光电催化降解反应过程中的浓度，计算其降解率。

3. 理解光电协同作用及原理。

4. 掌握影响 TiO_2 纳米管阵列光电催化降解甲基橙活性的主要因素。

二、实验基本原理

TiO_2 纳米管阵列具有大比表面积、强吸附能力、高度有序和尺寸可控等优点，在光（电）催化、太阳能电池和传感器等领域中得到了广泛应用。

TiO_2 纳米管阵列制备的电化学方法主要是指在低电压下（10～25V），金属钛片在含有氟离子的电解液中阳极氧化的方法。研究表明，改变阳极氧化电压、电解质组成、电解液 pH 和电解时间等因素可以控制纳米管的管径、管长、管壁以及管的形态。用阳极氧化法制备的 TiO_2 纳米管管径在 20～150nm 之间，管长达 0.2～1000μm 以及管壁在 10～70nm 之间。

对于阳极 TiO_2 氧化膜由多孔结构转变为纳米管阵列结构的过程，研究者们提出了不同的解释。根据阳极氧化过程中电流-时间关系曲线和不同反应时间下的产物具体形貌分析，一般认为，TiO_2 纳米管阵列的形成过程大致经历了三个阶段：①阻挡层的形成阶段；②多孔氧化膜的初步形成；③多孔氧化膜的稳定生长。TiO_2 纳米管阵列的形成是通过复杂的整体协同作用实现的自组装过程，是经过一定时间，形成无序连续的微孔膜，再自行向有序独立的纳米管结构转化的，微孔的生长是孔底部的氧化层不断向钛基体推进与孔底氧化层不断溶解的协同作用的结果。

光电催化技术，是有效提高光催化反应效率的有效途径之一。与光催化相比，其氧化和还原反应不再是在同一个粒子表面的不同部位进行，而是分别在光阳极和阴极表面进行。在光电化学反应中，可以通过施加偏压促进光生电子和空穴的分离，此时也可称是一种电化学辅助的光催化技术。其原理是：在光电极施加一定的偏压，将光生电子通过外电场驱赶至反向电极，从而有效阻止电子和空穴的复合，达到提高光催化反应效率，从而使有机污染物彻底矿化。

甲基橙浓度采用分光光度法测定。甲基橙的最大吸收波长为 465nm（pH＝7），配制系列不同浓度的甲基橙溶液，分别测其吸光度，绘制吸光度与浓度关系的标准曲线。由标准曲线计算甲基橙浓度，进而计算甲基橙降解率。

三、仪器和试剂

直流稳压/稳流器；721E 型分光光度计；秒表；电化学工作站；容量瓶；烧杯；钛片；砂纸（1200＃，1000＃）；Pt 电极；Ag/AgCl 电极；日光灯；带有陶瓷隔膜的三电极。

5×10^{-4} mol·L^{-1} 甲基橙水溶液（其他浓度需要自己配制）；0.1mol·L^{-1} Na_2SO_4＋1×10^{-4} mol·L^{-1} 甲基橙水溶液；0.5%（质量分数）NH_4F＋10%（质量分数）蒸馏水的乙二醇溶液。

四、实验步骤

1. 打磨钛片（先用粗砂纸，后用细砂纸，直到钛片表面呈现镜面），然后用丙酮、乙醇、蒸馏水超声洗涤 5min 左右，晾干备用。

2. 使用兆信直流稳压/稳流器，控制电压 25V，以纯钛片（99%，0.70mm 厚）作为阳极和对电极，在含有 0.5%（质量分数）NH_4F＋10%（质量分数）蒸馏水的乙二醇溶液中恒压电解 2h。

3. 制备的二氧化钛纳米管阵列用蒸馏水洗净，放在空气中晾干后，在 450℃下以每分钟 2℃速度煅烧 2h，使其转变成锐钛矿结构。

4. 连接电化学工作站的三电极接头，煅烧后的二氧化钛纳米管阵列为阳极，Pt 电极为对电极，Ag/AgCl 为参比电极。

5. 在阳极上施加 0.4V 的偏压，每隔 20min 测量一次阳极区的甲基橙的吸光度。

6. 通过绘制吸光度与浓度关系的标准曲线，计算甲基橙不同时间下的浓度及降解率。

五、数据记录和处理

实验温度：________℃，溶液 pH 值________

记录甲基橙降解实验数据：

时间/min	甲基橙溶液吸光度	甲基橙溶液浓度 c_t/mol·L^{-1}	降解率（c_t/c_0）
0			
10			
20			
30			
40			
50			
60			

六、思考讨论题

1. 影响电化学制备 TiO_2 纳米管阵列的因素主要有哪些？

2. 影响 TiO_2 纳米管阵列光电催化降解甲基橙活性的主要因素有哪些？如何影响？

3. 如何选择光电催化中的偏压（可以查阅相似的文献）？

七、参考文献

1. Y. T. Su, C. B. Johansson, Y. Jeong, et al. The electrochemical oxide growth behaviour on titanium in acid and alkaline electrolytes. Medical Engineering Physics, 2001, 23: 329.

2. Q. Y. Cai, M. Paulose, O. K. Varghese, et al. The effect of electrolyte composition on the fabrication of self-organized titanium oxide nanotube arrays by anodic oxidation. Journal of Material Research, 2005, 20: 230.

3. K. S. Raja, M. Misra, K. Paramguru. Formation of self-ordered nano-tubular structure of anodic oxide layer on titanium. Eletrochimica. Acta, 2005, 51: 154.

4. 杨丽霞，罗胜联，蔡青云，姚守拙. 二氧化钛纳米管阵列的制备、性能及传感应用研究. 科学通报，2009，54：3605.

实验四十六 α-Fe_2O_3 纳米材料的制备及性质

一、实验目的

1. 学习和掌握纳米材料的几种基本制备方法。

2. 了解纳米材料的性质及其影响因素。

二、实验基本原理

当物质的尺寸在 1～100nm 的范围时，会出现许多与其在宏观尺寸下完全不同的物理化学性质，因此这样的物质被称为纳米物质。目前制备纳米粒子的方法多种多样，主要分为气相法、液相法和固相法三大类。

（1）气相法

化学气相反应法。利用挥发性的金属化合物的蒸气，通过化学反应生成所需要的化合物，在保护气氛环境下快速冷凝，从而制备各类物质的纳米粒子，该法也叫化学气相沉积法（简称 LVD）。

（2）液相法

①水热法。水热反应是高温高压下在水（水溶液）或水蒸气等流体中进行有关化学反应的总称。水热法的优点在于可直接生成氧化物，避免了一般液相合成方法需要经过煅烧转化成氧化物这一步骤，从而极大降低乃至避免了团聚的形成。

②溶胶-凝胶法。是 20 世纪 60 年代发展起来的一种制备玻璃、陶瓷等无机材料的新工艺，近年来许多人用此法来制备纳米粒子。其原理是：将金属醇盐或无机盐经水解直接形成溶胶或经解凝形成溶胶，然后是溶质聚合凝胶化，再将凝胶干燥，焙烧去除有机成分，最后得到无机材料。

（3）固相法

热分解法。利用一些固体物质（如有机酸盐）加热分解生成新固相的性质，直接制备纳米金属氧化物。目前使用较多的有有机酸盐如草酸盐、碳酸盐等。

三、仪器和试剂

高压反应釜 1 套；烘箱 1 台；电子天平 1 台（0.0001g）；X 射线粉末衍射仪；扫描电镜。

四、实验要求

1. 查阅相关资料，确定纳米材料的合成方法，写出具体实验操作步骤及所需仪器和药品。

2. 制备 α-Fe_2O_3 纳米材料，要求：固体颗粒必须小于 100nm；固体颗粒必须是 α-Fe_2O_3。

3. 进行纳米材料的表征及性能测试。

五、思考讨论题

1. 不同制备方法制备纳米粒子有何优缺点？

2. 高压反应釜使用过程中有何注意事项？

3. 高压反应釜中溶液能否用其他非水溶剂进行其他实验？

六、参考文献

1. 王世敏等. 纳米材料制备技术. 北京：化学工业出版社，2002.

2. 张立德等. 纳米材料和纳米结构. 北京：科学出版社，2001.

实验四十七　碳量子点的电化学制备及其荧光性能测试

一、实验目的

1. 通过实验了解电化学方法制备碳量子点的基本原理。

2. 了解碳量子点的荧光性能。

3. 掌握 F-4000 荧光分光光度计的使用方法。

二、实验基本原理

碳量子点是一种新型的碳纳米材料，具有荧光信号稳定、激发波长和发射波长可调控等独特的光学性质，以及环境友好和生物相容性好等优点，逐渐成为碳纳米材料的研究热点。其在生物成像、生物标记和生物传感中的应用研究受到广泛关注。

碳量子点的电化学制备方法主要是指在一定的电压下，采用离子液体辅助电化学方法剥离阳极石墨棒的方法。阳极氧化过程中会产生羟基和氧基自由基，如方式（1）所示：

$$H_2O \xrightarrow{-e} \cdot OH + H^+ \xrightarrow{-e} \cdot O + H^+$$

石墨(C_x) —

(1) H_2O:

$$H_2O \longrightarrow 2H^+ + 2e^- + 1/2O_2\uparrow$$

$$C_x + H_2O \longrightarrow C_{x-1}OH + H^+ + e^-$$

$$C_x + 2H_2O \longrightarrow C_{x-1} + CO_2\uparrow + 4H^+ + 4e^-$$

$$C_x + 2H_2O \longrightarrow C_{x-1}COOH + CO_2\uparrow + 3H^+ + 3e^-$$

(2) BF_4^-:

$$C_x + BF_4^- \longrightarrow BF_4C_x + e^- \xrightarrow{H_2O} C_xOH + HBF_4$$

阳极石墨棒被这些产生的自由基羟基化或氧化后，通常解离成纳米尺度的炭颗粒。

荧光实际上是光致发光，即物体在外界光源的照射下，获得能量产生激发导致发光的现象。也是物质吸收光子跃迁到高能级的激发态后返回低能态，同时放出光子的过程。

三、仪器和试剂

直流稳压/稳流器；荧光分光光度计；秒表；容量瓶；烧杯；纯炭棒（99.9%，ϕ0.6cm）。

1-丁基-3-甲基咪唑四氟硼酸盐（$C_{8min}BF_4$）离子液体；1-甲基-3-丁基咪唑六氟化磷（$C_{8min}PF_6$）离子液。

四、实验要求

查阅相关中英文文献，根据本实验所提供的仪器与药品，设计电化学方法，制备碳荧光量子点的溶液，并测试其荧光性能，请写出相应实验步骤。

五、思考讨论题

1. 在电解过程中，观察电解液颜色发生了怎样的变化，你认为发生了什么反应？
2. 碳量子点的荧光开始随着浓度的增加而不断增大，后来却下降，为什么？
3. 荧光激发和发射光谱各是什么？如何选择荧光测试中的激发波长（结合实验，查阅相关文献）？
4. 离子液体在电化学制备碳量子点过程中起到了什么作用（结合实验，查阅相关文献）？
5. 查找相关文献，理解碳量子点的发光机理。

六、参考文献

1. Jiong Lu, Jia-xiang Yang, Junzhong Wang, Ailian Lim, Shuai Wang, and Kian Ping Loh. One-Pot Synthesis of Fluorescent Carbon Nanoribbons, Nanoparticles, and Graphene by the Exfoliation of Graphite in Ionic Liquids. ACS Nano, 2009, 3(8): 2367.

2. Joaquim C. G. Esteves da Silva, Helena M. R. Goncalves. Analytical and bioanalytical applications of carbon dots, Trends in Analytical Chemistry, 2011, 30(8): 1326.

第五部分　常用仪器的使用

5.1　温度测量及控制

温度是表示物体冷热程度的物理量，微观上来讲是物体分子热运动的剧烈程度。温度只能通过物体随温度变化的某些特性来间接测量，而用来量度物体温度数值的标尺叫温标。它规定了温度的读数起点（零点）和测量温度的基本单位。目前国际上用得较多的温标有华氏温标（°F）、摄氏温标（℃）、热力学温标（K）和国际实用温标。从分子运动论观点看，温度是物体分子平均平动动能的标志。温度是大量分子热运动的集体表现，含有统计意义。对于个别分子来说，温度是没有意义的。

测量温度的仪器是温度计，温度计的种类很多。根据所用测温物质的不同和测温范围的不同，有煤油温度计、酒精温度计、水银温度计、气体温度计、电阻温度计、温差电偶温度计、辐射温度计和光测温度计等。实验室主要使用的是水银温度计和电子温度计（电子温差电偶温度计）以及测量温差的贝克曼温度计。

5.1.1　水银温度计

水银温度计是实验室中最常用的液体温度计，水银具有热导率大、比热容小、膨胀系数均匀，在相当大的温度范围内，体积随着温度的变化呈直线关系，同时不润湿玻璃、不透明而便于读数等优点，因而水银温度计是一种结构简单、使用方便、测量较准确并且测量范围大的温度计。使用水银温度计的方法如下。

①温度计的玻璃泡全部浸入被测液体中，不要碰到容器底或容器壁。

②温度计玻璃泡进入被测液体后要稍候一会，待温度计的示数稳定后再读数。

③读数时温度计的玻璃泡要继续留在被测液体中，视线要与温度计中液柱的上表面相平。

④测量前应先估测被测液体的温度，了解温度计的量程和分度值，若合适便可进行测量。

然而，当温度计受热后，水银球体积会有暂时的改变而需要较长时间才能恢复原来体积。由于玻璃毛细管很细，因而水银球体积的微小改变都会引起读数的较大误差。对于长期使用的温度计，玻璃毛细管也会发生变形而导致刻度不准。另外温度计有全浸式和半浸式两种，全浸式温度计的刻度是在温度计的水银柱全部均匀受热的情况下刻出来的，但在测量时，往往是仅有部分水银柱受热，因而露出的水银柱温度就较全部受热时低。这些在准确测量中都应予以校正。

5.1.1.1　温度计露茎的校正

如图 5-1 所示，将一支辅助温度计靠在测量温度计的露出部分，其水银球位于露出水银柱的中间，测量露出部分的平均温度，校正值 Δt 按下式计算：

$$\Delta t=0.00016h(t_{测}-t_{环})$$

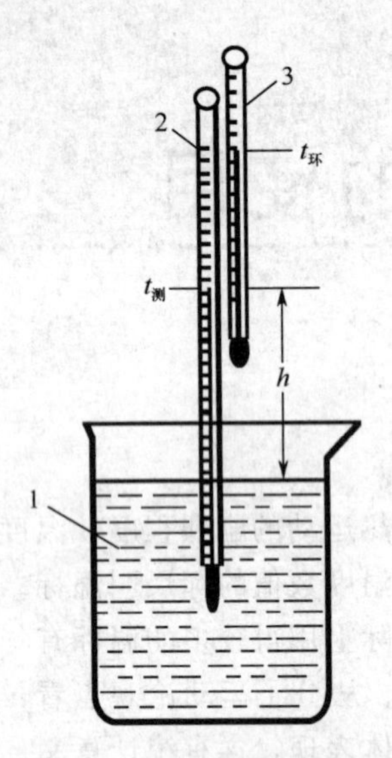

图 5-1　温度计露茎的校正

1—被测体系；2—测量温度计；3—辅助温度计

式中，0.00016 为水银对玻璃的相对膨胀系数；h 为露出水银柱的高度（以温度差值表示）；$t_{测}$ 为体系的温度（由测量温度计测出）；$t_{环}$ 为环境温度，即水银柱露出部分的平均温度（由辅助温度计测出）。

校正后的真实温度为：$t_{真}=t_{测}+\Delta t$

例如测得某液体的 $t_{测}=183℃$，其液面在温度计的 29℃ 上，则 $h=183-29=154$。

而 $t_{环}=64℃$，则

$$\Delta t=0.00016\times154\times(183℃-64℃)=2.9℃$$

故该液体的真实温度为：$t_{真}=183℃+2.9℃=185.9℃$

由此可见，系统的温度越高，校正值越大。在 300℃时，其校正值可达 10℃左右。

5.1.1.2　温度计刻度的校正

温度计刻度的校正通常用两种方法。

①以纯的有机化合物的熔点为标准来校正。其步骤为：选用数种已知熔点的纯有机物，用该温度计测定它们的熔点，以实测熔点温度作纵坐标，实测熔点与已知熔点的差值为横坐标，画出校正曲线，这样凡是用这支温度计测得的温度均可在曲线找到校正数值。

②与标准温度比较来校正。其步骤为：将标准温度计与待校正的温度计平行放在热溶液中，缓慢均匀加热，每隔 5℃分别记录两支温度计读数，求出偏差值 Δt。

$$\Delta t=待校正的温度计的温度-标准温度计的温度$$

以待校正的温度计的温度作纵坐标，Δt 为横坐标，画出校正曲线，这样凡是用这支温度计测得的温度均可由曲线找到校正数值。

5.1.2　贝克曼温度计

5.1.2.1　结构特点

贝克曼（Beckmann）温度计是一种用来精密测量体系始态和终态温度变化差值的水银温度计（图 5-2）。其主要特点如下。

①刻度精细。刻线间隔为 0.01℃，用放大镜可以估读至 0.002℃，因此测量精密度较高。

②温差测量。由于水银球中的水银量是可变的，因此水银柱的刻度值就不是温度的绝对读数，只能在 5～6℃量程范围内读出温度差 Δt。

③使用范围较大。可在－20℃至＋120℃范围内使用。这是因为在它的毛细管上端装有一个辅助水银储槽，可用来调节水银球中的水银量，因此可以在不同的温度范围内使用。例如，在量热技术中，可用于冰点降低、沸点升高及燃烧热等测量工作中。

图 5-2　贝克曼温度计

5.1.2.2　使用方法

这里介绍两种温度量程的调节方法。

（1）恒温浴调节法

①首先确定所使用的温度范围。例如测量水溶液凝固点的降低需要能读出1～－5℃之间的温度读数；测量水溶液沸点的升高则希望能读出99～105℃之间的温度读数；至于燃烧热的测定，则室温时水银柱示值在2～3℃之间最为适宜。

②根据使用范围，估计当水银柱升至毛细管末端弯头处的温度值。一般的贝克曼温度计，水银柱由刻度最高处上升至毛细管末端，还需要升高2℃左右。根据这个估计值来调节水银球中的水银量。例如测定水的凝固点降低时，最高温度读数拟调节至1℃，那么毛细管末端弯头处的温度应相当于3℃。

③另用一恒温浴，将其调至毛细管末端弯头所应达到的温度，把贝克曼温度计置于该恒温浴中，恒温5℃以上。

（2）标尺读数法

对操作比较熟练的人可采用此法。该法是直接利用贝克曼温度计上部的温度标尺，而不必另外用恒温浴来调节，其操作步骤如下。

①首先估计最高使用温度值。

②将温度计倒置，使水银球和毛细管中的水银徐徐注入毛细管末端的球部，再把温度计慢慢倾斜，使储槽中的水银与之相连接。

③若估计值高于室温，可用温水；或倒置温度计，利用重力作用让水银流入水银储槽，当温度标尺处的水银面到达所需温度时，轻轻敲击，使水银柱在弯头处断开；若估计值低于室温，可将温度计浸入较低的恒温浴中，让水银面下降至温度标尺上的读数正好到达所需温度的估计值，同法使水银柱断开。

④与上法同，实验调节的水银量是否合适。

5.1.2.3 注意事项

①贝克曼温度计由薄玻璃制成，比一般水银温度计长得多，易损坏。所以一般应放置在温度计盒中，或者安装在使用仪器架上，或者握在手中，不应任意放置。

②调节时，注意勿让它受剧热或剧冷，还应避免重击。

③调节好的温度计，注意勿使毛细管中的水银柱再与储槽里的水银相连接。

④取出温度计，用右手紧握它的中部，使其近乎垂直，用左手轻击右手小臂，这时水银即可在弯头处断开。温度计从恒温浴中取出后，由于温度差异，水银体积会迅速变化，因此，这一调节步骤要求迅速、轻快，但不必慌乱，以免造成失误。

⑤将调节好的温度计置于预测温度的恒温浴中，观察其读数值，并估计量程是否符合要求。例如实验四凝固点降低法测分子量中，可用0℃的冰水浴予以检验，如果温度值落在3～5℃处，意味着量程合适。若偏差过大，则应按上述步骤重新调节。

5.1.3 SWC-Ⅱ$_C$ 数字贝克曼温度计

5.1.3.1 特点

（1）分辨率高，稳定性好 本仪器具有0.001℃的高分辨率，长期稳定性好，其主要技术指标居国内领先地位。

（2）操作简单，显示清晰，读数准确 本仪器除数字显示清晰、读数准确、操作简便外，还设有读数保持、超量程显示功能，克服了水银贝克曼温度计的操作繁琐、容易损坏、校准复杂和读数困难的缺点。

（3）测量范围宽 温度测量范围和温差基温范围为－50～150℃，根据需要可扩展至 199.99℃。

(4) 使用安全可靠　SWC-Ⅱ$_C$系列仪器的出现，结束了温差的精密测量长期被水银贝克曼温度计统治的历史，为实验室消除汞污染和提高教学质量开辟了广阔的前景，而且安全性好、可靠性高、使用寿命长。

(5) 数字输出接口（选配）　RS232C 串行口。

5.1.3.2　使用方法

①将传感器插头插入后面板上的传感器接口（槽口对准）（注意：为了安全起见，应在接通电源以前进行本操作）。

②将约 220V 电源接入后面板上的电源插座。

③将传感器插入被测物中。

④温度测量：按下电源开关，此时显示屏显示仪表初始状态（实时温度），如：

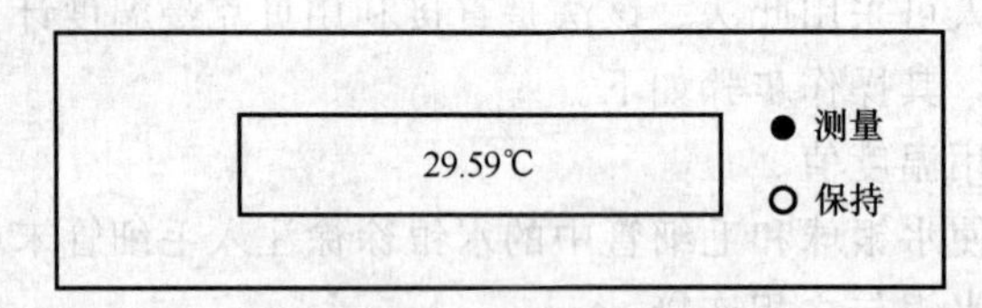

说明：数字后显示的“℃”表示仪器处于温度测量状态，测量指示灯亮。

⑤选择基温：根据实验所需的实际温度选择适当的基温挡，使温差的绝对值尽可能小。

⑥温差的测量

a. 要测量温差时，按一下[温度/温差]键，此时显示屏上显示温差数，如：

说明：其中显示最末位的“·”表示仪器处于温差测量状态。

注意：若显示屏上显示为“0.000”，且闪烁跳跃，表明选择的基温挡不适当，导致仪器超量程。此时，重新选择适当的基温。

b. 再按一下[温度/温差]键，则返回温度测量状态。

⑦需要记录温度和温差的读数时，可按一下[测量/保持]键，使仪器处于保持状态（此时“保持”指示灯亮）。读数完毕，再按一下[测量/保持]键，即可转换到“测量”状态，进行跟踪测量。

附注：温差测量方法说明

被测量的实际温度为 t，基温为 t_0，则温差 $\Delta t = t - t_0$，例如：

$t_1 = 18.08$℃，$t_0 = 20$℃，则 $\Delta t_1 = -1.923$℃（仪表显示值）

$t_2 = 21.34$℃，$t_0 = 20$℃，则 $\Delta t_2 = 1.342$℃（仪表显示值）

要得到两个温度的相对变化量 $\Delta t'$，则

$$\Delta t' = \Delta t_2 - \Delta t_1 = (t_2 - t_0) - (t_1 - t_0) = t_2 - t_1$$

由此可以看出，基温 t_0 只是参考值，略有误差对测量结果没有影响。采用基温可以得到分辨率更高的温差，提高显示值的准确度。如：用温差作比较 $\Delta t' = \Delta t_2 - \Delta t_1 = 1.342$℃ −

（−1.923℃）=3.265℃，比用温度作比较 $\Delta t'=t_2-t_1=21.34℃-18.08℃=3.26℃$ 准确度高。

5.1.3.3　维护注意事项

①不宜放置在有水或潮湿的地方，应置于阴凉通风处。

②不宜放置在高温环境，避免靠近发热源，如电暖气或炉子等。

③为了保证仪表工作正常，不是专门检测设备的单位和个人，请勿打开机盖进行检修，更不允许调整和更换元件，否则将无法保证仪表测量的准确度。

④传感器和仪表必须配套使用（传感器探头编号和仪表的出厂编号应一致），以保证温度检测的准确度，否则，温度检测准确度将有所下降。

5.1.4　SWC-Ⅱ$_D$ 精密数字温度温差仪

5.1.4.1　特点

SWC-Ⅱ$_D$ 精密数字温度温差仪除具备 SWC-Ⅱ$_C$ 数字贝克曼温度计的显示清晰、直观，分辨率高，稳定性好，使用安全可靠等特点外，还具备以下特点。

①温度-温差双显示。

②基温自动选择。老式 SWC-Ⅱ$_C$ 数字贝克曼温度计由手动波段开关选择。

③读数采零及超量程显示的功能，使温差测量显示更为直观，无须进行算术计算。温差超量程自动显示 U.L 符号。

④可调报时功能。可以在定时读数时间范围 6～99s 内任意选择。

⑤具有基温锁定功能，避免因基温换挡而影响实验数据的可比性。此外，增加了取消锁定的功能，更为方便。

⑥可选配 USB 接口，便于与计算机连接。

仪器的主要技术参数：温度测量范围为−50～150℃，温度测量分辨率为 0.01℃；温差测量范围为±19.999℃，温差测量分辨率为 0.001℃；定时读数时间范围为 6～99s。

5.1.4.2　使用方法

①确保传感器探头的编号和仪表出厂编号应一致，将传感器插头插入后面板上的传感器接口（槽口对准）（注意：为了安全起见，应在接通电源以前进行本操作）。

②将约 220V 电源接入后面板上的电源插座。

③将传感器插入被测物中（插入深度应大于 50mm）。

④按下电源开关，此时温度显示屏显示仪表初始状态（实时温度），温差显示基温 20℃时的温差值。如：

温差(℃)	温度(℃)	定时	
−7.224	12.77	00	● 测量 ○ 保持 ○ 锁定

⑤ 当温度、温差显示值稳定后，按一下[采零]键，温差显示窗口显示“0.000”，再按下[锁定]键，锁定仪器自动选择基温，稍后显示的温差值即为温差的相对变化量。若要取消被锁定的基温，只需再次按下[锁定]键，此时锁定灯灭。

⑥要记录读数时，可按一下[测量/保持]键，使仪器处于保持状态（此时，“保持”指示灯亮）。读数完毕，再按一下[测量/保持]键，即可转换到“测量”状态，进行跟踪测量。

⑦定时读数

a.按下增、减键，设定所需的定时时间（应大于5s，定时读数才会起作用）。

b.设定完后，定时显示将进行倒计时，当一个计数周期完毕时，蜂鸣器鸣响且读数保持约2s，“保持”指示灯亮，此时可观察和记录数据。

c.消除报警，只需将定时读数设置小于5s即可。

附注：

①温度显示窗口显示传感器所测物的实际温度t。

②温差显示窗口显示的温差为介质实际温度t与基温t_0的差值。

③仪器根据介质温度自动选择合适的基温，基温选择标准见表5-1。

表5-1　基温选择标准

温度t	基温t_0	温度t	基温t_0
t＜－10℃	－20℃	50℃＜t＜70℃	60℃
－10℃＜t＜10℃	0℃	70℃＜t＜90℃	80℃
10℃＜t＜30℃	20℃	90℃＜t＜110℃	100℃
30℃＜t＜50℃	40℃	110℃＜t＜130℃	120℃

④关于温差测量的说明

a.基温下t_0不一定为绝对准确值，其为标准温度的近似值。

b.被测量的实际温度为t，基温为t_0，则温差$\Delta t=t-t_0$。

例如：

$t_1=18.08℃$，$t_0=20℃$，则$\Delta t_1=-1.923℃$（仪表显示值）

$t_2=21.34℃$，$t_0=20℃$，则$\Delta t_2=1.342℃$（仪表显示值）

要得到两个温度的相对变化量$\Delta t'$，则

$$\Delta t'=\Delta t_2-\Delta t_1=(t_2-t_0)-(t_1-t_0)=t_2-t_1$$

由此可以看出，基温t_0只是参考值，略有误差对测量结果没有影响。采用基温可以得到分辨率更高的温差，提高显示值的准确度。

如：用温差作比较$\Delta t'=\Delta t_2-\Delta t_1=1.342℃-(-1.923℃)=3.265℃$，比用温度作比较$\Delta t'=t_2-t_1=21.34℃-18.08℃=3.26℃$精确度高。

5.1.4.3　维护注意事项

①不宜放置在过于潮湿的地方，应置于阴凉通风处。

②不宜放置在高温环境，避免靠近发热源，如电暖气或炉子等。

③为了保证仪表工作正常，不是专门检测设备的单位和个人，请勿打开机盖进行检修，更不允许调整和更换元件，否则将无法保证仪表测量的准确度。

④传感器和仪表必须配套使用（传感器探头编号和仪表的出厂编号应一致），以保证检测的准确度，否则，温度检测准确度将有所下降。

5.1.5　恒温槽及温度控制

物质的许多物理性质（例如饱和蒸气压、折射率、黏度、表面张力等）和化学性质（例如化学反应速率常数、反应平衡常数等）都与温度有关，因此许多物理化学实验在测定过程中，温度必须保持恒定。通常用恒温槽来控制温度维持恒温。恒温槽所以能维持恒温，主要是依靠恒温控制器来控制恒温槽的热平衡。当恒温槽因对外散热而使水温降低时，恒温控制

器就使恒温槽内的加热器工作。待加热到所需的温度时，它又使加热器停止加热，这样就使槽温保持恒定。

恒温槽是实验室中常用的一种以液体为介质的恒温装置（图 5-3）。它用液体作为介质是由于热容量大、导热性好、温度稳定性好。一般恒温槽包括槽体、加热器、搅拌器、温度控制器、感温元件等，它通常利用电子调节系统，对加热器进行自动调节，以达到恒温的目的，是物理化学实验室必备的常见设备。

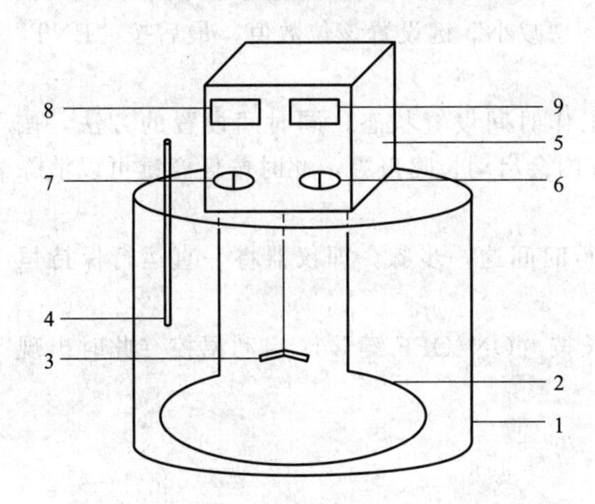

图 5-3　恒温槽结构示意图

1—槽体；2—加热器；3—搅拌器；4—温度传感器；5—温度控制器；6—搅拌器开关；7—加热器开关；8—设置温度显示；9—实时温度显示

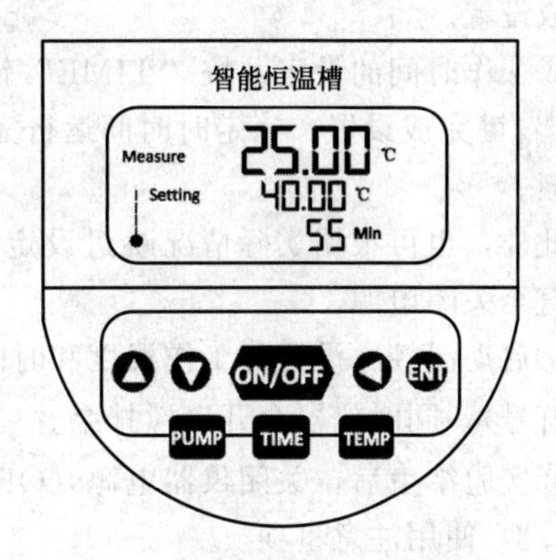

图 5-4　超级恒温槽的控制面板

下面主要介绍 SC 系列数控超级恒温槽，它采用智能微机控制系统，操作简单、温度稳定性好，可以提供一个冷热受控、温度均匀恒定的液体环境（图 5-4）。

5.1.5.1　仪器特点及控制面板

①数显分辨率：0.1℃。

②温度波动度：±0.05℃～±0.2℃。

③LED 液晶显示。

④有内、外循环，外循环可将槽内恒温液体外引，建立第二恒温场。

⑤有智能 PID 自动调节控制功能。

⑥有温度超温报警，上下限温度报警可设定。

⑦达到定时时间后，2s 内会自动长鸣报警。

5.1.5.2　使用方法

①在槽内加入液体介质，液体介质液面不能低于台板 30mm。

②根据所控温度的不同，选择不同的液体介质，见表 5-2。

表 5-2　根据工作温度范围选择不同的液体介质

工作温度范围/℃	选用的液体介质
8～80	纯净水
80～90	15%甘油水溶液
90～200	甘油或硅油

③循环泵的连接：内循环泵的连接，只需要将出液管和进液管用软管连接。若是外循环泵进行外循环的连接，先将出液管用软管接在槽外容器进口，再将进液管接在槽外部容器进口。如果工作温度大于 90℃时，循环泵外接管应采用金属管。

④打开电源开关（ON）。

⑤工作温度的设定：按“TEMP”键进入温度设定状态（此时窗口栏的温度设定值末位一直呈闪烁状态），再通过“移位”键改变位数（如当百分位闪烁时，按移位键一次，则十分位呈闪烁状态，以此类推），调节“增加”键、“减小”键设置该位数值，最后按“ENT”键完成设置。

⑥工作时间的设定：按“TIME”键进入工作时间设置状态，同时间设置的方法，按“ENT”键完成设置。当定时时间运行完后，2s 内会启动长鸣报警，此时按任意键可以消除报警声。

此外，也可根据实际情况跳过设定仪器运行时间这一步骤，即仪器将一直运行保持恒温，直至关闭电源。

⑦启动温控：设置好工作温度和时间后，长按“ON/OFF 键”1s 启动温控（此时出现 ◀ 符号），同时仪器会开启搅拌泵。

⑧实验结束后，关闭仪器电源（OFF）。

5.1.5.3 使用注意事项

①使用前，槽内应加入适量的液体介质，否则通电工作时会损坏加热器。使用前注意观察槽内液面高低，当液面低时，应及时添加液体介质。

②恒温槽应安置于干燥通风处，仪器周围 300mm 内无障碍物。

③电源必须接地。使用完毕，所有开关置于关闭状态，切断电源。

④恒温槽应做好经常性清洁工作，保持工作台面和操作面板的整洁。

5.2 压力测量与压力计

物理化学中提及的压力严格而言是压强，因为习惯的原因一直称为压力。物理定义上的压力，是指垂直作用于流体或固体界面单位面积上的力；大气压力是地球表面覆盖有一层厚厚的由空气组成的大气层。在大气层中的物体，都要受到空气分子撞击产生的压力。也可以认为，大气压力是大气层中的物体受大气层自身重力产生的作用于物体上的压力。

压力测量仪表有液柱式压力检测仪表、弹性式压力检测仪表、电气式压力检测仪表等。

5.2.1 福廷式气压计

福廷式气压计是一种单管真空汞压力计，其结构如图 5-5 所示，福廷式气压计是以汞柱来平衡大气压力。大气压力的单位，原来直接以汞柱的高度（即毫米汞柱或 mmHg）来表示。近来生产的新产品气压计是以国际单位 Pa 或 kPa 来表示。在气象学上也常用 bar 或 mbar 作单位。

5.2.1.1 福廷式气压计的使用方法

（1）调节旋转螺旋　慢慢旋转螺旋调节水银槽内水银面的高度，使槽内水银面升高。利用水银槽面反光，注视水银面与象牙针尖的空隙，直至水银面的影像象牙针尖与象牙针尖刚刚接触，然后用手轻轻扣一下铜管上面，使玻璃管上部水银面凸面正常。稍等几秒钟，待象牙针尖与水银面的接触无变动为止。

(2) 调节游标尺　转动气压计旁的螺旋，使游标尺升起，并使下沿略高于水银面。然后慢慢调节游标，直到游标尺底边及其后边金属片的底边同时与水银面凸面顶端相切。这时观察者眼睛的位置应和游标尺前后两个底边的边缘在同一水平线上。

(3) 读取汞柱高度　当游标尺的零线与黄铜标尺中某一刻度线恰好重合时，黄铜标尺上该刻度的数值便是大气压值，无须使用游标尺。当游标尺的零线不与黄铜标尺上任何一刻度重合时，那么游标尺零线所对标尺上的刻度，则是大气压值的整数部分（mm）。再从游标尺上找出一根恰好与标尺上的刻度相重合的刻度线，则游标尺上刻度线的数值便是气压值的小数部分。

(4) 整理工作　记下读数后，将气压计底部螺旋向下移动，使水银面离开象牙针尖。记下气压计的温度及所附卡片上气压计的仪器误差值，然后进行校正。

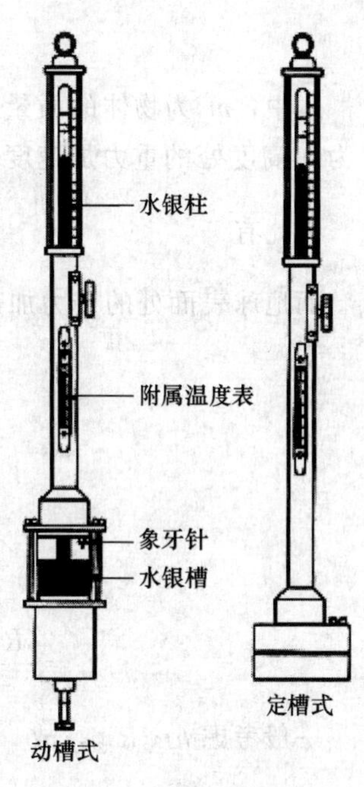

图 5-5　福廷式气压计

5.2.1.2　气压计读数的校正

水银气压计的刻度是以温度为 0℃、纬度为 45°的海平面高度为标准的。若不符合上述规定时，从气压计上直接读出的数值，除进行仪器误差校正外，在精密的工作中还必须进行温度、纬度及海拔高度的校正。

(1) 仪器误差的校正　由于仪器本身制造的不精确而造成读数上的误差称“仪器误差”。仪器出厂时都附有仪器误差的校正卡片，应首先加上此项校正。

(2) 温度影响的校正　由于温度的改变，水银密度也随之改变，因而会影响水银柱的高度。同时由于铜管本身的热胀冷缩，也会影响刻度的准确性。当温度升高时，前者引起偏高，后者引起偏低。由于水银的膨胀系数较铜管的大，因此当温度高于 0℃时，经仪器校正后的气压值应减去温度校正值；当温度低于 0℃时，要加上温度校正值。设 p_t 为读数校正到 0℃时的数值，p 为气压计的压力读数，t 为温度，α 为水银的平均体膨胀系数，β 为黄铜的平均体膨胀系数，Δp_t 为温度校正压力。则有

$$p_t=\frac{p+\beta tp}{1+\alpha tp}=\left(\frac{1+\beta t}{1+\alpha t}\right)p=p-p\frac{\alpha t-\beta t}{1+\alpha t}=p+\Delta p_t$$

$$\Delta p_t=-p\frac{\alpha t-\beta t}{1+\alpha t}$$

α、β 可查，有了气压计读数 p 与温度 t，计算 $-p\frac{\alpha t-\beta t}{1+\alpha t}$ 的值，可得到压力的温度校正值。而在实际工作中，给出不同的 p 和 t，计算出 $p\frac{\alpha t-\beta t}{1+\alpha t}$ 的值列表供查。

(3) 海拔高度及纬度的校正　高度校正的目的是使校正后的数值相当于海平面处的水银柱高度，因为重力加速度随高度改变而改变，因此，水银柱的重量受高度的影响。根据万有引力定律，物体在离地球表面 h 高度处的万有引力为：

$$F=G_0\frac{M_{地}m}{(R_{地}+h)^2}=mg'$$

$$\Delta p_t = -p\ \frac{\alpha t-\beta t}{1+\alpha t}$$

式中，m 为物体的质量；$M_{地}$ 为地球质量；$R_{地}$ 为地球平均半径；G_0 为万有引力常数；g' 为 h 高度处的重力加速度。

因此有
$$g' = \frac{G_0 M_{地}}{(R_{地}+h)^2}$$

而地球表面处的重力加速度

$$g = \frac{G_0 M_{地}}{R_{地}{}^2}$$

$$\frac{g'}{g} = \frac{\dfrac{G_0 M_{地}}{(R_{地}+h)^2}}{\dfrac{G_0 M_{地}}{R_{地}{}^2}} = \frac{R_{地}{}^2}{(R_{地}+h)^2}$$

$$= \frac{(R_{地}+h)^2-(2R_{地}\ h+h^2)}{(R_{地}+h)^2} = 1-\frac{h(2R_{地}+h)}{(R_{地}+h)^2}$$

一般考虑 $h \ll R_{地}$，故

$$g'/g = 1-\frac{2R_{地}\ h}{R_{地}^2} = 1-\frac{2h}{R_{地}} = 1-\frac{2h}{6.37\times10^6}$$
$$= 1.314\times10^{-7}h$$

这样气压的高度校正值为：

$$\Delta p_t = 3.14\times10^{-7}\ ph$$

(4) 纬度的校正 略。

(5) 其他 如水银蒸气压的校正、毛细管效应的校正等，因校正值极小，一般都不考虑。

5.2.1.3 使用时注意事项

①调节螺旋时动作要缓慢，不可旋转过急。

②在调节游标尺与汞柱凸面相切时，应使眼睛的位置与游标尺前后下沿在同一水平线上，然后再调到与水银柱凸面相切。

③发现槽内水银不清洁时，要及时更换水银。

5.2.2 DP-A 精密数字压力温度计

DP-A 精密数字压力温度计，具有压力、温度两种检测功能，适用于正、负压力测量，测量环境或系统温度，可同时替代“饱和蒸气压测定”等实验中 U 形水银压力计和温度计。

仪器主要技术指标：压力测量范围为 0～±100kPa；压力分辨率为 0.01kPa；温度测量范围为－50～350℃；温度分辨率为 0.1℃。

5.2.2.1 使用方法

(1) 操作前准备

①用 ϕ4.5～5mm 内径的真空橡胶管将仪器后盖板压力接口与被测系统连接。将温度传感器插入后盖板传感器接口，传感器置于被测体系中。

②将仪表后盖板的电源线接入约 220V 电网，电源插头与插座应紧密配合。

③打开电源开关（ON），按动“复位”键，显示器 LED 和指示灯亮，仪表处于工作状

态，仪器右边显示压力值，左边显示温度值。

④测量单位的确定。接通电源，初始状态 kPa 指示灯亮，LED 显示以 kPa 为单位的压力值；按一下“单位”键，mmH_2O 或 mmHg 指示灯亮，LED 显示以 mmH_2O 或 mmHg 为单位的压力值。

⑤仪器的预热。接通电源，仪表预热 5min 即可正常工作。

(2) 操作步骤

①在测试前必须按一下“采零”开关，使仪表自动扣除传感器零压力值（零点漂移），显示器为“00.00”，保证正式测试时显示值为被测介质的实际压力值。

②测试：缓慢加压或疏通，当加正压力或负压力至所需压力时，显示器所显示值即为该温度下所测实际压力值。

注意：尽管仪表作了精细的零点补偿，因传感器本身固有的漂移（如时漂）是无法处理的，因此每测一次后，再测试前必须按一下“采零”键，以保证所测压力值的准确度。

③关机：被测压力泄压后，将“电源开关”置于“OFF”位置，即关机。

DP-AG 无“采零”，故也无须上述操作步骤，开机即显示大气压或系统绝对压力，使用完毕直接将“电源开关”置于“OFF”位置即可。

5.2.2.2　使用与维护注意事项

①本仪器适用约 220V 电源。

②此系统采用 CPU 进行非线性补偿，电网干扰脉冲可能会出现程序错误造成死机，此时应按复位键，程序从头开始。

注意：一般情况下，不会出现死机，故平时不应按此键。

③DP-A 精密数字压力温度计系列仪表，压力测量介质为除氟化物气体外的各种气体介质均可使用。

④本仪表有足够的过载能力，但超过过载能力时，传感器将有永久损坏的可能。

⑤压力传感器硅膜极薄，切忌固体颗粒或其他硬物进入传感器内，否则会损坏压力传感器。

⑥使用和储存时，仪表应放置在通风干燥和无腐蚀性气体的场合。

⑦没有专门的检测技能和专门的检测设备，切勿随意打开机盖进行检测，更不允许调整或更换元件，否则将无法保证仪器测量的准确度。

5.2.2.3　常见故障及排除方法

①按下电源开关后无显示：此时应检查电源插座有无松动现象；保险丝是否完好。

②显示器数值异常：可能仪器受电源干扰，程序出现错误，按一下“复位”键，重新启动 CPU。

③压力值不能稳定，且迅速回落：检查橡皮管与压力接口是否接好，以及橡皮管的气密性和被测系统的管路连接是否有泄漏现象。

5.2.3　真空技术

真空是指低于大气压力的气体的给定空间，即每立方厘米空间中气体分子数大约少于 2500×10^{16} 个的给定空间。真空是相对于大气压来说的，并非空间没有物质存在。用现代抽气方法获得的最低压力，每立方厘米的空间里仍然会有数百个分子存在。气体稀薄程度是对真空的一种客观量度，最直接的物理量度是单位体积中的气体分子数。气体分子密度越小，气体压力越低，真空度就越高，通常都用压力表示。

真空技术是建立低于大气压力的物理环境，以及在此环境中进行工艺制作、物理测量和科学试验等所需的技术。

真空技术主要包括真空获得、真空测量、真空检漏和真空应用四个方面。在真空技术发展中，这四个方面的技术是相互促进的。

在地球上，通常是对特定的封闭空间抽气来获得真空，用来抽气的设备称为真空泵。早先制成的真空泵，抽气速度不大，极限真空低，很难满足生产和科学试验的需要。后来相继制成一系列抽气机理不同的真空泵，抽速和极限真空都得到不断提高。如低温泵的抽气速率可达 $60000L \cdot s^{-1}$，极限真空可达千亿分之一帕数量级。

为了保证真空系统能达到和保持工作需要的真空，除需要配备合适的、抽气性能良好的真空泵以外，真空系统或其零部件还必须经过严格的检漏，以便消除破坏真空的漏孔。低（粗）真空、中真空和高真空系统一般用气压检漏；对于超高真空系统，在采用一般检漏法粗检以后，还要采用灵敏度较高的检漏仪，如卤素检漏仪和质谱检漏仪来检漏。

随着真空获得技术的发展，真空应用日渐扩大到工业和科学研究的各个方面。真空应用是指利用稀薄气体的物理环境完成某些特定任务。有些是利用这种环境制造产品或设备，如灯泡、电子管和加速器等，这些产品在使用期间始终保持真空；而另一些则仅把真空当作生产中的一个步骤，最后产品在大气环境下使用，如真空镀膜、真空干燥和真空浸渍等。真空的应用范围极广，主要分为低真空、中真空、高真空和超高真空应用。低真空是利用低（粗）真空获得的压力差来夹持、提升和运输物料，以及吸尘和过滤，如吸尘器、真空吸盘。中真空一般用于排除物料中吸留或溶解的气体或水分、制造灯泡、真空冶金和用作热绝缘。如真空浓缩生产炼乳，不需加热就能蒸发乳品中的水分。真空冶金可以保护活性金属，使其在熔化、浇铸和烧结等过程中不致氧化，如活性难熔金属钨、钼、钽、铌、钛和锆等的真空熔炼；真空炼钢可以避免加入的一些少量元素在高温中烧掉和有害气体杂质等的渗入，可以提高钢的质量。高真空可用于热绝缘、电绝缘和避免分子、电子、离子碰撞的场合。高真空中分子自由程大于容器的线性尺寸，因此高真空可用于电子管、光电管、阴极射线管、X 射线管、加速器、质谱仪和电子显微镜等器件中，以避免分子、电子和离子之间的碰撞。这个特性还可应用于真空镀膜，以供光学、电学或镀制装饰品等方面使用。外层空间的能量传输与超高真空中的能量传输相似，故超高真空可用作空间模拟。在超高真空条件下，单分子层形成的时间长（以小时计），这就可以在一个表面尚未被气体污染前，利用这段充分长的时间来研究其表面特性，如摩擦、黏附和发射等。

5.2.4 2XZ 型直联旋片式真空泵

5.2.4.1 概述

2XZ 型直联旋片式真空泵系双级高速直联旋片式真空泵，本泵是用来对密封容器抽除气体而获得真空的基本设备。亦可作为各类高真空系统的前级泵和预抽泵。

该系列泵具有低噪声、停泵不反抽、启动容易等优点。

其主要技术参数有：抽气速率从 $0.25L \cdot s^{-1}$、$0.5L \cdot s^{-1}$、$1.0L \cdot s^{-1}$ 至 $8.0L \cdot s^{-1}$ 不等；极限压力为 $6 \times 10^{-1}Pa$、$6 \times 10^{-2}Pa$ 两种；转速为 $1400r \cdot min^{-1}$；工作电压为 220V 或 380V；进气口内径、泵油升温亦有不同。可根据具体需要来选择合适的型号。泵上装有气镇阀，可抽除少量的可凝性蒸气。

5.2.4.2 使用方法和注意事项

(1) 先拧开加油螺塞，从加油孔中加油至油标 2/3（因出厂关系，真空泵腔内无泵油灌入）。后从进气孔内加入少量泵油（可能因出厂时间太长引起泵腔内干燥）以润滑泵腔，避免开机后出现咬死、发热现象。泵油选用一号真空泵油，也可用进口轿车轻质高级机油代替。

（2）按规定接上电源线（三相电机要注意电机旋转方向应与泵支架上的箭头方向一致；单相电机直接插上插座即可），拿掉排气管上的橡皮塞帽，空运转一下，再开始正常工作。

（3）与泵进气管口连接的管道不宜过长，而且要注意确保真空泵外连接管道、接头及容器绝对不能漏气，要密封，否则影响极限真空及真空泵寿命。

（4）泵的工作环境。温度在5～40℃范围内，相对湿度不大于85%，进气口压力小于1.3×10^3Pa的条件下工作。对抽气速率在$0.5L\cdot s^{-1}$以上的真空泵，均装有气镇阀。如相对湿度较高，可打开气镇阀抽除少量水蒸气，以净化泵油及延长泵油使用时间，净化完毕后及时关死。

（5）自吸进油式真空泵，在进气口压力为100～6kPa时运转，不得超过3min。

（6）此泵必须安装在清洁、通风、干燥的场所。

（7）下列情况之一不能使用：

①不能抽吸含有颗粒、尘埃的气体或胶状、水状、液体以及腐蚀性物质。

②不能抽吸含有爆炸性气体或含氧过高的气体。

③不能在系统漏气及真空泵匹配的容器过大时，长期抽气工作。

④不能作为输气泵、压缩泵使用。

5.2.4.3 维护与保养

（1）保持泵的清洁，防止杂质吸入泵腔内。建议配备过滤器，过滤器的上接口、下接口间距为整个过滤器高度的3/5左右。当水溶液太多时可通过放水螺塞放掉，然后及时拧紧。该过滤器起缓冲、冷却、过滤等作用。

（2）保持油位。以泵运转时，油位到油标中心为宜。不同类型或牌号的真空泵油，不可混合使用，如遇污染应及时更换。

（3）检查油质：存放不当，水分或其他挥发性物质进入泵腔内，可打开气镇阀净化之。如影响极限真空，可考虑换油，更换泵油时，先开泵空运转30min左右，使油变稀，放出脏油，放油的同时，从进气口缓缓加入少量清洁真空泵油以冲洗泵腔内部。

（4）如遇泵的噪声增加或突然咬死，应立即切断电源，进行检查。

（5）该系列泵拆卸顺序

①放油。

②松开进气管压板螺钉，拔出进气管。

③松开气镇阀压板螺钉，拔出气镇阀。

④拆下油箱。

⑤拆除支座与泵连接的内六角螺钉，松开泵联轴节紧固螺钉，抽出泵体轴承，拆下挡油板。

⑥拆下止回阀开口销，抽出止回阀叶轮（对自吸进油式泵）。

⑦若是油泵强制进油式泵，卸下油泵盖取出油泵旋片，松开两端泵盖螺钉，小心拆下两端泵盖，抽出高、低级转子及旋片。

⑧用汽油清洗各部件、疏通油孔待装。

（6）该系列装配顺序

①旋片装上旋片弹簧，插入转子槽内后，先将高级转子装入定子，装上高级泵盖、销、螺钉、键，套上轴套。用手旋转，应无滞阻和明显轻重感觉。

②参照①安装高级转子方法，装上低级转子。

③自吸进油式泵装置装上止回阀部件，调整止回阀头与进气嘴孔的平面。平启高度为0.8～1.2mm，闭合时，止回阀头应将进油嘴孔严密封闭，否则容易造成回油。油泵强制进油装置，装上油泵旋片、弹簧与油泵盖。

④装回排气阀片、挡油板等零件。

⑤装泵体、键、联轴节，重新装回支座上。

⑥装油箱，装回气镇阀、进气管。

5.3 氧气钢瓶与氧气减压阀

5.3.1 氧气钢瓶

钢瓶的一般工作压力都在 150kgf·cm^{-2}（1kgf·cm^{-2}＝98.0665kPa）左右。按国家标准规定，钢瓶涂成各种颜色以示区别，例如：氧气钢瓶为天蓝色、黑字；氮气钢瓶为黑色、黄字；压缩空气钢瓶为黑色、白字；氯气钢瓶为草绿色、白字；氢气钢瓶为深绿色、红字；氨气钢瓶为黄色、黑字；石油液化气钢瓶为灰色、红字；乙炔钢瓶为白色、红字等。

氧气钢瓶运输和储存期间不得曝晒，不能与易燃气体钢瓶混装、并放。瓶嘴、减压阀及焊枪上均不得有油污，否则高压氧气喷出后会引起自燃。

5.3.1.1 使用方法

①使用前要检查连接部位是否漏气，可涂上肥皂液进行检查，确认不漏气后才进行实验。

②在确认减压阀处于关闭状态（T 调节螺杆松开状态）后，逆时针打开钢瓶总阀，并观察高压表读数，然后逆时针打开减压阀左边的一个小开关，再顺时针慢慢转动减压调节螺杆（T 字旋杆），使其压缩主弹簧将活门打开。使减压表上的压力处于所需压力，记录减压表上的压力数值。

③使用结束后，先顺时针关闭钢瓶总开关，再逆时针旋松减压阀。

5.3.1.2 注意事项

①室内必须通风良好，保证空气中氢气最高含量不超过 1%（体积比）。室内换气次数每小时不得少于 3 次，局部通风每小时换气次数不得少于 7 次。

②氧气瓶与盛有易燃易爆物质及氧化性气体的容器和气瓶的间距不应小于 8m。

③与明火或普通电气设备的间距不应小于 10m。

④与空调装置、空气压缩机和通风设备等吸风口的间距不应小于 20m。

⑤与其他可燃性气体储存地点的间距不应小于 20m。

⑥禁止敲击、碰撞；气瓶不得靠近热源；夏季应防止曝晒。

⑦必须使用专用的氧气减压阀，开启气瓶时，操作者应站在阀口的侧后方，动作要轻缓。

⑧阀门或减压阀泄漏时，不得继续使用；阀门损坏时，严禁在瓶内有压力的情况下更换阀门。

⑨瓶内气体严禁用尽，应保留 0.5MPa 以上的余压。

5.3.2 氧气减压阀

氧气减压阀（图 5-6）的使用方法如下。

①按使用要求的不同，氧气减压阀有许多规格。最高进口压力大多为 15MPa 左右，最低进口压力不小于出口压力的 2.5 倍。

②安装减压阀时应确定其连接规格是否与钢瓶和使用系统的接头相一致。减压阀与钢瓶

采用半球面连接，靠旋紧螺母使二者完全吻合。因此，在使用时应保持两个半球面的光洁以确保良好的气密效果。安装前可用高压气体吹除灰尘。必要时也可用聚四氟乙烯等材料作垫圈。

③氧气减压阀应严禁接触油脂，以免发生火警事故。

④停止工作时，应将减压阀中余气放净，然后拧松调节螺杆以免弹性元件长久受压变形。

⑤减压阀应避免撞击震动，不可与腐蚀性物质相接触。

图 5-6　氧气减压阀

其他气体减压阀：有些气体，例如氮气、空气、氩气等永久性气体，可以采用氧气减压阀。但还有一些气体，如氨等腐蚀性气体，则需要专用减压阀。市面上常见的有氮气、空气、氢气、氨、乙炔、丙烷、水蒸气等专用减压阀。

这些减压阀的使用方法及注意事项与氧气减压阀基本相同。但是，还应该指出：专用减压阀一般不用于其他气体。为了防止误用，有些专用减压阀与钢瓶之间采用特殊连接口。例如氢气和丙烷均采用左牙螺纹，也称反向螺纹，安装时应特别注意。

5.4　阿贝折光仪

折射率是物质的重要物理常数之一，可借助它了解物质的纯度、浓度及其结构。在实验室中常用阿贝折光仪来测量物质的折射率。它可测量液体物质。试液用量少，操作方便，读数准确。

5.4.1　构造原理

当光束从一种介质进入另一种介质中时，其传播速度发生变化，在这两种不同性质介质的界面上发生折射现象，它遵守折射定律，有如下关系：

$$\frac{\sin\alpha}{\sin\beta}=\frac{n_\beta}{n_\alpha}$$

式中，α 为入射角；β 为折射角；n_α、n_β 分别为交界面两侧介质的折射率。

若光线由光疏介质进入光密介质时（图 5-7），即 $n_\alpha < n_\beta$，则入射角大于折射角。在一定温度下，对于一定的两种介质，此比值是不变的。故入射角 α 增大时，折射角 β 也随着增大，当入射角 α 增大到 90°时，这时折射角达到最大值 β_0，β_0 称为临界角。

阿贝折光仪就是根据这个临界折射现象设计的。WYA 阿贝折光仪的外形如图 5-8 所示，

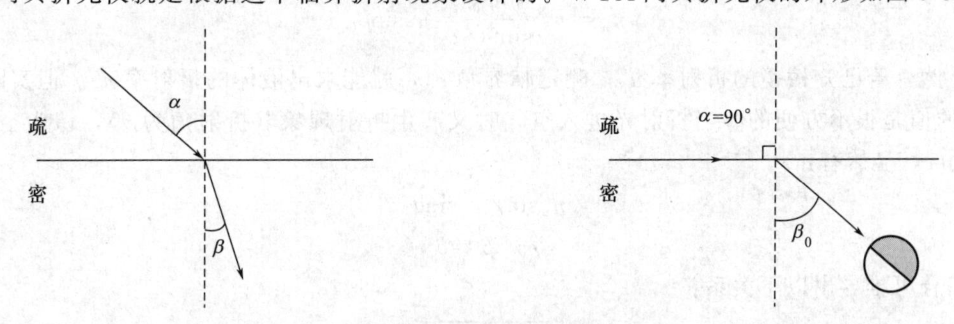

图 5-7　光的折射现象和临界角 β_0

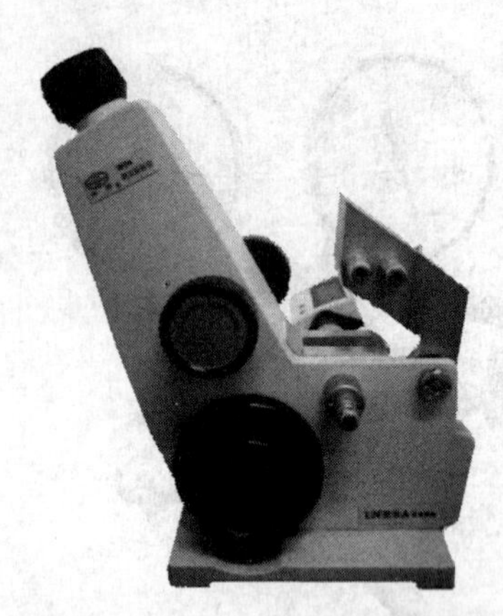

图 5-8 阿贝折光仪的外形图

仪器由光学和结构两部分组成，光学部分包括进光棱镜、折光棱镜、消色散棱镜组、望远物镜组、目物镜等。其中最主要部分为进光棱镜和折光棱镜，将两棱镜沿平面叠合，并用手轮锁紧时，两镜间互相紧压并留有微小均匀的缝隙（0.1～0.15mm），待测液体放入缝隙后会形成一均匀的薄层。

图 5-9 是阿贝折光仪构造示意图。镜箱由两个高折射率（折射率为 1.75）的玻璃直角棱镜构成，上方的棱镜为进光棱镜，可以开启、盖上，它的镜面是磨砂的；下方的棱镜为折光棱镜，是固定的，其镜面是光滑的。打开进光棱镜前面的遮光板，光线射入进光棱镜 1，在其磨砂面 $A'D'$ 上产生漫反射，并从各个方向通过置于缝隙的待测液层 2 到达折光棱镜 3 的 AD 面，这样一来待测液层内有各种不同角度的入射光。根据折射定律，当光由光疏介质（待测液体 2）折射进入光密介质（折光棱镜 3）时，折射角小于入射角；如果入射光正好沿着 AD 面射入，即入射角 $\alpha=90°$，折射角则为 β_0。可见，对 AD 镜面上任一点来说，当光在 0～90°范围内入射时，折射光都应落在临界角 β_0 内成为亮区，其他为暗区，构成明暗的分界线。因此，β_0 具有特征意义。根据折射定律有：

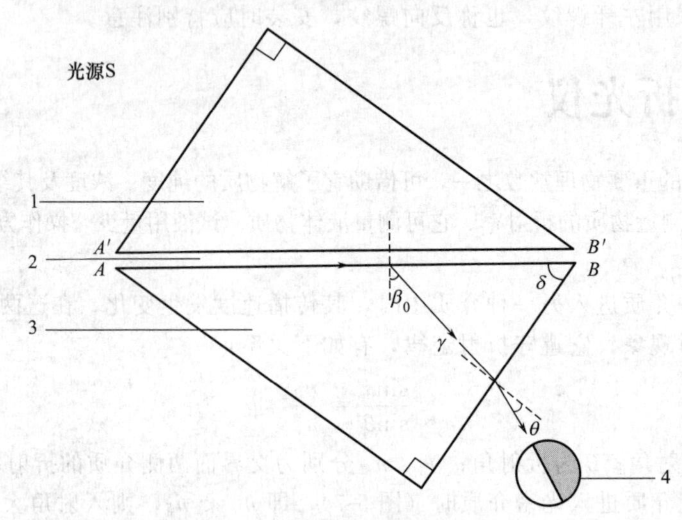

图 5-9 阿贝折光仪构造示意图

1—进光棱镜；2—待测液体；3—折光棱镜；4—目镜视野

$$n_\alpha = n_\beta \frac{\sin\beta_0}{\sin 90°} = n_\beta \sin\beta_0$$

显然，若已知棱镜的折射率 n_β，测定临界角 β_0，就能求出液体的折射率 n_α。但实际上，测 β_0 的值是很不方便的。当折射光进入空气时又产生折射现象（折射角为 θ），认为空气折射率为 1，显然有：

$$n_\beta \sin\gamma = \sin\theta$$

$$\gamma + \beta = \delta$$

综合可推导出以下关系：

$$n_\alpha = \sin\delta \sqrt{N^2 - \sin^2\theta} - \cos\delta \sin\theta$$

式中，δ 为常数；N 为棱镜的折射率，约为 1.75。故知 θ 即可换算得到被测液的折射率 n_α。

但阿贝折光仪使用的光源为白光，白光为波长 400～700nm 的不同波长的混合光。由于波长不同的光在相同介质中的传播速度不同而产生色散现象，因而使目镜的明暗交界线不清。为此在仪器上装有可调的消色散棱镜组，通过它可消除色散，从而得到清楚的明暗分界线。这时所测得的液体折射率，和应用钠光 D 线所得的液体折射率相同。

通过物镜将折射临界角对应的明暗分界线成像于分划板上，再经目镜放大成像后为观察者所见。调转棱镜使明暗界限落在十字交点，这时对应在标尺上的刻度即为液体的折射率。

由于折射率与温度、入射光的波长有关，所以在测量时要在两棱镜的周围夹套内通入恒温水，保持恒温。折射率以符号 n 表示，右上角表示温度，其右下角表示测量时所用的单色光的波长。如 n_D^t 表示介质在 t℃时对钠光的折射率，D 表示钠光的 D 线波长（589nm）。

5.4.2　使用方法

①将超级恒温槽调到测定所需温度，并将此恒温水通入阿贝折光仪的两棱镜恒温夹套中，检查棱镜上温度计的读数。如被测样品浑浊或有较浓的颜色时，视野较暗，可打开基础棱镜上的圆窗进行测量。

②将阿贝折光仪置于光亮处，但要避免阳光直接照射，打开进光棱镜上的遮光板，合上反射镜，使白光射入棱镜。

③打开进光棱镜，滴 1～2 滴无水乙醇（或丙酮）在折光棱镜的光滑镜面上，用擦镜纸轻轻擦干镜面。不可以来回擦，只可以单向擦。

④为保证测定时仪器的准确性，需对折光仪读数进行校正。校正的方法是用蒸馏水为标准样，滴 2～3 滴蒸馏水在折光棱镜表面，将进光棱镜盖上并锁紧，要求液层均匀无气泡，旋转棱镜转动手轮，使刻度盘读数和纯水的折射率一致，观察明暗分界线是否在“十”字交叉点上，即完成校正。

⑤测量时，用滴管取待测样滴在洗净并擦干的折光镜面上，盖上棱镜并锁紧，务使被测物体均匀覆盖于两棱镜间镜面上，不可有气泡存在，否则需重新取样进行操作。如样品易挥发，可由棱镜面间的小槽加入，而且应该准确快速地测其折射率。注意保护好棱镜镜面，在滴加样品时，切勿将滴管口直接接触镜面造成刻痕。

⑥旋转折射率刻度调节手轮，使目镜视场中能看到明暗分界线。如有色散现象，可旋转色散调节手轮，使色散消失，得到清晰的不带任何颜色的分界线。微调折射率调节手轮，让明暗界线落在交叉法线交点上，如图 5-10 中（b）视野。

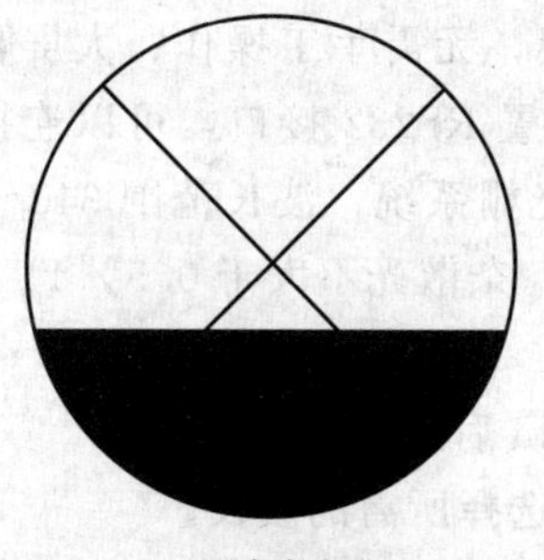

(a) 不在交点上

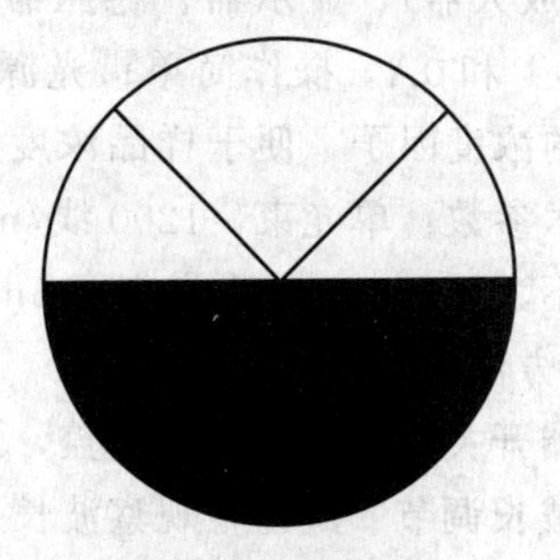

(b) 在交点上

图 5-10　在临界角时折光仪目镜视野图

⑦读数目镜视场中可见两行刻度，其中下面一行是折射率刻度线，从标尺上可以直读液体折射率，读数可至小数点后第四位，最后一位是估读。

⑧使用完毕，用擦镜纸小心擦干棱镜面，待晾干后盖上进光棱镜。

5.5　721G 型和 721E 型可见分光光度计

分光光度法是根据物质对光具有选择吸收的特性，进行定性分析和定量分析的方法。分光光度计是采用该法进行测定的，其中 721G 型和 721E 型可见分光光度计是实验室常用的一种型号，这里分别介绍。

5.5.1　721G 型可见分光光度计

5.5.1.1　仪器工作原理

物质对光的吸收是具有选择性的，溶液中的物质在光的照射激发下，产生了对光吸收的效应。不同的物质具有其各自的吸收光谱，因此当某单色光通过溶液时，其能量就会被吸收而减弱，见图 5-11。

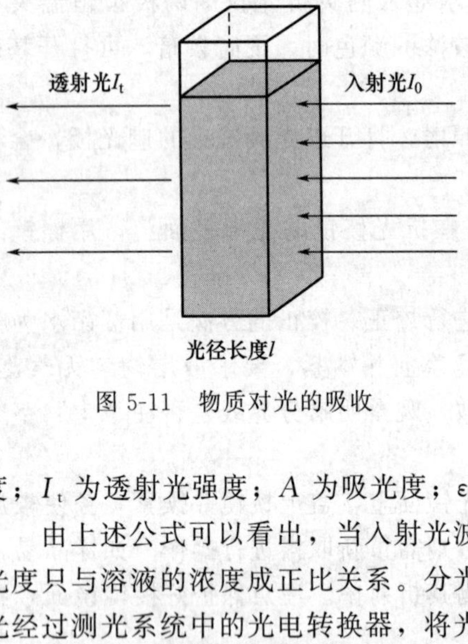

图 5-11　物质对光的吸收

$$T=\frac{I_t}{I_0}$$

$$A=\lg\frac{1}{T}=\lg\frac{I_0}{I_t}$$

光能量减弱的程度和物质的浓度有一定的比例关系，即符合于朗伯-比耳定律。

$$A=\varepsilon cl$$

式中，T 为透射比，即透光率；I_0 为入射光强度；I_t 为透射光强度；A 为吸光度；ε 为吸光系数；c 为溶液浓度；l 为溶液的光径长度。

由上述公式可以看出，当入射光波长、吸光系数和溶液的光径长度一定时，透光率或吸光度只与溶液的浓度成正比关系。分光光度计正是根据上述的物理光学现象，把透过溶液的光经过测光系统中的光电转换器，将光能转变为电能，通过测光系统的指示器，显示出相应的吸光度和透光率，从而计算出溶液的浓度。

5.5.1.2　仪器构造

721G 型可见分光光度计主要由光源、单色器、比色皿（座）、光量调节器、光电管暗盒（包括光电管和放大器）、显示器、稳压器等组成，外形如图 5-12 所示。它具有以下特点：可自动调 100%T 和 0A，操作简单；光源自动切换，无需手工操作；大屏幕液晶显示；可输入标准样品的浓度因子，便于样品浓度直读；内置 RS232 接口，可以连接打印机和计算机。其主要技术参数：单光束，1200 线/mm 全息光栅系统；波长范围 340～1000nm；波长最大允许误差不大于±2nm；光谱带宽 5nm±1nm；杂散光不大于 0.5%T。

5.5.1.3　使用方法

①打开仪器开关，并掀开样品室盖，预热 30min 后进入工作状态。

②转动“波长调节”旋钮，观察波长显示窗口选择所需的波长。

③将盛有参比和待测样品的比色皿放入比色皿架中，通过推或拉比色皿架拉杆来选择样品的位置，当拉杆到位时有定位感。

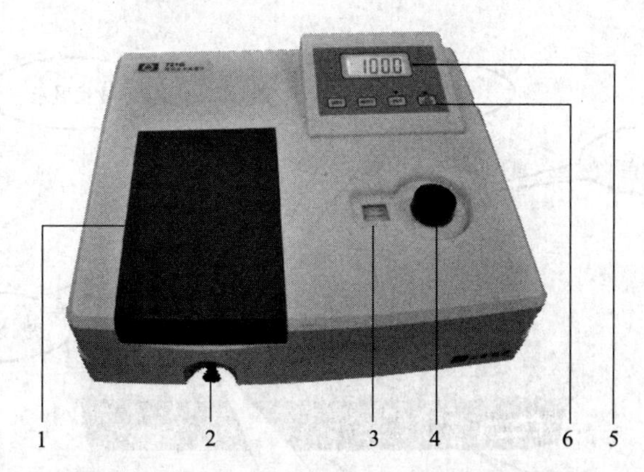

图 5-12　721G 型可见分光光度计的外形图

1—样品室；2—比色皿拉杆架；3—波长显示；4—波长调节；5—显示屏；6—操作按键

④仪器默认显示状态为“T”模式，若在其他状态下可按“MODE”键设置为透射率 T 模式。在 T 模式下，打开样品室盖，按 0%T 键，应显示 000.0，关闭样品室盖，按 100%T 键应显示 100.0。仪器在自动调整的过程中，显示屏显示“BLA”，请勿急着打开样品室盖。

⑤按“MODE”键，将测试方式设置为吸光度 A 模式。将待测液轻轻推或拉入光路中，显示器上显示的就是进入光路的待测样品的吸光度值。

⑥测试结束，取出并洗干净比色皿，关闭仪器电源。

5.5.1.4　注意事项

①为使仪器内部达到热平衡，开机预热时间不少于 30min。

②如果大幅度改变测试波长时，在调整“0”和“100%”后稍等片刻（钨灯在急剧改变亮度后需要一段热平衡时间），当读数稳定后重新调整“0”和“100%”即可工作，有利于保证仪器测量值的准确性。

③用比色皿装待测样品时，必须用待测溶液反复润洗两至三次，保证待测液浓度不发生变化。

④注意保护比色皿的透光面，拿取比色皿时，只能用手指接触两侧的毛玻璃，避免接触透光面。不得将光学面与硬物或脏物接触。光学面如有残液，可先用滤纸轻轻吸附，然后再用镜头纸或丝绸擦拭。

⑤盛装溶液时，高度为比色皿的 2/3 处即可。比色皿在使用后，应立即用水冲洗干净。必要时可用 1∶1 的盐酸浸泡，然后用水冲洗干净。

⑥不得将溶液洒落在样品室内，应立即擦干净，以免腐蚀仪器。

⑦空白参比可以采用空气、蒸馏水或中性吸光片作陪衬，空白调节于 100%处，能提高吸光度读数，以适应溶液的高含量测定。

5.5.2　721E 型分光光度计

5.5.2.1　721E 型分光光度计的面板介绍

721E 型分光光度计的面板如图 5-13 所示。

5.5.2.2　使用方法

（1）样品测试前的准备

①打开电源开关，使仪器预热 20min。

②用“波长设置”旋钮将波长设置在将要使用的分析波长位置上。

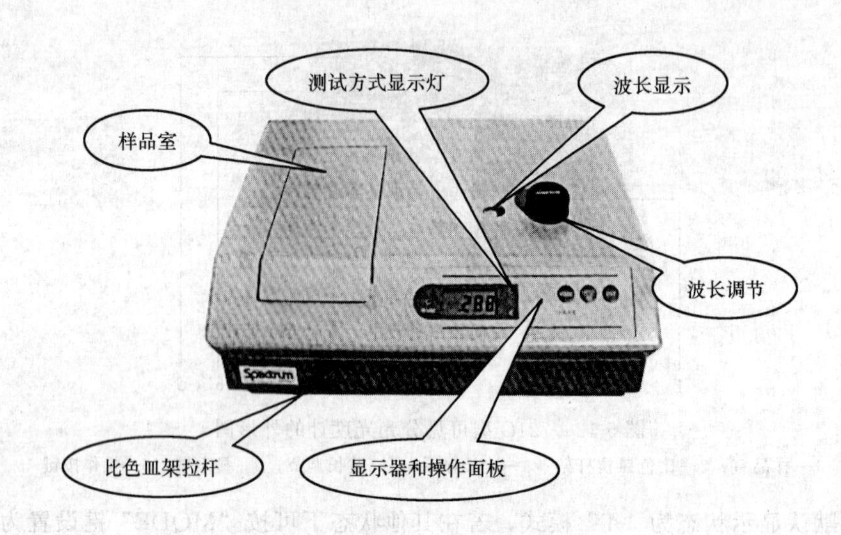

图 5-13 721E 型分光光度计的面板

注意：每当波长被重新设置后，请不要忘记调整 100%T。

③打开样品室盖，将挡光体插入比色皿架，并将其推或拉入光路。

④盖好样品室盖，按“0%T”键调透射比为零（在 T 方式下）。

注意：仪器在不改变波长的情况下，一般无须再次调透射比零。仪器长时间使用过程中，有时 0%T 可能会产生漂移。调整 0%T 可提高测试数据的精确度。

⑤取出挡光体，盖好样品室盖，按“100%T”调 100%透射比。

注意：WFJ72 系列可见分光光度计采用了独特的电子调零方式，通常情况下，只要开机预热后调一次透射比零，此后，只要仪器不关机，一般可无须重复调透射比零。

(2) 被测样品透射率的测定（即 T 方式）

①按“方式键”(MODE) 将测试方式设置为透射率方式：显示器显示“000.0”。

②用“波长设置”按钮设置所需要的分析波长，如 340nm。

③将参比溶液和被测溶液分别倒入比色皿中。

注意：比色皿内的溶液面高度不应低于 25mm（大约 2.5mL），否则会影响测试参数的精确度。被测试样品中不能有气泡和漂浮物，否则会影响测试参数的精确度。

④打开样品室盖，将盛有溶液的比色皿分别插入比色皿槽中，盖上样品室盖。

注意：一般情况下，参比样品放在样品架的第一个槽位中。比色皿的透光部分表面不能有指印痕迹。否则，将影响样品的测试。

参比溶液推入光路中，按“100%T”键调整 100%T。

⑤仪器在自动调整 100%T 的过程中，显示器显示“BLA”，当 100.0%T 调整完成后，显示器显示“100.0%T”。

⑥将被测溶液推或拉入光路中，此时，显示器上所显示的是被测样品的透射比参数。

(3) 被测样品吸光度的测定（即 A 方式）

①按“方式键”(MODE) 将测试方式设置为吸光度方式：显示器显示“0.000”。

②用“波长设置”按钮设置所需的分析波长，如 340nm。

③将参比溶液和被测溶液分别倒入比色皿中。

④打开样品室盖，将盛有溶液的比色皿分别插入比色皿槽中，盖上样品室盖。

注意：在测量被测溶液吸光度前，同样需将参比溶液推入光路中，按“100%T”键调整100%T。

仪器在自动调整100%T的过程中，显示器显示“BLA”，当100.0%T调整完成后，显示器显示“100.0%T”。

⑤被测溶液推或拉入光路中，显示器上所显示的是被测样品的吸光度参数。

5.6　pHS-3C型酸度计

酸度计是实验室用来精密测量溶液pH值的一种仪器，配上离子选择性电极，还可以测出离子电极电位的mV值。常见的型号如pHS-2C、pHS-3C、pHSJ-4F等，这里主要介绍雷磁pHS-3C型酸度计。

5.6.1　pH值的测定原理

pH复合电极指的是将pH指示电极和参比电极组合而成的电极。而pH指示电极是指对溶液中氢离子活度有响应，电极电位随之改变的电极，其中最常用的指示电极是玻璃电极。而玻璃电极是由玻璃支杆及对氢离子敏感的电极感应玻璃膜和内参比电极组成的电极。玻璃膜呈球泡状，球泡内充入内参比溶液，插上内参比电极（一般用Ag-AgCl电极作为内参比电极）。

以玻璃电极作为测量溶液中氢离子活度的指示电极，饱和甘汞电极作为参比电极，两者插入待测溶液中，则组成原电池：

（一）Ag,AgCl｜内缓冲溶液｜玻璃膜｜待测溶液‖饱和KCl｜Hg_2Cl_2，Hg（＋）

该电池的电动势表达式为

$$E=E^{\ominus}+2.303\frac{RT}{F}\text{pH}$$

式中，$E^{\ominus}$为常数。故当温度一定时，原电池的电动势与待测溶液的pH值呈线性关系，其斜率K值为$2.303RT/F$。

但由于K值是无法直接测出的。实际上，待测样品的pH值是通过与标准缓冲溶液相比求得的。

现有两种溶液，分别为pH值已知的标准缓冲溶液a和pH值待测的溶液x，在完全相同的测定条件下，测定其电动势分别为：

$$E_a=E^{\ominus}+2.303\frac{RT}{F}\text{pH}_a$$

$$E_x=E^{\ominus}+2.303\frac{RT}{F}\text{pH}_x$$

两式相减，得：

$$\text{pH}_x=\text{pH}_a+\frac{E_x-E_s}{2.303RT/F}$$

式中，pH_a已知，实验测得E_a和E_x后，即可以计算出待测溶液的pH值。所以测量溶液pH值时，需要先用一种或者两种标准缓冲溶液定位。使用时，保持温度恒定，并选用与待测溶液pH值接近的标准缓冲溶液。

5.6.2　仪器介绍

酸度计主要包括主机、pH复合电极、电源线。pHS-3C型酸度计是一款可精密测量各种液体介质的pH值的仪器，它采用清晰的大屏液晶显示，具有自动识别4.00pH、

6.86pH、9.18pH 标准缓冲溶液的能力，以方便用户操作，适用于各院校、企业实验室测定溶液的 pH 值和电位（mV）值。

其主要技术参数：pH 测量范围：0～14pH；mV 测量范围：0～±1999mV；pH 基本误差：±0.01pH；mV 基本误差：±0.01pH；手动补偿范围：手动 0～60℃。外观如图 5-14。

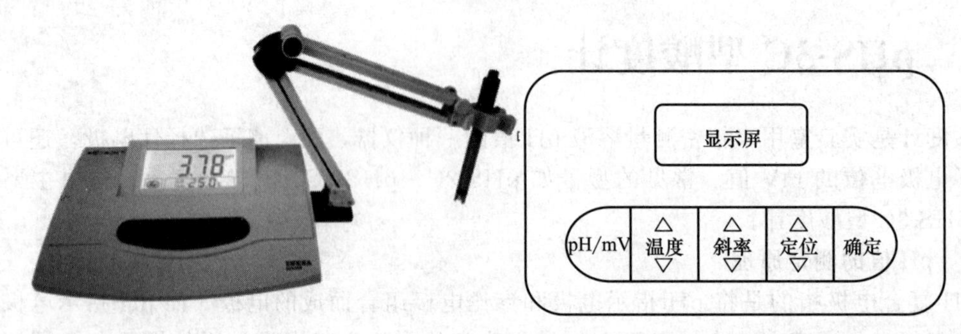

图 5-14　pHS-3C 型酸度计的外观及控制面板

5.6.3　仪器使用方法

（1）pH 计的安装

①将多功能电极架插入电极架插座中，并拧好电极架下部的固定螺丝。

②拔掉短路插头，在 pH 电极插座处接上 pH 复合电极，并将 pH 复合电极放置在电极架上。

③将 pH 复合电极下端的电极保护瓶拔下，并且拉下橡皮套，使其露出上端小孔。用蒸馏水清洗电极，并用滤纸吸干待用。

（2）开机

打开仪器电源（ON）。为了保证测定的精确性，开机预热 0.5h 后进行测量。

（3）仪器的标定（二点校准方法）

仪器在使用前，先要进行标定。一般情况下，若连续使用时，每天必须要标定一次。用“定位”进行一点标定，用“斜率”进行二点标定，具体步骤如下：

①将清洗过的电极插入标准缓冲溶液 1 中；

②用温度计测出被测溶液的温度，按“温度△”或“温度▽”键，使温度显示值为被测溶液温度，按“确定”键完成设置；

③待读数稳定后，按“定位”键，仪器会显示“Std YES”以询问用户是否进行标定，按“确定”键进入标定状态，仪器自动识别并显示当前温度下的标准 pH 值；

④按“确定”键完成一点标定（斜率为 100.0%）；

⑤如果需要二点标定，则将电极再次清洗干净，并将电极插入标准缓冲溶液 2 中；

⑥再次设定温度；

⑦待读数稳定后，按“斜率”键，按“确定”键再次进入标定状况，仪器自动识别并显示当前温度下的标准 pH 值；

⑧按“确定”键完成二点标定。

对于非常规的标准缓冲溶液，可以手动标定。例如 6.60pH，只需要按“定位”键或“斜率”键，然后按“△”或“▽”键调节 pH 显示数值为 6.60pH，最后按“确定”键完成标定。

(4) pH 值的测量

标定好后，方可用来测量被测溶液的 pH 值。根据被测溶液与标定溶液温度是否相同，测量步骤有所不同。

①温度相同时，测量步骤如下：

a. 先用蒸馏水，再用被测溶液清洗电极头部；

b. 将电极插入被测溶液中，用玻璃棒搅拌均匀溶液，在显示屏上读出溶液的 pH 值。

②温度不同时，测量步骤如下：

a. 先用蒸馏水，再用被测溶液清洗电极头部；

b. 用温度计测出被测溶液的温度值；

c. 按“温度”键设置温度值；

d. 将电极插入被测溶液中，用玻璃棒搅拌均匀溶液，在显示屏上读出溶液的 pH 值。

(5) 关机

测试完成后，电极应浸泡在蒸馏水中，并关闭仪器电源（OFF）。

5.6.4　仪器的维护及注意事项

①为了更好地保护仪器，每次开机前，请检查仪器后面的电极插口，必须保证它们连接有测量电极或者短路插头，否则有可能损坏仪器的高阻器件。仪器不用时，将 Q9 短路插头插入插座，防止灰尘和水汽浸入。

②电极在测量前，必须用已知 pH 值的标准缓冲溶液进行校准，其 pH 值越接近被测溶液 pH 值越好。

③取下电极保护套后，应避免电极的敏感玻璃泡与硬物接触，因为任何破损或擦毛都会使电极失效。

④测量结束，及时将电极保护套套上，套内应放少量外参比补充液，以保持电极球泡的湿润，切忌长期浸泡在蒸馏水中。长期不使用时，将电极放回盒内室温保存。

⑤复合电极的外参比补充液应高于被测溶液 10mm 以上，如果低于被测溶液液面，应及时补充外参比液。

5.7　SDC-Ⅱ型数字电位差综合测试仪

5.7.1　仪器特点

(1) 一体化设计　将 UJ 系列电位差计、光电检流计、标准电池等集成一体，体积小，重量轻，便于携带（图 5-15）。

(2) 数字显示　电位差值 6 位显示，数值直观清晰、准确可靠。

(3) 内外基准　既可使用内部基准进行校准，又可外接标准电池作基准进行校准，使用方便灵活。

(4) 准确度高　保留电位差计测量功能，真实体现电位差计对比检测误差微小的优势。

(5) 性能可靠　电路采用对称漂移抵消原理，克服了元器件的温漂和时漂，提高测量的准确度。

5.7.2　使用方法

(1) 开机　用电源线将仪表后面板的电源插座与约 220V 电源连接，打开电源开关

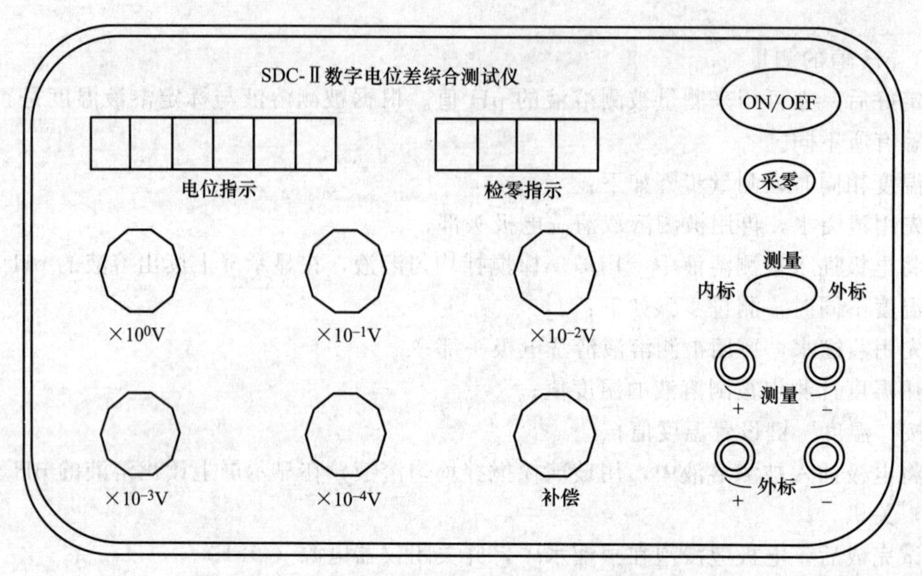

图 5-15 SDC-Ⅱ型数字电位差综合测试仪面板示意图

(ON)，预热 15min 再进入下一步操作。

(2) 以内标为基准进行测量

①校验

a. 将“测量选择”旋钮置于“内标”。

b. 将测试线分别插入测量插孔内，将“10^0”位旋钮置于“1”，“补偿”旋钮逆时针旋到底，其他旋钮均置于“0”，此时，“电位指示”显示“1. 00000”V，将两测试线短接。

c. 待“检零指示”显示数值稳定后，按一下采零键，此时，“检零指示”显示为“0000”。

②测量

a. 将“测量选择”置于“测量”。

b. 用测试线将被测电动势按“＋”“－”极性与“测量插孔”连接。

c. 调节“10^0～10^{-4}”五个旋钮，使“检零指示”显示数值为负且绝对值最小。

d. 调节“补偿”旋钮，使“检零指示”显示为“0000”，此时，“电位指示”数值即为被测电动势的值。

注意：①测量过程中，若“检零指示”显示溢出符号“OU. L”，说明“电位指示”显示的数值与被测电动势值相差过大。

②电阻箱 10^{-4} 挡值若稍有误差可调节“补偿”电位器达到对应值。

(3) 以外标为基准进行测量

①校验

a. 将“测量选择”旋钮置于“外标”。

b. 将已知电动势的标准电池按“＋”“－”极性与“外标插孔”连接。

c. 调节“10^0～10^{-4}”五个旋钮和“补偿”旋钮，使“电位指示”显示的数值与外标电池数值相同。

d. 待“检零指示”数值稳定后，按一下采零键，此时，“检零指示”显示为“0000”。

②测量

a. 拔出“外标插孔”的测试线，再用测试线将被测电动势按“+”“−”极性接入“测量插孔”。

b. 将“测量选择”置于“测量”。

c. 调节“$10^0 \sim 10^4$”五个旋钮，使“检零指示”显示数值为负且绝对值最小。

d. 调节“补偿”旋钮，使“检零指示”显示为“0000”，此时，“电位指示”数值即为被测电动势的值。

（4）关机　实验结束后关闭电源。

5.7.3　维护注意事项

①置于通风、干燥、无腐蚀性气体的场所。

②不宜放置在高温环境，避免靠近发热源如电暖气或炉子等。

③为了保证仪表工作正常，不是专门检测设备的单位和个人，请勿打开机盖进行检修，更不允许调整和更换元件，否则将无法保证仪表测量的准确度。

5.8　旋光仪

旋光仪是研究溶液旋光性的仪器，用来测定平面偏振光通过具有旋光性物质的旋光度的大小和方向，从而定量测定旋光物质的浓度，确定某些有机物分子的立体结构。

5.8.1　构造原理

一般光源发出的光，其光波在与光传播方向垂直的一切可能方向上振动，这种光称为自然光或称为非偏振光，而只在一个固定方向有振动的光称为偏振光。

偏振光是由一块尼科耳棱镜产生的。尼科耳棱镜由两个方解石直角棱镜组成，如图 5-16 所示。棱镜两锐角为 68°和 22°；两棱镜直角边用加拿大树胶粘合起来（图中 AD)。当自然光 S 以一定的入射角投射到棱镜时，双折射产生的 O 光线在第一块直棱镜与树胶交界面上全反射，为棱镜框子上涂黑的表面所吸收。双折射产生的 e 光线则透过树胶层及第二个棱镜而射出，从而在尼科耳棱镜的出射方向上获得了一束单一的平面偏振光。这个尼科耳棱镜称为起偏镜。常用的起偏镜还有聚乙烯醇人造起偏片。

偏振光振动平面在空间轴向角度位置的测量也是借助于一块尼科耳棱镜，这里称为检偏镜。它是由偏振片固定在两保护玻璃之间，并随刻度盘同轴转动。当一束光经过起偏镜后，光沿 OA 方向振动，如图 5-17 所示。也就是可以允许在这一方向上振动的光通过此平面。OB 为检偏镜的透射面，只允许在这一方向上振动的光通过。两透射面的夹角为 θ。振幅为 E 的 OA 方向的平面偏振光可以分解为振幅分量分别为 $E\cos\theta$ 和 $E\sin\theta$ 的两互相垂直的平面偏振光，并且只有 $E\cos\theta$ 分量（与 OB 相重）可以透过检偏镜，而 $E\sin\theta$ 分量不能透过。当 $\theta=0°$时，$E\cos\theta=E$，此时透过检偏镜的光最强；当 $\theta=90°$时，$E\cos\theta=0$，此时没有光透过检偏镜，光最弱。当 θ 角在 0～90°之间变化时，此时部分光透过检偏镜。也就是说，透过检偏镜的光的强弱随检偏镜和起偏镜两透射面之间的夹角 θ 值而变化。

当一束平面偏振光通过某些物质时，其振动平面方向会旋转一定的角度，这种物质叫作旋光性物质，通常用旋光度 $[\alpha]_\lambda^t$ 表示各物质的旋光性。旋光仪就是通过透光强弱明暗来测定其旋光度。

如果在起偏镜与检偏镜之间放有旋光性物质，由于物质的旋光作用，使由起偏镜产生的偏振光振动面旋转一个角度 α，因而检偏镜只有也相应旋转一个角度 α，才能使透过的光强与原来的光强相同，如图 5-18 所示。

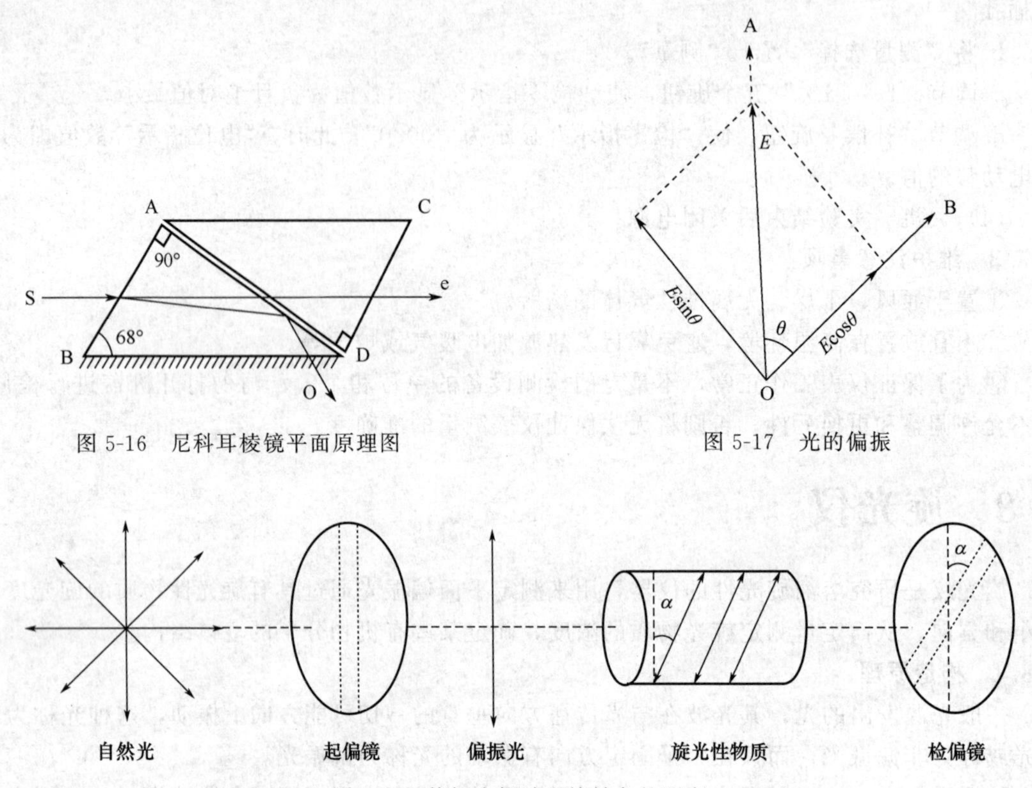

图 5-16 尼科耳棱镜平面原理图

图 5-17 光的偏振

图 5-18 偏振光振动面旋转角的测定

实际观察时，肉眼对视场明暗变化的感觉不甚灵敏，因此为了精确地测量旋转角，常采用比较的办法，这里先介绍二分视场的方法。在起偏片后装有半波片（半圆是普通玻璃，另半圆是石英半波片），由于石英片具有旋光性，从石英片中透过的那一部分偏振光振动面旋转了一个角度，通过目镜观察到透过石英片的半边稍暗，另外半边稍亮，即出现二分视场。转动检偏镜，可以看到二分视场中各部分明暗变化情况，如图 5-19 所示。(a)、(c) 中，一半视野明亮，一半视野阴暗，可以看到明显的明暗交界线；(b) 为暗视场，整个视场内亮度一致而且较暗，即此时二分视场消失；(d) 为全亮视场，整个视野均匀但特别明亮。人的视觉在暗野下对明暗变化更为敏感，因此在实验中测定旋光度，采用 (b) 视场作为零度视场，而不是采用 (d) 的全亮视场来观察，这一点在实验中尤其需要注意。

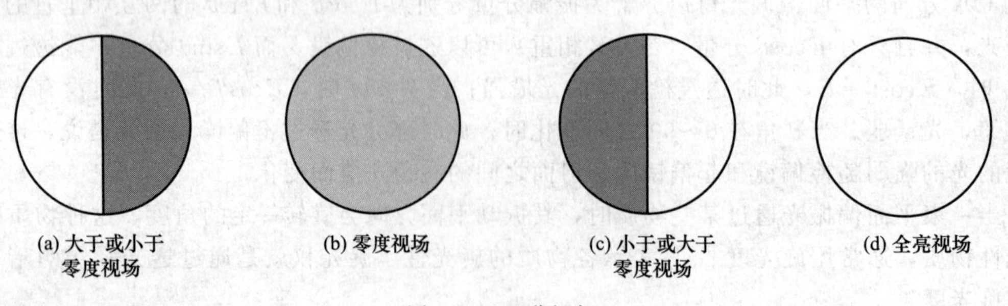

图 5-19 二分视场

此外，还可以采用三分视场的方法，在起偏镜后的中部装一狭长的石英片，其宽度约为视野的1/3。由于石英片的旋光作用，视场中出现三分视界。转动检偏镜，可以看到三分视场中各部分明暗变化情况，如图5-20。其中（b）为暗视场，视野中三个区内的明暗均匀，即此时三分视场消失，整个视野较暗；（d）为全亮视场，整个视野均匀但特别明亮。同二分视场的原理，本实验中采用的也是暗视场（b）作为零度视场。

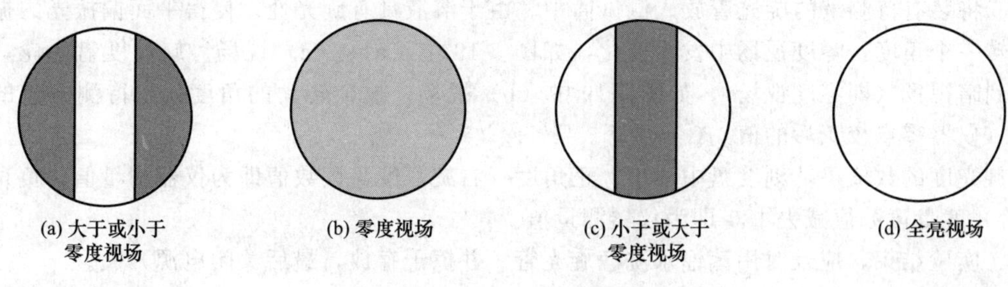

图5-20 三分视场

5.8.2 仪器结构和使用方法

旋光仪主要包括灯源、起偏镜、检偏镜、测试筒、刻度圆盘等。WXG-4圆盘旋光仪的外形及纵断面示意图如图5-21所示，它采用二分视场法确定光学零位。光线由钠光灯发出，经过透镜、滤光片、起偏镜后，成为平面偏振光，在半波片处产生二分视场。检偏镜与刻度圆盘连在一起，旋转度盘手轮即转动检偏镜的角度。调节度盘转动手轮，通过物、目镜组可以观察到视野的变化情况。

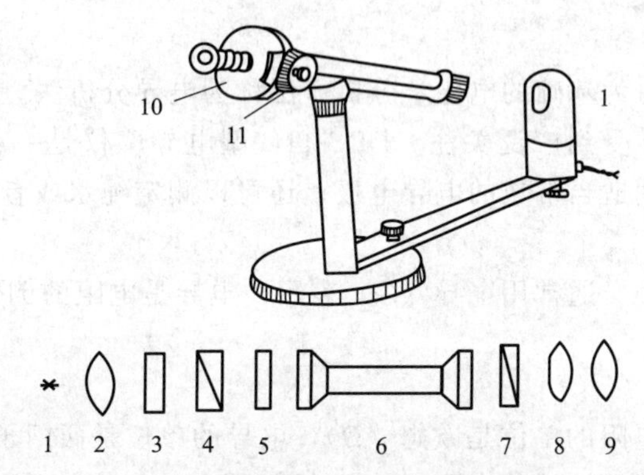

图5-21 旋光仪的外形及纵断面示意图

1—钠灯光；2—透镜；3—滤光片；4—起偏镜；5—半波片；6—旋光管；
7—检振镜；8—物镜；9—目镜；10—刻度圆盘；11—度盘转动手轮

具体使用方法如下：

①首先打开电源，关闭空测试筒盖，此时钠光灯亮，约10min后光源稳定，可以开始工作。从目镜中看视野，若不清楚，转动目镜调焦旋钮，使视场清晰。

②旋开旋光管一端螺帽，取下螺套、密封圈、玻璃片并摆放好，洗净备用。

注意：旋光管近凸起的一端，可以旋开螺帽，另一端不可以旋开。

③旋光管中装满蒸馏水（尽量使管中无气泡），再放入测试筒中并关闭筒盖。粗、细旋转度盘手轮进而调节检偏镜的角度，找到零度视场，即二分视场消失且视野较暗，如图5-19中（b）所示。此时的角度记作旋光仪的零点。

注意：如旋光管中有气泡，需将气泡赶入旋光管的凸出部位，使气泡不在光通路上。

④配制待测溶液，并用少量待测溶液润洗旋光管。

⑤零点确定后，将待测样装入旋光管中，并旋紧螺帽，以不漏水为宜。然后用吸水纸轻轻吸干旋光管两端残余的液体，以免影响观测时视场的清晰度和精确性。

注意：螺帽等不要旋得过紧，以免玻璃片产生应力，影响读数正确性。

⑥将装有待测液的旋光管放入测试筒中。由于溶液具有旋光性，使得平面偏振光的振动面旋转一个角度，零度视场中发生变化，如图 5-19 中（a）、（c）视场。旋转度盘手轮，再次找到暗视场（即零度视场），如图 5-19 中（b）视场，这个转动的角度就是待测溶液的旋光度（仪器零点校正后的值）。

旋光度的数值可从刻度盘中读出。正角度（右旋）度盘读数值即为仪器测量值；负角度（左旋）度盘读数值减去 180°即为仪器测量值。

⑦实验结束，应及时用蒸馏水洗净旋光管，并擦干存放，最后关闭电源开关。

5.8.3 仪器维护

①仪器应放在空气流通、温湿度适宜的地方，以免光学零部件、偏振片受潮发霉。

②钠光灯使用时间不宜连续超过 4h，长时间工作必须关机 10～15min，待光源冷却后再继续使用。

③所有的镜片都不能用硬质的布、纸去擦拭，也不能直接用手去擦拭，否则将损坏镜片。

5.9 电导率仪

以测定溶液导电能力为基础的电化学分析方法称为电导分析法。电导率是用于衡量溶液导电能力大小的物理量，受到广泛关注。DDS-11C 型电导率仪是一种常见的用于测定水溶液电导率的仪器，若配用适当常数的电导电极，还可以测定纯水或者超纯水的电导率。

5.9.1 测量原理

导体导电能力的大小，通常用电导（G）表示，电导是电阻的倒数，即

$$G=\frac{1}{R}$$

在国际单位制中，电阻的单位是欧姆（Ω），电导的单位是西门子（S）。

当温度一定时，两极间溶液的电阻 R 与两极间距 L、电极表面积 A 有关，即

$$R=\rho\times\frac{A}{L}$$

式中，ρ 为电阻率，表示相距 1cm，表面积为 $1cm^2$ 时的电阻，单位为 Ω·m。则

$$G=\frac{1}{\rho}\times\frac{A}{L}$$

若令 $\kappa=1/\rho$，则

$$G=\kappa\times\frac{A}{L}$$

式中，κ 为电导率，表示相距 1cm，表面积为 $1cm^2$ 时的电导，单位是 $S\cdot cm^{-1}$。

对于确定的电导池，两极间的距离和电极表面积是一定的，因而 $\frac{L}{A}$ 是常数，一般用 K 来表示，称之为电导池常数或电极常数。

$$G=\kappa \times \frac{1}{K}$$

从上式看出，相同的电极，电极常数 K 相同，因此，测量电导率比较溶液电导的大小。实际广泛应用电导率来比较物质的导电性能。电导率越大，导电性能越强，反之越弱。

电导率仪由振荡器、放大器和指示器等部分组成，其工作原理如图 5-22 所示。

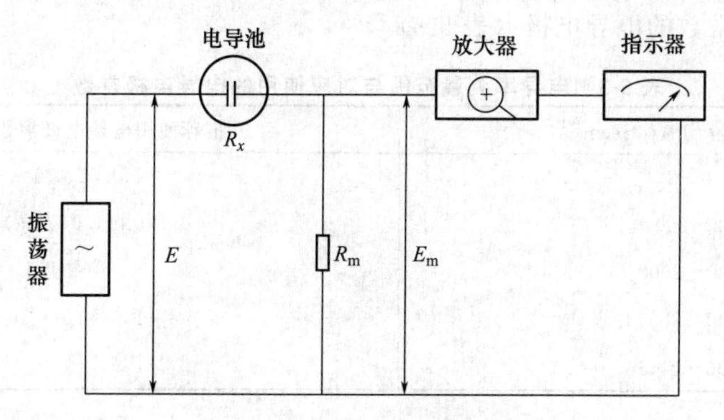

图 5-22　电导率仪测量原理

E 为振荡器产生的交流电压，R_x 为电导池的等效电阻，R_m 为分压电阻，E_m 为 R_m 上的交流分压。由欧姆定律可知：

$$E_m=ER_m/(R_m+R_x)=ER_m/(R_m+K\cdot\kappa^{-1})$$

由此可看出，E、R_m、K 均为常数时，电导率 κ 的变化必将引起 E_m 作相应的变化，因此测得 E_m 的大小，也就测得溶液电导率的数值。将 E_m 送至交流放大器放大，再经过讯号整流，以获得推动表头的直流讯号输出，表头直读电导率。

当电流通过电极时，会发生氧化或还原反应，从而改变电极附近溶液的组成，产生“极化”现象。为此，采用高频交流电测定法，可以减轻或消除上述极化现象，因为在电极表面的氧化和还原迅速交替进行。电子单元中还可能装有与传感器相匹配的温度测量系统。

5.9.2　使用方法

DDS-11C 型数显电导率仪外观如图 5-23，其测量范围为 0～10^5 μS·cm^{-1}，分为五挡量程，各档量程间自动切换。五挡量程分别如下：0.00～1.999mS·cm^{-1}；2.00～19.99mS·cm^{-1}；20.0～199.9mS·cm^{-1}；200～1999mS·cm^{-1}；2.00～10.00mS·cm^{-1}；10.0～100.0mS·cm^{-1}。

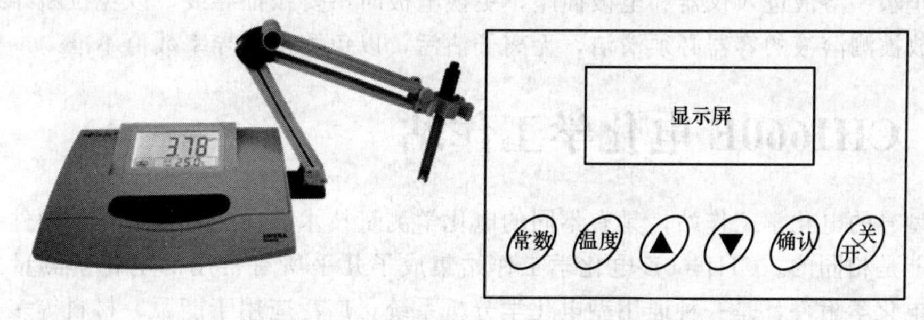

图 5-23　DDS-11C 型数显电导率仪的外形及控制面板图

(1) 校准仪器

①按“常数”键进入电极常数设置状态，此时屏上显示常数值并闪烁。

②按▲或▼键选择所使用电极常数种类，显示屏依次出现 1.0、0.1、0.01、10.0 四种

电极常数种类。例如使用电导电极的电极常数为 0.970，此时应选择 1.0 的电极常数种类，按“确认”键。

③再按▲或▼键，设置为实际的电极常数。若使用电导电极的电极常数为 0.970，则将显示屏上数值 1.0 调节至 0.970。

④按“确认”键，校准结束。

(2) 选择相应常数的电导电极（表 5-3）

表 5-3 电导率测量范围与对应使用的电导电极常数

电导率测量范围/$\mu S \cdot cm^{-1}$	推荐使用电导电极常数/cm^{-1}
0～2	0.01、0.1
2～200	0.1、1.0(光亮)
200～2000	1.0(铂黑)
2000～20000	1.0(铂黑)、10
20000～2×10^5	10

(3) 测量电导率

仪器的温度补偿以 25℃为标准，实际测量时有两种方式。第一种是温度设置为 25℃，温度补偿功能不起作用，仪器显示的是被测溶液在实际温度下的电导率值；第二种是温度补偿设置为 25℃以外的温度值，此时仪器显示的电导率值是经温度补偿换算后，该溶液在 25℃时的电导率值，以方便用户查表和对比。

举例来说：某溶液实际温度为 20℃，若仪器设置温度为 20℃，显示电导率值为 126.6$\mu S \cdot cm^{-1}$，则说明该溶液在 25℃时的电导率为 126.6$\mu S \cdot cm^{-1}$；保持该溶液实际温度不变，若仪器温度值设置为 25℃，仪器显示电导率值为 116.6$\mu S \cdot cm^{-1}$，则说明该溶液在 20℃时的电导率值为 116.6$\mu S \cdot cm^{-1}$。

(4) 仪器注意事项

①电导电极使用前后应浸在蒸馏水中进行养护，是为了防止电极上的铂黑的惰化，以确保测量精度。长期不用，可洗净、干放，但再使用前需用蒸馏水充分浸泡。

②每测完一份样品，都要用去离子水冲洗电极头，并用滤纸片轻轻吸干电极表面的水，注意滤纸片不能放入电极头内部，以免破坏电极内部结构。

③防止水、溶液进入仪器和电极插座，更换电极时不要拉扯导线，以免拉断导线。

④盛放被测溶液的容器必须清洁，无离子沾污，以免测得电导率数值不准。

5.10 CHI660E 电化学工作站

不同型号的电化学工作站，具有不同的电化学测量技术和功能，但基本的硬件参数指标和软件性能是相同的。CHI660E 电化学工作站集成了几乎所有常用的电化学测量技术，并配有多种电化学附件，是一种通用型电化学分析系统，广泛应用于能源、材料等多个领域。

5.10.1 仪器的安装

仪器软件的安装十分简单。首先将光盘插入计算机的驱动器中，找到光盘中的“CP210x _ Windows _ Drivers”文件夹并复制到计算机中。然后根据计算机操作系统位数的不同，点击相应的“CP210xVCP Installer _”，按提示安装 CP210X 软件。CP210X 软件是

USB 驱动程序，让用户可以正常使用 USB 接口传输数据。接着将光盘中 CHI660E 文件夹直接复制到计算机中，无需安装软件，并复制快捷方式到桌面以方便使用。CHI660E 文件夹里主要是一些实验数据、帮助文件和操作软件。最后，在“计算机/管理/设备管理器”菜单下，查看端口是否有“Silicon Labs CP210x USB to UART Bridge（COM3）”，将端口号设置为计算机显示一样，点击 OK 键，重新启动软件。

软件安装完毕，进行仪器的连接，如图 5-24。接上电源线和电极线，利用 USB 通信线将电化学工作站连接到计算机主机 USB 接口。打开仪器电源，就可以进行测量了，电化学工作站一般采用三电极体系方式进行测量，并要求正确连接三电极体系。绿色夹头接工作电极，白色夹头接参比电极，红色夹头接辅助电极。CHI660E 电化学工作站的后面板如图 5-25 所示。

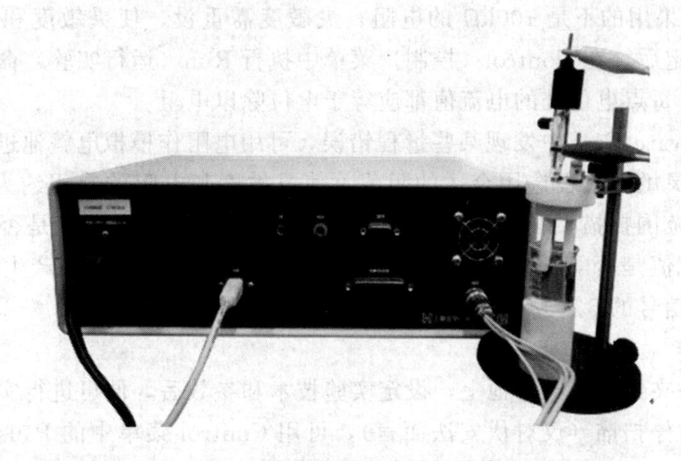

图 5-24　电化学工作站的连接

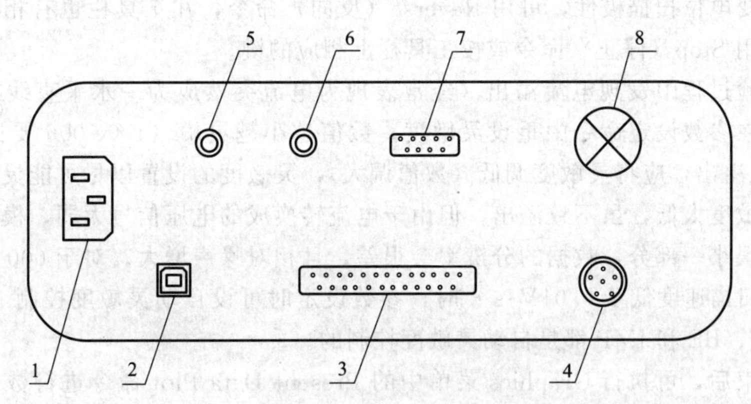

图 5-25　CHI660E 电化学工作站后面板示意图

1—电源；2—通信线 USB 接口；3—电解池控制；4—电极线插口；
5—接地；6—RDE；7—信号插口；8—散热风机

5.10.2　仪器的初步测试

①在软件的 Setup（设置）菜单中找到 System（系统）命令，执行此命令，便会显示“System Setup”对话框，通信口的设置应对应于计算机用于控制仪器的那个串行口（COM1 或 COM2)。如果操作中出现“Link Failed”的警告，有可能是由于串行口设置的错误。

②在 Setup 菜单中执行 Hardware Test（硬件测试）命令，系统便会自动进行硬件测

试。如果出现“Link Failed”的警告，请检查仪器电源是否打开，通信电缆是否接好，通信口的设置是否正确。如果都没问题，有可能是计算机的串行通信口工作不正常，请多试几台计算机。如果还是不能通信，请内行检查串行口是否工作正常，如果工作正常，大约 1min 后屏幕上会显示硬件测试的结果。硬件测试是一个参考，有时错误信息出现不一定是硬件问题，最好的办法是用标准电阻进一步测试。

③找一个 100kΩ（1%精度）的电阻，将对极（红色夹头）和参比电极（白色夹头）同时夹在电阻的一端，将工作电极（绿色夹头）夹在电阻的另一端，此电阻构成模拟电解池。在 Setup 菜单中执行 Technique（实验技术）命令，选择 Cyclic Voltammetry（循环伏安法）。在 Setup 菜单中再执行 Parameters（实验参数）命令，将 Init E（初始电位）和 High E（高电位）都设在 0.5V，Low E（低电位）设在－0.5V，Sensitivity（灵敏度）设在 1.0e-006A/V。如果用的不是 100kΩ 的电阻，灵敏度需重设，使灵敏度和电阻的乘积约为 0.1。完成参数设定后，在 Control（控制）菜单中执行 Run（运行实验）命令。实验结果应是一条斜的直线，每点电位处的电流值都应等于电位除以电阻。

④如果 Hardware Test 中发现某些量程错误，可用电阻作模拟电解池进一步测试（方法如上所述）。根据灵敏度量程选用合适的阻值（使灵敏度和电阻的乘积约为 0.1），在 0.5V 至－0.5V 的电位范围扫描，看结果是否为一斜的直线，零电位处电流是否接近于零，以及各点电位处的电流值是否等于电位除以电阻。一般如果硬件问题，会产生完全错误的结果（误差大于满量程信号的 5%）。

5.10.3 实验操作

①将电极夹头夹到实际电解池上，设定实验技术和参数后，便可进行实验。实验中如果需要电位保持或暂停扫描（仅对伏安法而言），可用 Control 菜单中的 Pause/Resume 命令，此命令在工具栏上有对应的键。如果需要继续扫描，可再按一次该键。对于循环伏安法，如果临时需要改变电位扫描极性，可用 Reverse（反向）命令，在工具栏也有相应的键。若要停止实验，可用 Stop（停止）命令或按工具栏上相应的键。

②如果实验过程中发现电流溢出（经常表现为电流突然成为一水平直线或得到警告），可停止实验，在参数设定命令中重设灵敏度。数值越小越灵敏（1.0e-006 要比 1.0e-005 灵敏）。如果电流溢出，应将灵敏度调低（数值调大），灵敏度的设置以尽可能灵敏而又不溢出为准。如果灵敏度太低，虽不致溢出，但由于电流转换成的电压信号太弱，模数转换器只用了其满量程的很小一部分，数据的分辨率会很差，且相对噪声增大。对于 600 和 700 系列的仪器，在 CV 扫描速度低于 $0.01V \cdot s^{-1}$ 时，参数设定时可设自动灵敏度控制（Auto Sens）。此外，TAFEL、BE 和 IMP 都是自动灵敏度控制的。

③实验结束后，可执行 Graphics 菜单中的 Present Data Plot 命令进行数据显示，这时实验参数和结果（例如峰高、峰电位和峰面积等）都会在图的右边显示出来。可做各种显示和数据处理，很多实验数据可以用不同的方式显示。在 Graphics 菜单的 Graph Option 命令中可找到数据显示方式的控制，例如 CV 可允许选择任意段的数据显示，CC 可允许 Q-t 或 Q-$t^{1/2}$ 的显示，ACV 可选择绝对值电流或相敏电流（任意相位角设定），SWV 可显示正反向或差值电流，IMP 可显示波德图或奈奎斯特图等。

④要存储实验数据，可执行 File 菜单中的 Save As 命令。文件总是以二进制（Binary）的格式储存，用户需要输入文件名，但不必加.bin 的文件类型。如果忘了存数据，下次实验或读入其他文件时会将当前数据抹去。若要防止此类事情发生，可在 Setup 菜单的 System 命令中选择 Present Data Override Warning。这样，以后每次实验前或读入文件前都会给出警告（如果当前数据尚未存的话）。

⑤若要打印实验数据，可用 File 菜单中的 Print 命令。但在打印前，需先在主视窗的环境下设置好打印机类型，打印方向（Orientation）请设置在横向（Landscape）。如果 Y 轴标记的打印方向反了，请用 Font 命令改变 Y 轴标记的旋转角度（90°或 270°）。建议使用激光打印机，其速度快，分辨率好，可直接用于发表。若要调节打印图的大小，可用 Graph Options 命令调节 X Scale 和 Y Scale。

⑥若要切换实验技术，可执行 Setup 菜单中的 Technique 命令，选择新的实验技术，然后重新设定参数。如果要做溶出伏安法，则可在 Control 菜单中执行 Stripping Mode 命令，在显示的对话框中设置 Stripping Mode Enabled。如果要使沉积电位不同于溶出扫描时的初始电位（也是静置时的电位），可选择 Deposition E，并给出相应的沉积电位值。只有单扫描伏安法才有相应的溶出伏安法，因此 CV 没有相应的溶出法。

⑦一般情况下，每次实验结束后电解池与恒电位仪会自动断开。做流动电解池检测时，往往需要电解池与恒电位仪始终保持接通，以使电极表面的化学转化过程和双电层的充电过程结束而得到很低的背景电流，用户可用 Cell（电解池控制）命令设置“Cell On between I-t Runs”，这样，实验结束后电解池将保持接通状态。

5.10.4 其他注意事项

①仪器的电源应采用单相三线，其中地线应与大地连接良好。地线的作用不但可起到机壳屏蔽以降低噪声，而且也是为了安全，不致由漏电而引起触电。

②仪器不宜时开时关，但晚上离开实验室时建议关机。

③使用温度 15～28℃，此温度范围外也能工作，但会造成漂移和影响仪器寿命。

④电极夹头长时间使用造成脱落，可自行焊接，但注意夹头不要和同轴电缆外面一层网状的屏蔽层短路。

⑤常用的软件命令，如 Open（打开文件），Save As（储存数据），Print（打印），Technique（实验技术），Parameters（实验参数），Run（运行实验），Pause/Resume（暂停/继续），Stop（终止实验），Reverse Scan Direction（反转扫描极性），iR Compensation（iR 降补偿），Filter（滤波器），Cell Control（电解池控制），Present Data Display（当前数据显示），Zoom（局部放大显示），Manual Result（手工报告结果），Peak Definition（峰形定义），Graph Options（图形设置），Color（颜色），Font（字体），Copy to Clipboard（复制到剪贴板），Smooth（平滑），Derivative（导数），Semi-derivativeand Semi-integral（半微分半积分），Data List（数据列表）等都在工具栏上有相应的键。执行一个命令只需按一次键。可大大提高软件使用速度。应熟悉并掌握工具栏中键的使用。

5.10.5 关于仪器的噪声和灵敏度

①仪器的灵敏度与多种因素有关。仪器有自己的固有噪声，但很低。大多噪声来自外部环境，其中最主要的是 50Hz 的工频干扰，解决的办法是采用屏蔽。可用一金属箱子（铜、铝或铁都可）作屏蔽箱，但箱子一定要良好接地，否则无效果或效果很差。如果三芯单相电源插座接地（指大地）良好，则可用仪器后面板上的黑色橡胶插座作为接地点。

②CHI6xxB、CHI7xxB 和 CHI900 内部有低通滤波器，平时是自动设定的，在扫描速度为 $0.1V \cdot s^{-1}$ 时，自动设定的截止频率为 150Hz 和 320Hz，对 50Hz 工频干扰抑制很差。但扫描速度为 $0.05V \cdot s^{-1}$ 时，滤波器自动设定为 15Hz 和 32Hz，对 50Hz 工频干扰有较好的

抑制，噪声大大减小。如果在 0.1V·s^{-1} 或更高的扫描速度下得到较大的噪声，不妨试试 0.05V·s^{-1} 以下的扫描速度，即使在不屏蔽的条件下也能测量微电极的信号。但要注意在不屏蔽的条件下较易受到其他干扰，甚至于人的动作也会引起环境电磁场的改变。由于人的动作频率很低，15Hz 或 32Hz 的截止频率不能有效抑制，仍会呈现噪声，因此最好的办法是屏蔽。

③提高信噪比的办法还包括增加采样间隔（或降低采样频率）。信噪比和采样时间的根号成正比。如果采样时间是工频噪声源的整数倍时，对工频干扰可有很好的效果，例如采用 0.1s 的采样间隔（5 倍于工频周期）或采用 0.01V·s^{-1} 的扫描速度。

5.11 X射线衍射仪简介

5.11.1 基本构造

X 射线衍射仪（XRD）的形式多种多样，用途各异，但其基本构成相似，主要部件包括四个部分。

（1）高稳定度 X 射线源　X 射线衍射仪按其 X 射线发生器的额定功率分为普通功率（2～3kW）和高功率两类，前者使用密封式 X 射线管，后者使用旋转阳极 X 射线管（12kW 以上）。所以高功率 X 射线衍射仪又称为高功率旋转阳极 X 射线衍射仪。

（2）样品及样品位置取向的调整机构系统　样品须是单晶、粉末、多晶或微晶的固体块。

X 射线衍射仪按其测角台扫描平面的取向有水平（或称卧式）和垂直（又称立式）两种结构，立式结构不仅可以按 q-2q 方式进行扫描，而且可以实现样品台静止不动的 q-q 方式扫描。

（3）射线检测器　检测衍射强度或同时检测衍射方向，通过仪器测量记录系统或计算机处理系统可以得到多晶衍射图谱数据。

X 射线衍射仪使用的 X 射线检测器一般是 NaI 闪烁检测器或正比检测器。还有一些高性能的 X 射线检测器可供选择，如半导体制冷的高能量分辨率硅检测器、正比位敏检测器、固体硅阵列检测器、CCD 面积检测器等，都是高档衍射仪的可选配置。

（4）衍射图的处理分析系统　现代 X 射线衍射仪都附带安装有专用衍射图处理分析软件的计算机系统，它们的特点是自动化和智能化。

计算机系统是现代 X 射线衍射仪不可缺少的部分，系统里装备的专用软件成为仪器的灵魂，使仪器智能化。它的基本功能是按照指令完成规定的控制操作、数据采集，并成为操作者得力的数据处理、分析的辅导员或助手。但是，现在还没有一种仪器所带的软件能够解决一切衍射分析问题。优秀的第三方的（免费的、共享的或需要付费的）X 射线衍射分析的数据处理、分析软件不断涌现，各有千秋。使用者要根据自己的实际需要去选择，及时更新。

5.11.2 X 射线衍射原理

1912 年，劳埃等人根据理论预见，并用实验证实了 X 射线与晶体相遇时能发生衍射现象，证明了 X 射线具有电磁波的性质，成为 X 射线衍射学的第一个里程碑。当一束单色 X 射线入射到晶体时，由于晶体是由原子规则排列成的晶胞组成，这些规则排列的原子距离与入射 X 射线波长有相同数量级，故由不同原子散射的 X 射线相互干涉，在某些特殊方向上产生强 X 射线衍射，衍射线在空间分布的方位和强度与晶体结构密切相关。这就是 X 射线衍射的基本原理。衍射线空间方位与晶体结构的关系可用布拉格方程表示：

$$2d\sin\theta = n\lambda$$

布拉格方程是给出晶体 X 射线衍射方向的方程。其中 d 为晶面间距，θ 为入射束与反射面的夹角，λ 为 X 射线的波长，n 为衍射级数，其含义是：只有照射到相邻两镜面的光程差是 X 射线波长的 n 倍时才产生衍射。

5.11.3　X 射线衍射分析的应用

(1) 物相分析　晶体的 X 射线衍射图像实质上是晶体微观结构的一种精细复杂的变换，每种晶体的结构与其 X 射线衍射图之间都有着一一对应的关系，其特征 X 射线衍射图谱不会因为他种物质混聚在一起而产生变化，这就是 X 射线衍射物相分析方法的依据。制备各种标准单相物质的衍射花样并使之规范化，将待分析物质的衍射花样与之对照，从而确定物质的组成相，就成为物相定性分析的基本方法。鉴定出各个相后，根据各相花样的强度正比于该组分存在的量（需要做吸收校正者除外），就可对各种组分进行定量分析。目前常用衍射仪法得到衍射图谱，用“粉末衍射标准联合会（JCPDS）”负责编辑出版的“粉末衍射卡片（PDF 卡片）”进行物相分析。

目前，物相分析存在的问题如下。

①待测物图样中的最强线条可能并非某单一相的最强线，而是两个或两个以上相的某些次强或三强线叠加的结果。这时若以该线作为某相的最强线将找不到任何对应的卡片。

②在众多卡片中找出满足条件的卡片，十分复杂而繁琐。虽然可以利用计算机辅助检索，但仍难以令人满意。

③定量分析过程中，配制试样、绘制定标曲线或者 K 值测定及计算，都是复杂而艰巨的工作。为此，有人提出了可能的解决办法，认为从相反的角度出发，根据标准数据（PDF 卡片），利用计算机对定性分析的初步结果进行多相拟合显示，绘出衍射角与衍射强度的模拟衍射曲线。通过调整每一物相所占的比例，与衍射仪扫描所得的衍射图谱相比较，就可以更准确地得到定性和定量分析的结果，从而免去了一些定性分析和整个定量分析的实验和计算过程。

(2) 点阵常数的精确测定　点阵常数是晶体物质的基本结构参数，测定点阵常数在研究固态相变、确定固溶体类型、测定固溶体溶解度曲线、测定热膨胀系数等方面都得到了应用。点阵常数的测定是通过 X 射线衍射线的位置（θ）的测定而获得的，通过测定衍射花样中每一条衍射线的位置均可得出一个点阵常数值。

点阵常数测定中的精确度涉及两个独立的问题，即波长的精度和布拉格角的测量精度。波长的问题主要是 X 射线谱学家的责任，衍射工作者的任务是要在波长分布与衍射线分布之间建立一一对应的关系。知道每根反射线的密勒指数后就可以根据不同的晶系用相应的公式计算点阵常数。晶面间距测量的精度随 θ 角的增加而增加，θ 越大得到的点阵常数值越精确，因而点阵常数测定时应选用高角度衍射线。误差一般采用图解外推法和最小二乘法来消除，点阵常数测定的精确度极限处在 1×10^{-5} 附近。

(3) 应力的测定　X 射线测定应力以衍射花样特征的变化作为应变的量度。宏观应力均匀分布在物体中较大范围内，产生的均匀应变表现为该范围内方向相同的各晶粒中同名晶面间距变化相同，导致衍射线向某方向位移，这就是 X 射线测量宏观应力的基础；微观应力在各晶粒间甚至一个晶粒内各部分间彼此不同，产生的不均匀应变表现为某些区域晶面间距增加、某些区域晶面间距减少，结果使衍射线向不同方向位移，使其衍射线漫散宽化，这是

X 射线测量微观应力的基础。超微观应力在应变区内使原子偏离平衡位置，导致衍射线强度减弱，故可以通过 X 射线强度的变化测定超微观应力。测定应力一般用衍射仪法。

X 射线测定应力具有非破坏性、可测小范围局部应力、可测表层应力、可区别应力类型、测量时无须使材料处于无应力状态等优点，但其测量精确度受组织结构的影响较大，X 射线也难以测定动态瞬时应力。

(4) 晶粒尺寸和点阵畸变的测定　若多晶材料的晶粒无畸变、足够大，理论上其粉末衍射花样的谱线应特别锋利，但在实际实验中，这种谱线无法看到。这是因为仪器因素和物理因素等的综合影响，使纯衍射谱线增宽了。纯谱线的形状和宽度由试样的平均晶粒尺寸、尺寸分布以及晶体点阵中的主要缺陷决定，故对线形作适当分析，原则上可以得到上述影响因素的性质和尺度等方面的信息。

在晶粒尺寸和点阵畸变测定过程中，需要做的工作有两个：①从实验线形中得出纯衍射线形，最普遍的方法是傅里叶变换法和重复连续卷积法；②从衍射花样适当的谱线中得出晶粒尺寸和缺陷的信息。这个步骤主要是找出各种使谱线变宽的因素，并且分离这些因素对宽度的影响，从而计算出所需要的结果。主要方法有傅里叶法、线形方差法和积分宽度法。

第六部分　常用仪器操作训练项目

6.1　物理化学实验中常用仪器操作训练项目（1）

6.1.1　训练项目及课时

6.1.1.1　福廷式压力计的使用（2课时）

（1）铅直调节　福廷式气压计必须垂直放置。在常压下，若与铅直方向相差1°，则汞柱高度的读数误差大约为0.015%。为此使用时应使气压计铅直悬挂。

（2）调节汞槽内的汞面高度　慢慢旋转底部的汞面调节螺旋，使汞槽内的汞面升高，利用汞槽后面白瓷板的反光，注视汞面与象牙针间的空隙，直至汞面恰好与象牙针尖相接触，然后轻轻扣动铜管使玻璃管上部汞的弯曲正常，这时象牙针与汞面的接触应没有什么变动。

（3）调节游标尺　转动游标尺调节螺旋，使游标尺的下沿边与管中汞柱的凸面相切，这时观察者的眼睛和游标尺前后的两个下沿边应在同一水平面。

（4）读数　游标尺的零线在标尺上所指的刻度，为大气压力的整数部分（hPa），从游标尺上找出一根恰与标尺某一刻度相吻合的刻度线，此游标刻度线上的数值即为大气压力的小数部分。

（5）整理工作　向下转动汞槽液面调节螺旋，使汞面离开象牙针，记下气压计上附属温度计的温度读数，并从所附的仪器校正卡片上读取该气压计的仪器误差。

6.1.1.2　阿贝折光仪的使用（4课时）

（1）操作步骤：见第五部分5.4。

（2）操作训练

①仪器的校正：通常先测纯水的折射率，将重复两次所得纯水的平均折射率与其标准值比较。校正值一般很小，若数值太大，整个仪器应重新校正。

②测定无水乙醇、丙酮的折射率。将测定结果与文献值进行比较。

（3）测完后，滴1～2滴丙酮（或无水乙醇）在镜面上，并用洗耳球吹干后再关闭。

6.1.1.3　数字式电位差综合测试仪的使用（4课时）

（1）操作训练

①$Zn(s)|ZnSO_4(0.1000mol\cdot L^{-1})\|$ KCl(饱和)$|\ Hg_2Cl_2(s)|Hg(l)$电池电动势的测定。

②$Hg(l)|Hg_2Cl_2(s)|$ KCl(饱和)$\|CuSO_4(0.1000mol\cdot L^{-1})|Cu(s)$电池电动势的测定。

③$Zn(s)|ZnSO_4(0.1000mol\cdot L^{-1})\|CuSO_4(0.1000mol\cdot L^{-1})|Cu(s)$电池电动势的测定。

计算$\varphi^{\ominus}(Zn|ZnSO_4)$与$\varphi^{\ominus}(Cu|CuSO_4)$，并与文献值进行比较。

（2）饱和甘汞电极的使用：使用时电极上端小孔的橡皮塞与下端橡皮帽必须拔掉，让极少量的溶液从毛细管中渗出，使测定结果稳定可靠。电极内应充满氯化钾溶液且不能有气泡，以防止断路。溶液内应保持有少许氯化钾晶体，以保证氯化钾溶液的饱和。使用完毕后，应将电极浸泡在饱和氯化钾溶液中。注意：若电极管中糊状物出现黑色时，说明电极已失效。

6.1.1.4 pH 计的使用（6 课时）

操作训练：测定自来水的 pH 值，自来水的 pH 值一般偏酸性，你知道是为什么吗？

6.1.1.5 721E 型分光光度计的使用（6 课时）

操作训练：

①准确配制两种不同浓度的 $FeCl_3$ 溶液（1）与（2）。

②用溶液（1）测定最大吸收波长：在 350～600nm 之间，每隔 10nm 测定其相对于蒸馏水的吸光度，并由吸光度对波长作图，找出最大吸收波长。注意：每次改变波长后，都应用蒸馏水进行调零。

③测定溶液（2）与溶液（1）的吸光度比：在最大吸收波长处测定溶液（2）的吸光度，并计算其与溶液（1）的吸光度比，然后用朗伯-比耳定律计算溶液（2）的浓度，并与自己配制的浓度进行比较。

6.1.2 训练时间

利用课余时间到物理化学实验室进行训练，时间为每学期第 2～14 周的周一～周五上午 8：20～下午 5：00，此期间如遇有别班上实验课，在不发生使用仪器冲突的情况下仍可进行训练，除此之外则应避开。训练中若遇到问题应及时与任课老师或实验室老师取得联系以得到指导。

6.1.3 注意事项

实验完毕后应做好开放性实验记录本、仪器使用记录本的登记。并做好使用实验台与实验室的卫生。使用过的仪器及药品应归还原位。

6.1.4 操作考试

操作考试成绩记入期末物理化学实验考试成绩中，考试时间另行通知。

6.2 物理化学实验中常用仪器操作训练项目（2）

6.2.1 训练项目及课时

6.2.1.1 电导率仪的使用（4 课时）

（1）打开电源开关前，观察表针是否指零，如不指零，可调整表头上的螺丝，使表针指零。

（2）将“温度”旋钮调整到被测液的温度。

（3）将电导池“常数”旋钮调整到所使用电极的电导池常数。

（4）将“校正/测量”开关扳在“校正”位置。

（5）打开电源开关，预热数分钟，调整“调正”旋钮使电表满刻度指示。

（6）选择电极：被测液为低电导（$5\mu\Omega^{-1}$ 以下）时，用光亮铂电极；被测液电导在 $5\mu\Omega^{-1}$～$150m\Omega^{-1}$ 时，用铂黑电极。

（7）将“量程”旋钮调整在所需的测量范围，将“校正/测量”开关扳到“测量”位置，如预先不知道被测液电导率的大小，应先把“量程”旋钮调整在最大电导率测量挡，然后逐挡下降，以防表针打弯。

（8）把电极插入被测液中。

(9) 将“校正/测量”开关扳在“校正”位置，调整“调正”旋钮使电表满刻度指示。

(10) 将“量程”旋钮调整在所需的测量范围，这时电表指示数乘以“量程”的倍率即为被测液电导率的实际值。

注意：①在测量中要经常检查“校正”是否改变。每当“量程”范围改变时，都要检查“校正”是否在满刻度处。②电极使用完毕后，应用蒸馏水淋洗，再浸泡在蒸馏水中。

6.2.1.2　旋光仪的使用 (4 课时)

(1) 首先打开钠光灯，待 2～3min 光源稳定完全发出钠黄光后，才可观察使用。从目镜看视野，如不清楚可调节焦距。

在样品管中充满蒸馏水 (无气泡)，打开镜盖，把试管放入镜筒中，使试管有圆泡的一端朝上，再关闭镜盖。

调节检振片的角度，使三分视场消失，将此时角度记作旋光仪零点。

(2) 将试样装入样品管中，放入旋光仪样品管的镜筒中。由于样品的旋光作用旋转传动手轮 (检振片)，当转一角度 α 后，使三分视场再次消失，此时刻度盘上的角度即为被测样品的旋光度 (尚未进行零点校正的值)。

注意：旋光管用后要及时将溶液倒出，用蒸馏水洗涤干净，揩干藏好。所有镜片均不能用手直接揩擦，应用柔软绒布揩擦。

6.2.2　训练时间

利用课余时间到物理化学实验室进行训练，时间为每学期第 2～14 周的周一～周五上午 8：20～下午 5：00，此期间如遇有别班上实验课，在不发生使用仪器冲突的情况下仍可进行训练，除此之外则应避开。训练中若遇到问题应及时与任课老师或实验室老师取得联系以得到指导。

6.2.3　注意事项

实验完毕后应做好开放性实验记录本、仪器使用记录本的登记，并做好使用实验台与实验室的卫生，使用过的仪器及药品应归还原位。

6.2.4　操作考试

操作考试成绩记入期末物理化学实验考试成绩中，考试时间另行通知。

附　录

附录一　用于构成十进倍数和分数单位的词头

倍数	词头名	符号	倍数	词头名	符号	倍数	词头名	符号
10^{24}	尧	Y	10^{3}	千	k	10^{-6}	微	μ
10^{21}	泽	Z	10^{2}	百	h	10^{-9}	纳	n
10^{18}	艾	E	10^{1}	十	da	10^{-12}	皮	p
10^{15}	拍	P	10^{0}	个	—	10^{-15}	飞	f
10^{12}	太	T	10^{-1}	分	d	10^{-18}	阿	a
10^{9}	吉	G	10^{-2}	厘	c	10^{-21}	仄	z
10^{6}	兆	M	10^{-3}	毫	m	10^{-24}	幺	y

附录二　能量单位换算表

能量单位	cm^{-1}	J	cal	eV
cm^{-1}	1	1.98648×10^{-23}	4.74778×10^{-24}	1.239852×10^{-4}
J	5.03404×10^{22}	1	0.239006	6.241461×10^{18}
cal	2.10624×10^{23}	4.184	1	2.611425×10^{19}
eV	8.065479×10^{3}	1.602189×10^{-19}	3.829326×10^{-20}	1

附录三　IUPAC 推荐的五种标准缓冲溶液的 pH

温度/℃	饱和酒石酸钾 ($0.0341\ mol\cdot L^{-1}$)	邻苯二甲酸氢钾 ($0.05 mol\cdot L^{-1}$)	KH_2PO_4 ($0.025\ mol\cdot L^{-1}$) -Na_2HPO_4 ($0.025\ mol\cdot L^{-1}$)	KH_2PO_4 ($0.00869\ mol\cdot L^{-1}$) -Na_2HPO_4 ($0.03043\ mol\cdot L^{-1}$)	$Na_2B_4O_7$ ($0.01\ mol\cdot L^{-1}$)
15	—	3.999	6.900	7.448	9.276
20	—	4.002	6.881	7.429	9.225
25	3.557	4.008	6.865	7.413	9.180
30	3.552	4.015	6.853	7.400	9.139
35	3.549	4.024	6.844	7.389	9.102
38	3.548	4.030	6.840	7.384	9.081
40	3.547	4.035	6.838	7.380	9.068
45	3.547	4.047	6.834	7.373	9.038

附录四　不同温度下水的密度

t/℃	d/kg·m^{-3}	t/℃	d/kg·m^{-3}	t/℃	d/kg·m^{-3}	t/℃	d/kg·m^{-3}
0	999.87	20	998.23	45	990.25	75	974.89
3.98	1000.0	25	997.07	50	988.07	80	971.83
5	999.99	30	995.67	55	985.73	85	968.65
10	999.73	35	994.06	60	983.24	90	965.34
15	999.13	38	992.99	65	980.59	95	961.92
18	998.62	40	992.24	70	977.81	100	958.38

附录五　不同温度下水的饱和蒸气压

t/℃	p/kPa	t/℃	p/kPa	t/℃	p/kPa	t/℃	p/kPa
0	0.61129	19	2.1978	30	4.2455	45	9.5898
5	0.87260	20	2.3388	31	4.4953	50	12.344
10	1.2281	21	2.4877	32	4.7578	60	19.932
11	1.3129	22	2.6447	33	5.0335	70	31.176
12	1.4027	23	2.8104	34	5.3229	80	47.373
13	1.4979	24	2.9850	35	5.6267	90	70.117
14	1.5988	25	3.1690	36	5.9453	95	84.529
15	1.7056	26	3.3269	37	6.2795	100	101.32
16	1.8185	27	3.5670	38	6.6298	101	104.99
17	1.9380	28	3.7818	39	6.9969	102	108.77
18	2.0644	29	4.0078	40	7.3814		

附录六　几种常用液体的折射率（25℃，钠光 λ=589.3nm）

名称	n_D	名称	n_D	名称	n_D	名称	n_D
甲醇	1.326	醋酸	1.370	四氯化碳	1.459	溴苯	1.557
水	1.33252	乙酸乙酯	1.370	乙苯	1.493	苯胺	1.583
乙醚	1.352	正己烷	1.372	甲苯	1.494	溴仿	1.587
丙酮	1.357	1-丁醇	1.397	苯	1.498		
乙醇	1.359	氯仿	1.444	苯乙烯	1.545		

附录七　恒沸混合物的沸点和组成（101325Pa）

组分 1 及沸点/℃	组分 2 及沸点/℃	恒沸点/℃	恒沸组成(组分 1 的百分数)
乙醇:78.32	水:100	78.12	96%
丙醇:97.3	水:100	87	71.7%
苯:80.1	乙醇:78.32	67.9	68.3%
异丙醇:82.5	环己烷:80.7	69.4	32%
乙醇:78.32	环己烷:80.7	64.8	29.2%
苯:80.1	环己烷:80.7	68.5	4.7%
乙酸乙酯:77	己烷:68.7	65.15	39.9%

附录八　低共熔混合物的组成和低共熔温度

组分 1 及沸点/℃	组分 2 及沸点/℃	低共熔温度/℃	低共熔混合物（组分 1 的百分数）
Sn:232	Pb:327	183	63.0%
Sn:232	Zn:420	198	91.0%
Sn:232	Ag:961	221	96.5%
Sn:232	Cu:1083	227	99.2%
Sn:232	Bi:271	140	42.0%
Sb:630	Pb:327	246	12.0%
Bi:271	Pb:327	124	55.5%
Bi:271	Cd:321	146	60.0%
Cd:321	Zn:420	270	83.0%

附录九　质量摩尔凝固点降低常数

溶剂	凝固点/℃	K_f/K·mol^{-1}·kg^{-1}	溶剂	凝固点/℃	K_f/K·mol^{-1}·kg^{-1}
环己烷	6.54	20.0	苯酚	40.90	7.40
溴仿	8.05	14.4	萘	80.29	6.94
醋酸	16.66	3.90	樟脑	178.75	37.7
苯	5.533	5.12	水	0.0	1.853

附录十　醋酸的标准电离平衡常数

t/℃	$K_a^{\ominus}\times10^5$	t/℃	$K_a^{\ominus}\times10^5$	t/℃	$K_a^{\ominus}\times10^5$
0	1.657	20	1.753	40	1.703
5	1.700	25	1.754	45	1.670
10	1.729	30	1.750	50	1.633
15	1.745	35	1.728	—	—

附录十一　水的表面张力

t/℃	σ/N·m^{-1}	t/℃	σ/N·m^{-1}
−8	0.0770	25	0.07197
−5	0.0764	30	0.07118
0	0.0756	40	0.06956
5	0.0749	50	0.06791
10	0.07422	60	0.06618
15	0.07439	70	0.0644
18	0.07305	80	0.0626
20	0.07275	100	0.0589

附录十二 乙醇水溶液的表面张力

t/℃	乙醇体积/%								
	5.00	10.00	24.00	34.00	48.00	60.00	72.00	80.00	96.00
	表面张力/$N \cdot m^{-1}$								
20	—	—	—	0.03324	0.03010	0.02756	0.02628	0.02491	0.02304
40	0.05492	0.04825	0.03550	0.03158	0.02893	0.02618	0.02491	0.02343	0.02138
50	0.05335	0.04677	0.03432	0.03070	0.02824	0.02550	0.02412	0.02256	0.02040

附录十三 不同温度下水的黏度

t/℃	$\eta \times 10^3$/Pa·s	t/℃	$\eta \times 10^3$/Pa·s	t/℃	$\eta \times 10^3$/Pa·s
0	1.787	26	0.8705	52	0.5290
1	1.728	27	0.8513	53	0.5204
2	1.671	28	0.8327	54	0.5121
3	1.618	29	0.8148	55	0.5040
4	1.567	30	0.7975	56	0.4961
5	1.519	31	0.7808	57	0.4884
6	1.472	32	0.7647	58	0.4809
7	1.428	33	0.7491	59	0.4736
8	1.386	34	0.7340	60	0.4665
9	1.307	35	0.7194	61	0.4596
10	1.271	36	0.7052	62	0.4528
11	1.235	37	0.6915	63	0.4462
12	1.202	38	0.6783	64	0.4398
13	1.169	39	0.6654	65	0.4335
14	1.169	40	0.6529	66	0.4273
15	1.139	41	0.6408	67	0.4213
16	1.109	42	0.6291	68	0.4155
17	1.081	43	0.6178	69	0.4098
18	1.053	44	0.6067	70	0.4042
19	1.027	45	0.5960	71	0.3987
20	1.002	46	0.5856	72	0.3934
21	0.9779	47	0.5755	73	0.3882
22	0.9548	48	0.5656	74	0.3831
23	0.9325	49	0.5561	75	0.3781
24	0.9111	50	0.5468	76	0.3732
25	0.8904	51	0.5378	77	0.3684

续表

t/℃	$\eta\times10^3$/Pa·s	t/℃	$\eta\times10^3$/Pa·s	t/℃	$\eta\times10^3$/Pa·s
78	0.3638	86	0.3297	94	0.3008
79	0.3592	87	0.3259	95	0.2975
80	0.3547	88	0.3221	96	0.2942
81	0.3503	89	0.3184	97	0.2911
82	0.3460	90	0.3147	98	0.2879
83	0.3418	91	0.3111	99	0.2848
84	0.3377	92	0.3076	100	0.2818
85	0.3337	93	0.3042		

附录十四 一些常见液体物质的介电常数

化合物	介电常数 ε		温度系数 α		适用温度范围/℃
	20℃	25℃	-10^2 dε/dt	-10^2 d(lgε)/dt	
四氯化碳	2.238	2.228	0.200	—	−20～60
环己烷	2.023	2.015	0.160	—	10～60
乙酸乙酯	—	6.02	1.5	—	25
乙醇	—	24.35	—	0.270	−5～70
1,4-二氧六环	—	2.209	—	0.170	20～50
硝基苯	35.74	34.82	—	0.225	10～80
水	80.37	78.54	—	0.200	15～30

附录十五 气相中常见分子的偶极矩

化合物	偶极矩 μ /$\times10^{-30}$ C·m	化合物	偶极矩 μ /$\times10^{-30}$ C·m
四氯化碳	0	硝基苯	14.1
乙醇	5.64	氨	4.90
乙酸乙酯	5.94	水	6.17

附录十六 饱和标准电池电动势-温度公式

$$E_t=E_{20}-[39.94(t-20)+0.929(t-20)^2-0.0090(t-20)^3+0.00006(t-20)^4]\times10^{-6}$$

引自：国家标准计量局（78）国际计字第153号通知。

附录十七 常用参比电极在25℃时的电极电势及温度系数 α

（相对于标准氢电极）

电极	电极反应	φ_{25}/V	α/mV·K^{-1}	电极溶液
$Cl^-(a),Hg_2Cl_2(s)/Hg(l)$	$Hg_2Cl_2(s)+2e^{-1}\longrightarrow 2Hg(l)+2Cl^-$	0.2415	−7.61	饱和 KCl
$Cl^-(a),AgCl(s)/Ag(s)$	$AgCl(s)+e^{-1}\longrightarrow Ag(s)+Cl^-$	0.290	−0.3	0.1 mol·L^{-1} KCl
$SO_4^{2-}(a),Hg_2SO_4(s)/Hg(l)$	$Hg_2SO_4(s)+2e^{-1}\longrightarrow 2Hg(l)+SO_4^{2-}$	0.6758	—	0.1mol·L^{-1} K_2SO_4

附录十八　水的电导率 κ

t/℃	−2	0	2	4	10	18	26	34	50
$\kappa\times10^6$/S·m^{-1}	1.47	1.58	1.80	2.12	2.85	4.41	6.70	9.62	18.9

附录十九　不同温度下 KCl 的电导率 κ

t/℃	κ/S·m^{-1}			t/℃	κ/S·m^{-1}		
	0.01 mol·L^{-1}	0.02 mol·L^{-1}	0.10 mol·L^{-1}		0.01 mol·L^{-1}	0.02 mol·L^{-1}	0.10 mol·L^{-1}
0	0.0776	0.1521	0.715	19	0.1251	0.2449	1.143
1	0.0800	0.1566	0.736	20	0.1278	0.2501	1.167
2	0.0824	0.1612	0.757	21	0.1305	0.2553	1.191
3	0.0848	0.1659	0.779	22	0.1332	0.2606	1.215
4	0.0872	0.1705	0.800	23	0.1359	0.2659	1.239
5	0.0896	0.1752	0.822	24	0.1386	0.2712	1.264
6	0.0921	0.1800	0.844	25	0.1413	0.2765	1.288
7	0.0945	0.1848	0.866	26	0.1441	0.2819	1.313
8	0.0970	0.1896	0.888	27	0.1468	0.2873	1.337
9	0.0995	0.1945	0.911	28	0.1496	0.2927	1.362
10	0.1020	0.1994	0.933	29	0.1524	0.2981	1.387
11	0.1045	0.2043	0.956	30	0.1552	0.3036	1.412
12	0.1070	0.2093	0.979	31	0.1581	0.3091	1.437
13	0.1095	0.2142	1.002	32	0.1609	0.3146	1.462
14	0.1121	0.2193	1.025	33	0.1638	0.3201	1.488
15	0.1147	0.2243	1.048	34	0.1667	0.3256	1.513
16	0.1173	0.2294	1.072	35	—	0.3312	1.539
17	0.1199	0.2345	1.059	36	—	0.3368	1.564
18	0.1225	0.2397	1.119				

附录二十　一些离子在水溶液中的摩尔电导率（25℃）

离　子	$\lambda_0\times10^4$/S·m^2·mol^{-1}	离　子	$\lambda_0\times10^4$/S·m^2·mol^{-1}	离　子	$\lambda_0\times10^4$/S·m^2·mol^{-1}
Ag^+	61.9	$\frac{1}{3}[Fe(CN)_6]^{3-}$	101	Cl^-	76.35
$\frac{1}{2}Ba^{2+}$	63.9	HCO_3^-	44.5	F^-	54.4
$\frac{1}{2}Be^{2+}$	45	HS^-	65	ClO_3^-	64.6
$\frac{1}{2}Ca^{2+}$	59.5	HSO_3^-	50	ClO_4^-	67.9
$\frac{1}{2}Cd^{2+}$	54	HSO_4^-	50	CN^-	78
$\frac{1}{3}Ce^{3+}$	70	I^-	76.8	$\frac{1}{2}CO_3^{2-}$	72
$\frac{1}{2}Co^{2+}$	53	IO_3^-	40.5	$\frac{1}{2}CrO_4^{2-}$	85

续表

离　子	$\lambda_0 \times 10^4$/S·m²·mol⁻¹	离　子	$\lambda_0 \times 10^4$/S·m²·mol⁻¹	离　子	$\lambda_0 \times 10^4$/S·m²·mol⁻¹
$\frac{1}{3}Cr^{3+}$	67	IO_4^-	54.5	NO_2^-	71.8
$\frac{1}{2}Cu^{2+}$	55	NH_4^+	73.5	NO_3^-	71.4
Br^-	78.1	Na^+	50.11	OH^-	198.6
H^+	349.82	$\frac{1}{2}Ni^{2+}$	50	$\frac{1}{3}PO_4^{3-}$	69.0
$\frac{1}{2}Hg^{2+}$	53	$\frac{1}{2}Pb^{2+}$	71	SCN^-	66
K^+	73.5	$\frac{1}{2}Sr^{2+}$	59.46	$\frac{1}{2}SO_3^{2-}$	79.9
$\frac{1}{3}La^{3+}$	69.6	Tl^+	76	$\frac{1}{2}SO_4^{2-}$	80.0
Li	38.69	$\frac{1}{2}Fe^{2+}$	54	Ac^-	40.9
$\frac{1}{2}Mg^{2+}$	53.06	$\frac{1}{3}Fe^{3+}$	68	$\frac{1}{2}C_2O_4^{2-}$	74.2
$\frac{1}{4}[Fe(CN)_6]^{4-}$	111	$\frac{1}{2}Zn^{2+}$	52.8		

附录二十一　强电解质溶液的离子平均活度系数 $\gamma_\pm$（25℃）

电解质	浓度/mol·kg⁻¹									
	0.001	0.002	0.005	0.01	0.02	0.05	0.1	0.2	0.5	1.0
$AgNO_3$	—	—	0.92	0.90	0.86	0.79	0.731	0.654	0.534	0.428
HCl	0.966	0.952	0.928	0.904	0.875	0.830	0.796	0.767	0.758	0.809
HBr	0.966	0.932	0.929	0.906	0.879	0.838	0.805	0.782	0.790	0.871
HNO_3	0.965	0.951	0.927	0.902	0.871	0.823	0.785	0.748	0.751	0.720
H_2SO_4	0.830	0.757	0.639	0.544	0.453	0.340	0.265	0.209	0.154	0.130
KOH	—	—	0.92	0.90	0.86	0.824	0.798	0.760	0.732	0.756
NaOH	—	—	—	0.90	0.86	0.818	0.766	0.727	0.690	0.678
KCl	0.965	0.952	0.927	0.901	—	0.815	0.769	0.719	0.651	0.606
KBr	0.965	0.952	0.927	0.903	0.872	0.822	0.771	0.721	0.657	0.617
KI	0.965	0.951	0.927	0.905	0.88	0.84	0.776	0.731	0.675	0.646
NaCl	0.965	0.952	0.927	0.902	0.871	0.819	0.778	0.734	0.682	0.658
$NaNO_3$	0.966	0.953	0.93	0.90	0.87	0.82	0.758	0.702	0.615	0.548
Na_2SO_4	0.887	0.847	0.778	0.714	0.641	0.536	0.453	0.371	0.270	0.204
NH_4Cl	0.961	0.944	0.911	0.88	0.84	0.790	0.774	0.718	0.649	0.603
$MgSO_4$	—	—	—	0.40	0.32	0.22	(0.150)	0.170	0.068	0.049
$CuSO_4$	0.74	—	0.53	0.41	0.31	0.21	(0.150)	0.104	0.062	0.042
$CdSO_4$	0.73	0.64	0.50	0.40	0.31	0.21	(0.150)	0.103	0.062	0.042
$ZnSO_4$	0.700	0.508	0.477	0.387	0.298	0.202	0.150	0.104	0.063	0.044
$ZnCl_2$	0.88	0.84	0.789	0.731	0.667	0.578	0.515	0.459	0.429	0.337
$Pb(NO_3)_2$	0.885	0.843	0.763	0.687	0.600	0.464	0.405	0.316	0.210	0.145
$BaCl_2$	0.88	—	0.77	0.723	—	0.559	0.492	0.438	0.390	0.392
$Al_2(SO_4)_3$	—	—	—	—	—	—	(0.035)	0.023	0.014	0.017

附录二十二 Na_2SO_4、$Na_2S_2O_3$、Na_3AsO_4、Na_3PO_4、$NdCl_3$ 溶液的离子平均活度系数 $\gamma_{\pm}$（25℃）

浓度/mol·kg^{-1}	Na_2SO_4	$Na_2S_2O_3$	Na_3AsO_4	Na_3PO_4	$NdCl_3$
0.001	0.887	—	—	—	—
0.005	0.778	—	—	—	—
0.01	0.714	—	—	—	—
0.05	0.536	—	—	—	0.447
0.1	0.453	0.466	0.299	0.293	0.381
0.2	0.371	0.390	0.225	0.216	0.333
0.3	0.325	0.347	0.188	0.177	0.318
0.4	0.294	0.319	0.165	0.151	—
0.5	0.270	0.298	0.148	0.134	0.322
0.6	0.252	0.282	0.136	0.120	—
0.7	0.237	0.267	0.126	0.109	0.348
0.8	0.226	0.256	—	—	—
0.9	0.213	0.247	—	—	—
1.0	0.204	0.239	—	—	0.418
1.2	0.189	0.226	—	—	0.488
1.4	0.177	0.218	—	—	0.581
1.6	0.168	0.211	—	—	0.703
1.8	0.161	0.206	—	—	0.862
2.0	0.154	0.202	—	—	1.179
2.5	0.144	0.199	—	—	—
3.0	0.139	0.203	—	—	—
3.5	0.137	0.211	—	—	—
4.0	0.138	—	—	—	—

附录二十三 某些有机化合物的燃烧热（101325Pa，25℃）

物质		$-\Delta H^{\ominus}$/kJ·mol^{-1}	物质		$-\Delta H^{\ominus}$/kJ·mol^{-1}
$CH_4(g)$	甲烷	890.31	$C_2H_2(g)$	乙炔	1299.6
$C_2H_6(g)$	乙烷	1559.8	$C_3H_6(g)$	环丙烷	2091.5
$C_3H_8(g)$	丙烷	2219.9	$C_4H_8(l)$	环丁烷	2720.5
$C_5H_{12}(g)$	正戊烷	3536.1	$C_5H_{10}(l)$	环戊烷	3290.9
$C_6H_{14}(l)$	正己烷	4163.1	$C_6H_{12}(l)$	环己烷	3919.9
$C_2H_4(g)$	乙烯	1411.0	$C_6H_6(l)$	苯	3267.5

续表

物质		$-\Delta H^{\ominus}/kJ\cdot mol^{-1}$	物质		$-\Delta H^{\ominus}/kJ\cdot mol^{-1}$
$C_{10}H_8(s)$	萘	5153.9	$C_2H_5CHO(l)$	丙醛	1816.3
$CH_3OH(l)$	甲醇	726.51	$(CH_3)_2CO(l)$	丙酮	1790.4
$C_2H_5OH(l)$	乙醇	1366.8	$HCOOH(l)$	甲酸	254.6
$C_3H_7OH(l)$	正丙醇	2019.8	$CH_3COOH(l)$	乙酸	874.54
$HCOOCH_3(l)$	甲酸甲酯	979.5	$C_2H_5COOH(l)$	丙酸	1527.3
$C_6H_5OH(s)$	苯酚	3053.5	$CH_2{=}CHCOOH(l)$	丙烯酸	1368.2
$C_6H_5CHO(l)$	苯甲醛	3527.9	$C_3H_7COOH(l)$	正丁酸	2183.5
$C_6H_5COOH(s)$	苯甲酸	3226.9	$(CH_3CO)_2O(l)$	乙酐	1806.2
$C_6H_5COOCH_3(l)$	苯甲酸甲酯	3957.6	$C_{12}H_{22}O_{11}(s)$	蔗糖	5640.9
$C_4H_9OH(l)$	正丁醇	2675.8	$CH_3NH_2(l)$	甲胺	1060.6
$(C_2H_5)_2O(l)$	二乙醚	2751.1	$C_2H_5NH_2(l)$	乙胺	1713.3
$HCHO(l)$	甲醛	570.78	$(NH_2)_2CO(s)$	尿素	631.66
$CH_3CHO(l)$	乙醛	1166.4	$C_5H_5N(l)$	吡啶	2782.4

附录二十四　一些燃料的燃烧值

燃料名称	燃烧值$/\times10^6 J\cdot kg^{-1}$	燃料名称	燃烧值$/\times10^6 J\cdot kg^{-1}$	燃料名称	燃烧值$/\times10^6 J\cdot kg^{-1}$
石煤	8.2	焦炭(完全燃烧)	33.6	煤油	46.2
褐煤	16.8	木炭(不完全燃烧)	约10.5	汽油	46.2
烟煤	29.4	酒精	30.2	氢气	142.8
无烟煤	33.6	煤气	42.0	硝棉火药	3.8
干木柴	12.6	柴油	42.8	硝酸甘油	6.3
焦炭	29.8	石油	44.1	三硝基甲苯	3.1

参 考 文 献

[1] 东北师范大学等. 物理化学实验. 第 2 版. 北京：高等教育出版社，2014.

[2] 毕韶丹. 物理化学实验. 北京：清华大学出版社，2018.

[3] 胡思前，王亚珍. 基础化学实验. 北京：化学工业出版社，2018.

[4] 孙尔康，高卫，徐维清，易敏. 物理化学实验. 第 2 版. 南京：南京大学出版社，2010.

[5] 傅献彩，沈文霞，姚天扬. 物理化学. 第 5 版. 北京：高等教育出版社，2006.

[6] 天津大学物理化学教研室. 物理化学. 第 6 版. 北京：高等教育出版社，2017.

[7] 袁誉洪. 物理化学实验. 北京：科学出版社，2008.

[8] 朱元保，沈子琛，张传福，黄德培等编. 电化学数据手册. 长沙：湖南科学技术出版社，1985.

[9] 北京大学物理化学实验教学组. 物理化学实验. 第 4 版. 北京：北京大学出版社，2004.

[10] 复旦大学等. 物理化学实验. 第 3 版. 北京：高等教育出版社，2004.

[11] 武汉大学化学与分子科学学院实验中心编. 物理化学实验. 武汉：武汉大学出版社，2012.

[12] Garland C W，Nibler J W，Shoemaker D P. Experiments in Physical Chemistry. 8th ed. New York：McGraw-Hill Companies，Inc，2009.

[13] Haynes W M. CRC Handbook of Chemistry and Physics 97th ed. Boca Raton：CRC Press，2017.